未来世界煤炭工业发展趋势研究丛书

世界煤炭行业社会营运许可研究

SOCIAL LICENSE TO OPERATE OF WORLD COAL INDUSTRY

姜殿虹　申　万 等　编著

4

煤炭工业出版社

·北　京·

图书在版编目（CIP）数据

世界煤炭行业社会营运许可研究 / 姜殿虹等编著 .-- 北京：煤炭工业出版社，2016

（未来世界煤炭工业发展趋势研究丛书）

ISBN 978-7-5020-5034-4

Ⅰ. ①世… Ⅱ. ①姜… Ⅲ. ①煤矿开采—研究 Ⅳ. ① TD82

中国版本图书馆 CIP 数据核字 (2015) 第 282158 号

世界煤炭行业社会营运许可研究

（未来世界煤炭工业发展趋势研究丛书）

编　　著　姜殿虹　申　万 等
责任编辑　牟金锁　刘永兴　尹燕华
责任校对　姜惠萍
封面设计　北京至善至美文化传播有限公司
出版发行　煤炭工业出版社（北京市朝阳区芍药居 35 号 100029）
电　　话　010-84657898（总编室）
　　　　　010-64018321（发行部）　010-84657880（读者服务部）
电子信箱　cciph612@126.com
网　　址　www.cciph.com.cn
印　　刷　中国电影出版社印刷厂
经　　销　全国新华书店
开　　本　787mm × 1092mm $^1/_{16}$　印张 14$^1/_4$　字数 261 千字
版　　次　2016 年 11 月第 1 版　2016 年 11 月第 1 次印刷
社内编号　7885　　定价 92.00 元

未来世界煤炭工业发展趋势研究丛书

本册编委会

主　　编　姜殿虹

副 主 编　申　万

编　　写　申　万　姜殿虹　张广军　宁成浩

孙健东　崔燕端　王　曦　王朋飞

未来世界煤炭工业发展趋势研究丛书

丛书序

能源是经济社会持续稳定发展的产业基础和重要保障，是人类文明、工业科技演化进步的重要支柱之一。人类社会的发展和进步离不开对能源的需求，人类社会经济增长模式、生产生活方式的每一次重大改变都伴随着能源体系的变革。从能源结构来看，化石能源一直以来都占据着世界能源消费的主体地位，其开发利用催生和保证了两次工业革命和全球经济的发展繁荣，预计未来相当长一段时期化石能源仍将是全球能源体系中的主导力量与基础保障。

煤炭是世界上储量最丰富、分布最广泛的化石能源，在人类工业文明发展的进程中发挥了重要作用，当前仍是全球第二大能源品种，占全球一次能源消费的比重超过 30%。在经济全球化的大背景下，世界煤炭工业的发展呈现出布局国际化、生产集约化、产业多元化、市场一体化、利用清洁化与低碳化等态势。进入 21 世纪，世界政治经济版图发生着深刻而重大的调整，与此同时煤炭能源系统也正经历着深刻的转型变革。一方面，煤炭在世界经济社会发展中，特别是在许多欠发达国家和地区，凭借着储量丰富、供应稳定、价格相对低廉等优势，仍将拥有和发挥其基础能源的地位和作用；但另一方面，煤炭也日益面临着气候变化、生态环境影响和新能源迅猛发展等诸多挑战。目前，世界煤炭工业走到了发展的十字路口，煤炭行业必须客观剖析审视自身存在的问题，积极应对挑战并尽早提出未来可持续发展路线图。

神华集团有限责任公司是以煤炭生产、销售，电力、热力生产和供应，煤制油及煤化工，相关铁路、港口等运输服务为主营业务的综合性大型能源企业，是中国规模最大、现代化程度最高的煤炭企业和全球最大的煤炭经销商。为了积极应对新一轮全球能源革命和适应中国经济“新常态”，神华集团提出了“建设世界一流清洁能源供应商”与“清洁能源供应方案提供者”的战略目标，不断推进“安全发展、转型发展、创新发展、和谐发展”，致力于推动中国和全球煤炭行业的绿色转型。2013 年，神华集团有限责任公司与世界煤炭协会（WCA）共同委托神华科学技术研究院开展“未来世界煤炭工业发展趋势研究”项目，从关系煤炭行业长远发展的若干重大问题、重要技术方向入手，就中长期能源格局演变中的煤炭地位、煤炭绿色开采、煤炭低碳转化利用以及煤炭行业公共关系等不同层面和领域开展研究，以解答和应对社会各界对于煤炭行业的诸多疑虑，并为煤炭行业、企业的健康可持续发展提供思路与方向。两年多来，研究团队坚持定性与定量、宏观与微观、历史与现实、国际与国内、继承与批判并重并举的学术原则与科研方法，同国内外知名的大学和科研机构展开了紧密合作与深入探讨，于 2015 年底完成了该研究项目。

研究成果表明三点：首先，世界能源正在向供应多元化、开发绿色化、利用清洁化和低碳化方向发展，针对世界能源发展面临的诸多严峻挑战，变革传统能源开发利用方式、推动能源新技术应用、构建新型能源体系成为世界能源发展的方向。其次，在未来多元化的能源供应结构中，煤炭仍将在全球能源系统特别是在发展中经济体中占据重要地位，煤炭可以与新能源、可再生能源实现协同耦合发展，共同支撑和保障未来的全球能源安全和经济社会持续发展。再次，要实现绿色开采与低碳利用，煤炭行业既需要在先进开采技术、高效清洁转化利用技术、碳捕集与封存（CCS）技术等方面“硬实力”的突破，也需要有效的公共关系战略及管理模式创新等“软实力”的提升，通过建立社会营运许可（SLO）机制、拓展同利益相关方的沟通渠道等方式，不断改善煤炭的社会形象和公众认知。

在该项目系列成果的基础上，按照研究领域和内容划分，最终整理编辑出版本套（共四册）丛书，以飨读者。在全球推动可持续发展和联合国 2015 年后发展议程的倡议下，丛书出版者期望与社会各界共同探讨煤炭行业的绿色、低碳、清洁化转型的路径，为全球经济社会健康可持续发展做出贡献。

是为序。

凌文

中国工程院　院　士

神华集团有限责任公司　总经理

二〇一六年 八月

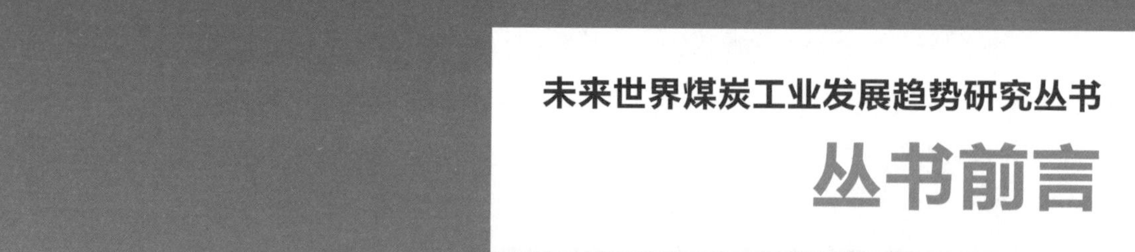

未来世界煤炭工业发展趋势研究丛书

丛书前言

《未来世界煤炭工业发展趋势研究丛书》立足于全球能源变革规律和气候变化、环境治理等全球性议题，从煤炭行业的视角对世界煤炭工业未来的定位与发展方向展开了一次系统性、前瞻性研究和思考。本套丛书共分四册，分别从煤炭地位、煤炭行业形象、煤炭低碳化发展、煤炭开采等不同领域与视角进行分析研究。

《煤炭的前世、今生与未来 —— 煤炭在世界能源格局中的地位研究》在系统分析了煤炭在世界能源格局中历史地位的基础上，对世界能源发展格局和主要能源生产和消费大国能源结构走势进行系统调研和梳理，深入分析影响世界能源尤其是煤炭生产和消费的各种因素及其相互关系，对煤炭在世界能源格局中的当今地位进行了研究。在此基础上，结合对相关国家、国际组织以及研究机构所发布统计数据和趋势预测结果的比较和验证，全面客观评价煤炭在全球经济社会发展中的贡献以及在环境、新能源和社会认知等方面面临的诸多挑战，全面分析预测 2035 年之前中国、印度以及世界能源格局的发展趋势和煤炭行业的未来走向，系统认识和评价煤炭在实现全球可持续发展及普通能源获取过程中的重要价值和潜力，对煤炭在世界能源格局中的未来地位进行了阐述，预测世界能源结构体系演进过程和战略转型，合理规划煤炭工业的发展路径，从而实现世界煤炭工业的全面协调、健康、可持续发展。

《世界煤炭行业公共关系战略实证研究》旨在针对当前煤炭行业在公共关系运行方面存在的问题与不足，通过案例分析和实证研究，评估社会公众的态度，构建有效的公共关系运作及传播平台，明确传播的渠道和执行者，提出煤炭行业参与全球能源治理和组织治理的公共关系策略，确立与利益相关者利益和价值取向相符合的行业政策，平衡各种利益，协调各种关系，为改善煤炭行业公共关系提供决策支持，持续提升煤炭在世界能源体系中的形象，推动世界煤炭工业的持续健康发展，为人类能源普遍获取和经济社会发展及应对气候变化作出应有的贡献。

《全球 CCS 技术商业化路径研究》是在应对气候变化、推进全球能源系统低碳化转型的时代背景下，探讨可实现化石能源尤其是煤炭转化利用过程中深度碳减排的重要技术路线——二氧化碳捕集与封存（CCS）技术的未来发展前景。该书从梳理分析 CCS 技术发展现状、问题及对比分析该技术的减排成本竞争力入手，在借鉴主要国家和国际组织 CCS 技术发展路线图成果的基础上，从技术研发示范、政策激励、商业模式等不同层面为CCS 技术商业化发展设计路线图。在共同应对气候变化的国际合作与全球行动中，煤炭相关产业结合 CCS 技术将日益发挥更加重要的碳减排作用，成为 2℃温升目标下实现煤炭行业低碳化转型发展的重要技术保障之一。

《世界煤炭行业社会营运许可研究》从水资源、环境、安全以及人权四个影响因素，来分析企业在获取社会营运许可（SLO）过程中可能优先遇到的问题，在国际非煤炭企业和国际煤炭企业两个维度下，分别选取正反两方面的案例进行对比分析，在此基础上总结得出企业从各个因素角度获取 SLO 的实践途径，并将这种实践途径绘制成煤炭企业获取 SLO 的技术路线图，从而为企业获取 SLO 提供建议，以最优化的方式来实现煤炭开采的最佳工业实践。煤炭开采业引入 SLO 机制，将使煤炭工业在全球尤其是在发展中国家，大大提升自身的环境友好和可持续发展能力，推动与保障煤炭行业的健康发展。

本丛书着眼于煤炭行业未来长期健康可持续发展，是多学科、多专业、多个团队采用开放式合作研究所取得的成果。神华科学技术研究院依托自身的科研力量，并在清华大学、北京大学、中国矿业大学、北京航空航天大学、中国科学院武汉岩土力学研究所等国内著名高校和科研单位，以及世界资源研究所、《经济学人》杂志等国际知名研究咨询机构的大力协作下共同完成了这部丛书。在此，谨向对丛书编写工作给予热情支持和帮助的单位和专家由衷致谢。课题报告中还借鉴、引用了大量其他研究机构的成果，文中均有相应标注，同时对兄弟研究单位及同行表达敬意。丛书即将付梓之际，编委会特别感谢时任世界煤炭协会（WCA）主席、神华集团有限责任公司前任董事长张喜武博士倡议开展此项研究，并一直给予关心和支持。WCA 秘书处亦为本研究工作提供了很多帮助和意见建议，在此一并致谢。

本丛书可供关注全球能源以及煤炭行业长远发展的管理者、从业者及科研人员阅读和参考，以期共同探讨并合力推进全球煤炭行业的绿色转型发展。同时，我们深知丛书内容涉及范围广、学科多，并涉猎诸多前沿技术，受编著者水平所限，书中不足与不妥之处在所难免，敬请读者批评指正。

《未来世界煤炭工业发展趋势研究丛书》

编审委员会

二〇一六年八月

前言 世界煤炭行业社会营运许可研究

寻求经济效益同社会和环境效益的和谐统一，是现阶段煤炭工业迫切需要解决的问题。本文的目的即是从政府、世界煤炭协会、各成员企业及整个煤炭行业的角度，分析煤炭行业现阶段存在的社会问题，并在可持续发展的视角下寻求煤炭开采的最佳实践路径。

长期以来，煤炭工业为满足全球经济进步、社会发展的能源需求贡献了主要力量。作为一种赋存相对丰富、获取成本较低的资源，煤炭始终是各国，尤其是发展中国家与不发达地区最为可靠与不可或缺的能源保障与经济、社会发展的支撑。在未来可预见的很长时期内，煤炭仍是全球主要的基础能源；随着技术的进步，煤炭资源的清洁化开发和利用对世界经济发展、社会进步仍将起到决定性的作用。

但另一方面，随着煤炭资源开采、消费量的不断增加，粗放的开发利用方式带来了生态破坏、环境污染、气候变化等一系列问题，煤炭企业与相关地区、社区在环境、生态、土地资源等领域的矛盾和冲突也日益加剧，寻求资源、环境、经济与社会的全面协调发展对煤炭工业的健康发展、对人类生存环境与质量的提升改善至关重要。如何走出一条煤炭开采利用与社会发展和谐共进的新型工业化道路，以寻求煤炭矿区经济效益同社会、环境效益的协调统一，是现阶段理论研究与实践探索迫切需要解决的重大课题。

在现阶段，解决上述问题最为行之有效的办法就是帮助企业获得社会营运许可（Social License to Operate，SLO）。社会营运许可一直是国际社会讨论企业社会责任的重要概念，尤其是对于采矿、基建等涉及社区的大规模投资行业，通过企业建立真正的公信力和可靠性，以达到让当地社会认可而不反对其经营的目的。在实施海外战略，采取具体的经营措施前，企业首先需要有社会营运的理念，即在取得当地法律营运许可的同时，努力赢得社会营运许可。而了解当地文化和商业环境，与利益相关方建立及时有效沟通又是践行这一理念的基础。社会营运许可的获得及有效维护是保障煤炭开采企业持续运营的必要条件，能否科学合理地处理好社会营运许可，不仅关系到一个工程项目能否顺利展开，甚至关系到采矿企业能否健康发展，社会是否稳定。

结合现有的研究成果及部分实践经验，影响企业获得 SLO 的主要因素归结为以下 8 个方面：分别是环境、安全、土地和水资源、人权、社会参与、温室气体和低碳技术等。这些因素共同作用于企业 SLO 的获取与维护。本书通过对海量互联网信息数据的深度挖掘与分析，得到并互相验证了影响煤炭开采社会营运许可的因素的重要性排序。极端重要：水资源；重要：环境污染、安全、土地资源；次重要：温室气体、低碳技术、人权、社会参与。同时，对企业实际可操作性进行分析得出，安全问题、环境问题和人权问题又是企业现阶段最具有可操作性的。

本书从水资源、环境、安全以及人权 4 个影响因素的角度，来分析企业在获取社会营运许可过程中可能优先遇到的问题，从而采取相应措施来改善企业状况，以最优化的方式来实现煤炭开采的最佳工业实践。研究总结得出企业从各个因素角度获取社会营运许可的实践途径，并将这种实践途径绘制成煤炭企业获取 SLO 的技术路线图，从而为企业获取社会营运许可提供建议。

本册编委会

二〇一六年八月

目　次

第 1 篇　社会营运许可 (SLO) 影响因素综合分析

第 2 篇 水资源领域的最佳实践范例

第 3 篇 环境领域的最佳实践范例

第 4 篇 安全领域的最佳实践范例

第 5 篇 人权领域的最佳实践范例

第 1 篇

社会营运许可(SLO)影响因素综合分析

寻求资源、环境与经济、社会的协调发展已经成为当今社会的关注重点，如何走出一条煤炭开采与社会发展和谐共进的新兴工业化道路，以寻求矿区经济效益同社会和环境效益的统一，是现阶段理论研究和实践探索中迫切需要解决的重大课题，社会营运许可（Social License to Operate）这一概念的及时出现为煤炭行业的发展指明了方向。本研究通过数据挖掘得出了影响煤炭企业获得社会营运许可的关键影响因素重要性排序，从上述重要性及企业实际可操作性的角度分析了企业现阶段需要优先考虑的4个影响因素，并从国际非煤炭企业和国际煤炭企业两个维度出发，分别选取正反两方面的案例进行对比分析，在此基础上总结得出煤炭企业从各个因素角度获取社会营运许可的实践途径。

绪论

1.1 研究背景

随着经济的进步和社会的发展，人类对能源的需求已经不仅仅局限于满足生活所需的层面，加强对能源资源的综合利用、减少对生态环境的损坏以及注重与周边社区的关系已经成为新的发展趋势。对于煤炭行业来说，伴随着行业科技的进步，全球煤炭工业取得了长足的发展，煤炭在世界能源结构中占据了重要地位。长期以来，作为世界上主要能源的煤炭资源，由于赋存量大，容易实现增产，对于满足世界能源需求有较大的灵活性和较高的可靠性，因此，在保障经济增长以及社会发展所需要的能源上起到了关键性的作用。在BP公司发布的2013年度《BP世界能源统计年鉴》中，我们可以清楚地看到煤炭在世界能源中的重要地位。

1. 煤炭资源在全球化石燃料消费量以及储产比中的比重

能源工业是经济发展的先行工业、基础工业。而化石燃料又是能源工业的基础组成部分，虽然随着能源消耗的急剧增长与潜在能源危机的逐渐形成，人们加大了对能源科技的投入，可再生能源技术得到较快发展，但化石能源在能源行业中的基础地位决定了其在当前乃至今后可预计的数十年内仍然是世界主要的一次能源。

如图1-1所示，世界对一次能源的消费量在持续增长。在2012年，世界一次能源消费量增加了1.8%，虽然增长率低于历史平均水平，但从中我们可以看出：在金融危机之后，尤其是在2009年之后，煤炭的消费量增长却比较显著。煤炭在全球化石燃料的消费量中仅次于石油，居全球第二位。

如图1-2所示，尽管石油和天然气的已探明储量总体有所增加，但从全球储产比来看，煤炭仍然是最丰富的化石燃料，其中，欧洲及欧亚大陆在世界煤炭储量中占有较大份额，亚洲和北美洲也拥有大量煤炭储量。

2. 全球煤炭资源的储产量以及消费量情况

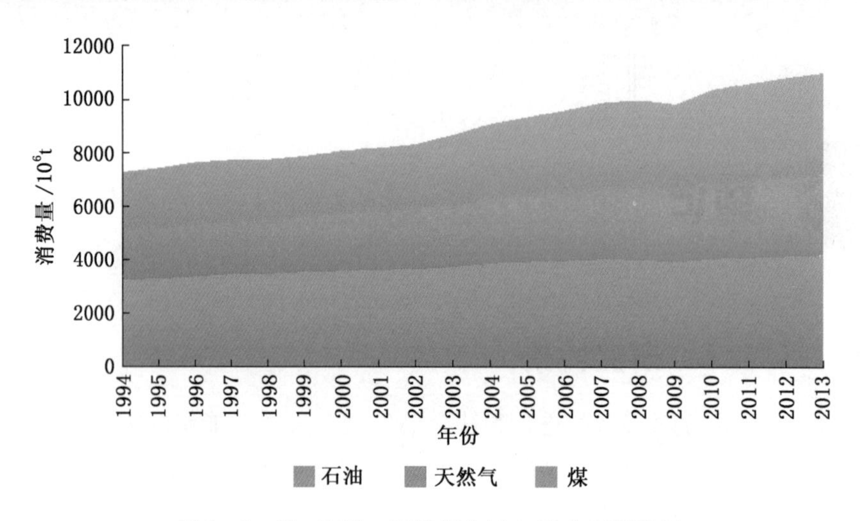

图1-1　煤、石油、天然气在过去20年间消费量

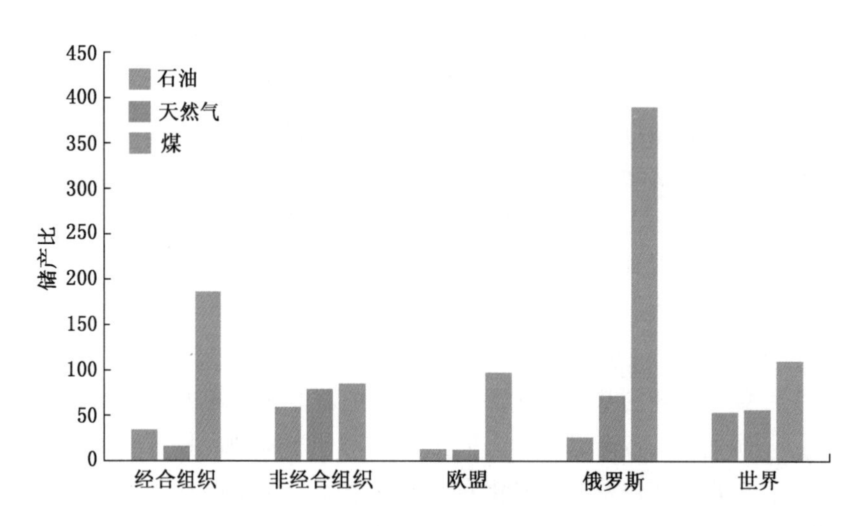

图1-2　2012年底全球化石燃料的储产比

在2012年，煤炭消费量增长了2.5%，远低于10年来4.4%的平均水平，但煤炭依然是消费量增长最快的化石燃料。其中，中国消费量增长6.1%，低于历史平均时期，但依然承担了全球煤炭消费的净增长。2012年，中国煤炭消费量占全球煤炭消费量的50.2%。与此同时，在2012年，全球煤炭产量增长了2%，其中，中国增长了3.5%，印度尼西亚增长了9%，而美国的产量则下降了7.5%。对于煤炭行业具有深远意义的是，2012年煤炭在全球一次能源消费量的比重达到了29.9%，这是1970年以来的最高值。

如图1-3及图1-4所示，从2012年全球煤炭资源的储产比来看，世界煤炭现已探明储量足以满足109年的全球生产需求，是目前为止化石燃料中储产比最高的燃料。其中，北美洲拥有最高的储产比，而欧洲及亚欧大陆则是煤炭储量最大的地区。

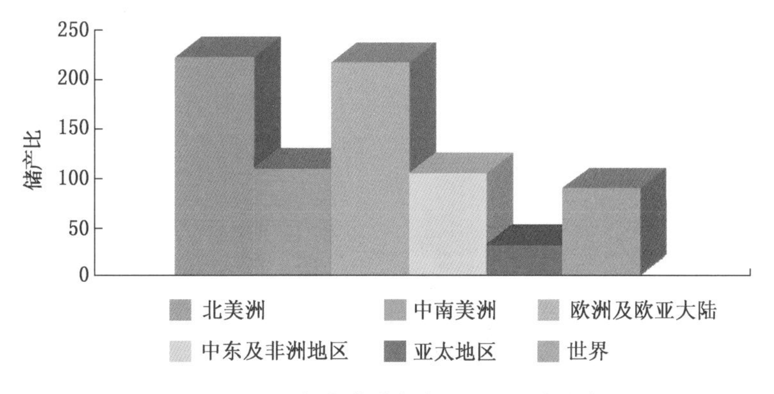

图1-3 2012年全球煤炭资源不同区域储产比

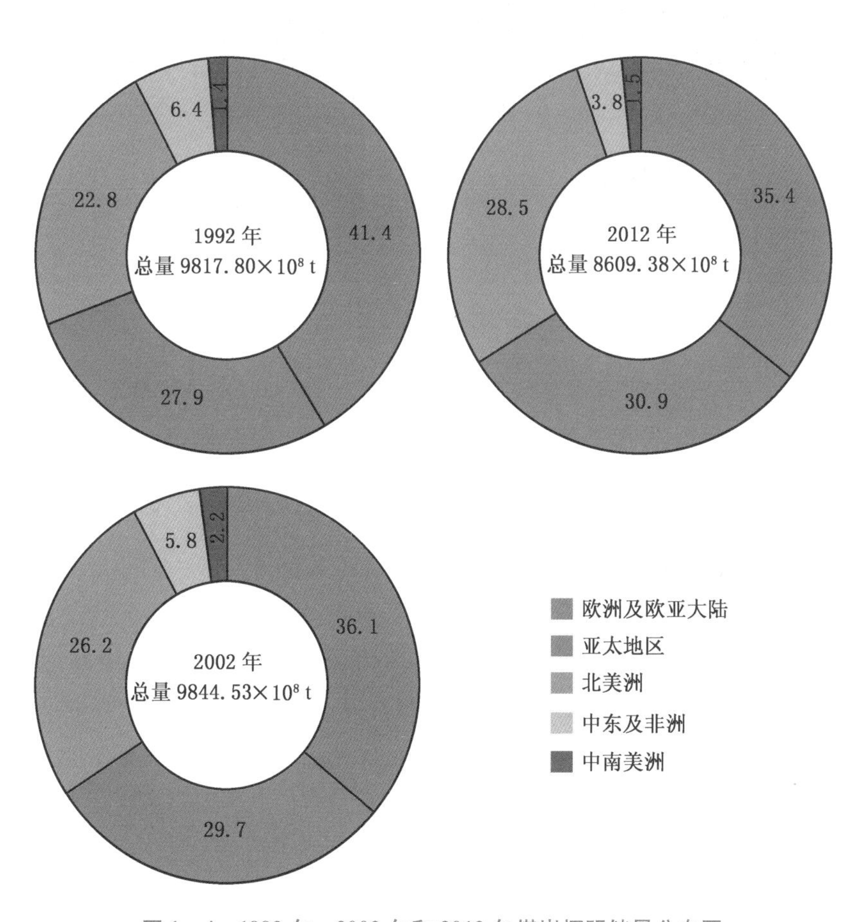

图1-4 1992年、2002年和2012年煤炭探明储量分布图

如图1-5所示，全球煤炭产量在2012年增长了2%。其中亚太地区占据所有的净增长，抵消了美国煤炭在这一年产量的大幅下降。如今，亚太地区的总产量已经占据了全球总产出的2/3以上。同时，煤炭消费量在2012年增加了2.5%，这一增长幅度低于历史平均值，同样，亚太地区也承担了所有的全球消费的净增长，其中，北美地区出现了持续性的下降，下降了11.3%，而欧盟地区的消费量则3年来持续增长。

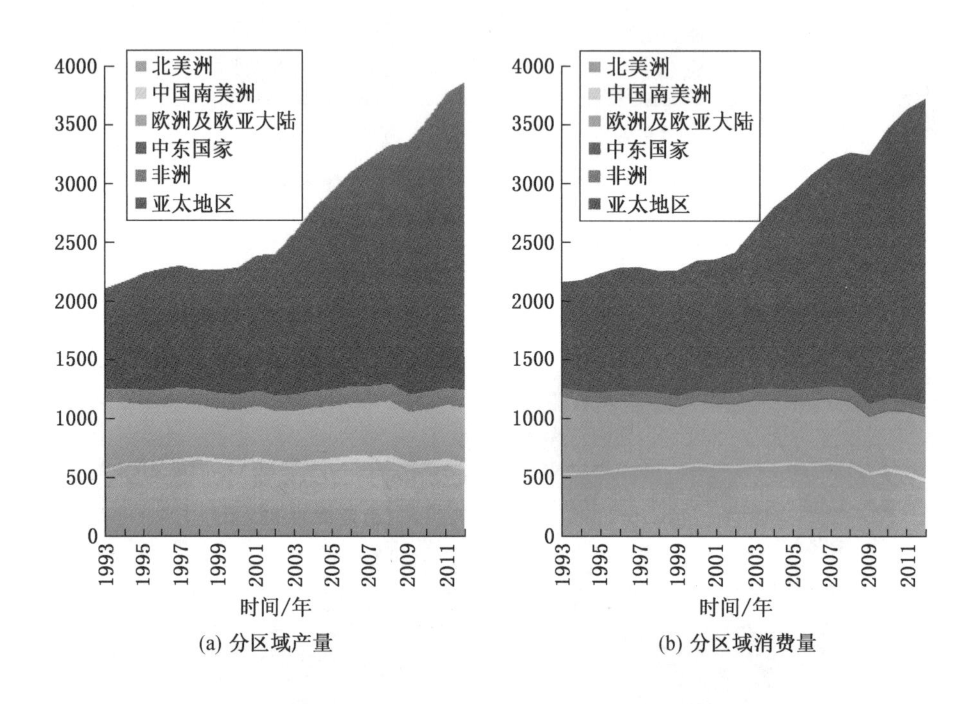

图1-5 全球煤炭资源分区域产量和分区域消费量

在以上数据中，我们从规模上分析了煤炭在全球能源行业中的地位，而从经济上来看，煤炭资源依然有着显著的优势。煤炭价格低廉，具有强大的市场竞争力，按照同等发热量计算，结合各国不同的具体情况，使用天然气、油的运行成本（包括燃料价格、运杂费、人工、折旧、维修费等）一般为燃用动力煤的2~3倍。这一经济原因使得缺能国家尤其是发展中国家普遍选择把煤炭作为基础能源。而对于盛产煤炭的国家，无论是发展中国家还是发达国家，也都把煤炭放在国内能源消费结构中的重要位置。例如，澳大利亚、美国等国家，美国年产约10×10^{8} t商品煤，是用于发电的主要一次能源。

可见，煤炭是世界上经济性最好、储量最多、分布最广的矿物燃料，这些优势也保障了煤炭在能源行业中的主导地位。然而，随着开采量和消费量的不断增加，煤炭生产与消费所带来的生态破坏以及环境污染问题，以及由此而带来的负面社会形象也日益凸显出来。煤炭工业在保障经济发展的同时，也不可避免地带来了大范围的、严重的，甚至是无法弥补的环境问题：对土地和植被造成了大面积的破坏，特别是露天开采造成的局部景观的破坏，导致区域性环境和生态系统的严重失衡；生产排放的煤矸石对土地、河流以及大气造成了严重的污染；外排的工业废水也对地下水资源以及地表的江河湖海等造成严重污染；同时，煤炭开采以及消费过程中产生的大量固体小颗粒、CO_2、SO_2 对气候环境带来了严重的影响等。这些问题在严重影响人民的身心健康的同时也直接影响到了采矿企业的自身发展。

与此同时，随着经济、政治、社会文化等各种因素的发展，煤炭企业和社区以及社会的关系也在时刻发生着变化，曾经企业赖以生存的保障条件已经不再适用，企业必须寻求更好的处理方式来处理与当地社区的关系。尤其近年来，随着人们对企业社会责任、对环境保护以及对可持续发展的强烈关注，煤炭企业与社区以及环境的矛盾和冲突日益加剧。煤炭工业一方面在提供就业机会、建立工业基地、增加税收、赚取外汇等方面为社会发展推波助澜，另一方面由于其对社会和环境带来的诸如拉大贫富差距、工作环境恶劣、贪污腐败、环境破坏、对员工身心健康的危害等负面影响，越来越多地受到从政府到非政府组织以及当地社区的批评，煤炭企业由于其身处能源行业这一特殊性，其社会责任更加被社会所关注。

寻求资源、环境与经济、社会的协调发展已经成为当今社会的关注重点，如何走出一条煤炭开采与社会发展和谐共进的新型工业化道路，以寻求矿区经济效益同社会和环境效益的统一，是现阶段理论研究和实践探索中迫切需要解决的重大课题，而社会营运许可（Social License to Operate）这一概念的出现可以说为煤炭行业的发展指明了方向。

在 1992 年举行的联合国环境与发展大会上，企业社会和环境责任被提上议程。随后成立的国际煤炭和金属委员会成为资源行业的权威机构，同时，采掘业审查委员会要求采掘业发布透明开采倡议书等，这一系列的国际进程都在迫使全球的矿业公司接受企业开采需要得到社会营运许可这一概念。之后，这一概念迅速被西方矿业公司所接受，许多大型国际矿业公司甚至开始雇佣社会学家、人类学家甚至是性别学家来为企业的社会和环境问题提供建议（Lahiri – Dutt 2007）。社会营运许可已逐渐成为煤炭企业正常运营的必要条件。

1.2 研究的重要性及意义

在以上的背景介绍中，我们可以发现，从能源资源的可获得性、经济性与清洁利用等不同方面来看，从现在到可预见的未来相当长的时间内，煤炭仍是全球最主要的基础能源。煤炭资源的开发和利用对世界经济的发展起到至关重要的作用。因此，保障煤炭资源的顺利开采，保证煤炭产量和实现煤炭资源的可持续开发利用非常关键。然而，社会营运许可的获得以及有效维护又是保障煤炭开采持续运营的必要条件，能否科学合理地处理好社会营运许可问题关系到一个工程项目能否顺利展开,甚至关系到采矿企业能否健康发展,社会能否稳定的问题。对于研究煤炭开采的社会营运许可影响因素的重要意义，我们引入以下两个社会实例来加以说明。

案例一：位于中国内蒙古境内的某煤矿建于1960年，其前45年的发展良好，不仅满足了边境驻军及牧民的生活用煤，也对地方工业的发展起到了重要的促进作用。然而，自2005年以后，该煤矿多年开采过程中沉积下的种种问题逐渐暴露出来。该煤矿距离煤矿周边的居民区非常近，最近处不超过500 m的距离。该煤矿本来有一所学校，而学校的校舍早已经废弃不用，因为煤矿的开采造成采空区，校舍墙体出现开裂现象，数十户居民的房屋也出现了相同的情况，其中几户居民的房屋裂缝可伸进一个拳头。而且从2008年开始，由于煤矿的持续开采，导致了当地地下水的枯竭，村民们不得不到离乡20多千米外的地方取水，以维持生计。然而，这些问题并没有引起采矿企业的重视。正是这种忽视给企业带来了恶劣的负面影响：2011年5月15日，当地居民与煤矿企业发生了大规模的冲突，并造成了一名矿区居民的死亡，由于警力不够，治安人员没有能够及时制止这起恶性事件，甚至有派出所的干警在该事件中被打。

随后，这一事件引起了相关单位的高度重视。然而，这时的重视是否为时已晚？我们有充分的理由相信，如果煤矿企业能够及时对出现的社会问题进行有效的应对，这种悲剧是完全可以避免的。

该煤矿的问题反映出许多采矿企业对于当地社区关系不够重视，这种对于当地社区关系的忽视即对于社会营运许可的忽视直接导致了煤矿开采与周边社区的冲突，从而导致了采矿项目的停止和关闭。因此，在新的社会背景下，煤炭企业要想正常发展，必须合理有效地获得社会营运许可。

那么，为了获得这一许可，只要注重与当地社区的关系，加强与社区的交流沟通就足够了吗？我们来看另一个例子：

案例二：曼哈顿矿业公司是加拿大的一家小型的矿业公司，在秘鲁的北部发现了一个富含黄金、铜和锌等矿物质的大型矿场，然而，要想进行开采至少得将当地16000居民进行搬迁，关键的问题在于，矿区处于农业发达的圣洛伦佐镇，而当地居民最关注的问题是采矿对于农业生产的影响。矿业公司的发言人一再强调，他们将竭尽全力去和当地居民加强交流，通过告知人们矿产开发会给当地带来的诸如增加就业、增加税收等好处来获得支持，他们坚信这一行动一定会得到当地组织、教会以及政府的大力支持。然而，在经过3年的探索之后，于2001年2月爆发的暴力冲突事件摧毁了正在进行勘探的营地，虽然之后公司还想挽回这一矿区，但在

2002 年的当地公民投票中，以 93% 的反对率宣告了这一项目的彻底失败。

在对这个项目的失败原因进行调查研究之后发现，主要原因在于开采企业与当地社区的沟通不善，企业注重强调能给当地带来的经济效益，却对公众最关注的负面影响问题避而不答，这些问题包括：矿业开采会给周围环境带来什么样的破坏？长久开采下去会影响到当地的农业吗？以及谁能在这个采矿项目中获利？

曼哈顿矿业公司在秘鲁的失败揭示了一个与矿业公司获得社会营运许可息息相关的社会问题，即企业只是简单地在表面层次上加强与社区的沟通是远远不够的，在维护与社区关系的时候要切实地关注当地社区所关注的方面，要有针对性地开展工作，切实解决实际存在的问题，而不是像上例中的那样，在和社区沟通的时候过分强调能给社区带来的好处，而忽略带来的不利因素，尤其忽视了当地居民最关注的土地问题，这对于企业获得社会营运许可并不会有实质性的帮助。

通过对以上实例的综合分析，我们不难发现，获取社会营运许可是减少社会冲突风险的有效途径，对于提高一个公司的声望必不可少。如果没有获取社会营运许可，可能会产生额外的经济损失，造成雇佣劳动力的困难和各种成本上升，最终使运营成本升高，企业停产，甚至可能由于社区的反对而造成企业的关闭。矿业公司的社会行为直接影响社区对其的社会评估与认证，获得来自当地社区的社会营运许可可以避免潜在的高昂代价和社会风险与冲突。作为矿业公司，社会营运许可能够帮助企业降低社会风险，理性应对社会冲突。授予社会营运许可意味着社区能够从企业项目中受益，即双方都有共同目标，在社区矿产开采的整个生命周期中，企业与当地社会实现同步共赢发展。

矿业公司作为社会系统的一部分，其行为不仅对周边环境产生影响，周边环境及其利益相关者也会反过来对其产生影响，而社会营运许可作为矿业企业的一个门槛，不仅有利于矿业企业的利益相关者的利益，更有利于矿业企业的发展，因为如果矿业企业拥有了社会许可，说明该企业在诸如环境、当地民众等方面有良好的社会责任感，那么当地政府就会在行政审批上提高效率，当地民众也会对此企业信赖，这样矿业企业就和当地形成了一个良性的互动，有利于整个企业的发展。而每一次企业与社区出现冲突矛盾，即企业的社会营运许可出现问题都是因为与矿区群众的关系没有处理好的缘故，而要想处理好这种关系，则需要企业去发掘影响这种关系的因素所在及其影响程度的大小，即去探索影响煤炭开采社会营运许可的影响因素，然后根据这些影响因素的重要性程度开展针对性的应对办法。只有这样才能有效地识别企业现阶段面临的最突出的社会问题，才能有针对性地优先对最显著的影响问题进行解决处理，才能最大限度地避免这些突出问题给企业带来的损害。

因此，对于煤炭开采的社会营运许可影响因素研究势在必行。

1.3 研究方法

本研究采取的研究方法是通过对互联网信息的统计分析得出结论。首先，本研究对全球网络媒体对于影响煤炭开采的社会营运许可因素的报道量进行统计，按照报道量的多少得出最近10年网络媒体对于各个影响因素的关注度，其中，我们认为这种关注度是各影响因素对于煤炭开采的社会营运许可的重要性的直观体现，由此我们从第一个角度得出了不同影响因素的重要性排序；其次，我们对全球互联网用户对于相关影响因素的检索量进行了统计，再按照统计结果结合各个因素被检索量的差异，我们得到了全球互联网用户对于各个影响因素的关注度，其中我们认为互联网用户即社会公众对于相关因素的关注度是各因素对于煤炭开采的社会营运许可重要性的决定性因素，由此，我们从第二个角度得出不同影响因素的重要性排序。同时，我们对全球不同地区的互联网用户对于相关因素的关注度进行了分区域统计，得到各影响因素在全球不同地区受关注度的分布结果。再次，我们选取了比较有代表性的6家平面媒体的网站，对其对于相关影响因素的报道量进行了统计，得到不同平面媒体对于各影响因素的关注度，其中，我们认为，平面媒体由于其特有的权威性，其对于影响因素的关注度也在很大程度上反映了相关因素的重要性程度，并由此得到第三个角度的不同影响因素的重要性排序。最后，我们针对以上3个角度得到的重要性排序进行汇总，对比分析了其中的趋同性和差异性，最终得出对于煤炭开采的社会营运许可不同影响因素的重要性排序。同时，我们又进一步分析了不同媒体对于同一影响因素的关注度的差异。针对影响因素的重要性排序，不同影响因素在全球的受关注度分布以及不同媒体对于影响因素的关注度差异，本书从世界煤炭协会以及世界煤炭协会各成员单位的角度分别给予了相应的建议。

另外，本书从上述重要性及企业实际可操作性的角度分析了企业现阶段需要优先考虑的4个影响因素，并从国际非煤炭企业和国际煤炭企业两个维度下，分别选取正反两方面的案例进行对比分析，在此基础上总结得出企业从各个因素角度获取社会营运许可的实践途径。

煤炭开采的 SLO 及影响因素概述

2.1 相关概念介绍

2.1.1 社会营运许可

近年来，随着矿业公司由于与社区关系处理不善而导致的停产、冲突等问题的不断涌现，社会营运许可（Social License to Operate，简称 SLO）这一概念逐渐受到社会尤其是采矿企业的高度关注。那么什么是社会营运许可、社会营运许可有什么意义以及怎么获得社会营运许可呢？

1. 什么是 SLO

社会营运许可一般情况下是指一个地方的政府、社区公众和媒体于一个采矿企业在该地区开展采矿项目的接受或者支持。它并非正规协议或实体文件，既没有正规的形式化的考核流程，也没有适当的制度化的评判标准，而依靠的是采矿企业及其项目的当前信誉、可靠性及其社会认可度。社会营运许可主要涉及与利益相关者尤其是当地社区的关系，由于利益相关者的观念会随时间以及地区的差异性而不断地发生变化，因此社会营运许可也通常是动态的。利益相关者是社会营运许可获得的决定性因素，当一个采矿企业计划在一个地方开展采矿项目时，不可避免地会对当地社区的生活条件、气候环境等造成一系列的影响，由此而形成的直接利益相关者即当地社区便自然而然地成为对企业社会营运许可获得的直接评判者，他们对于该采矿项目的态度和意见在很大程度上决定了这一项目能否开展以及持续地运行下去。

社会营运许可源于人们对社区对于矿业开采的影响作用的关注，但在这背后隐藏的是一个涉及采矿企业、社区人文地理环境以及社会间交错复杂的管理系统。企业首先要处理好煤矿开采本身带来的一系列共性问题，如：土地占用和破坏、环境的污染以及气候的影响等，还要根据当地社区的特殊情况处理好和社区的各种关系，做好沟通，而且同时必须努力提升企业自身在社会的声誉等问题，这其中各个环节都会直接影响到企业社会营运许可的获得以及维持。然而，每个采矿企业在某一个特定的地方开展采矿业务时面对的实际情况都是不同的，因此，为了获得社会营运许可所需要付出的努力也是不尽相同的。

2. 社会营运许可的质量

社会营运许可质量指的是公司被社区所能接受的程度，现有的研究一般借用 Thomson and Boutilier（2011）建立的金字塔模型（图 2－1），将其分为几个不同的等级，对于公司来说，由于社会对其接受程度的不同，企业一般处于合法、信誉、信任 3 个等级。对于社区居民来说，他们对公司的认可程度等级依次分为排斥、接受、支持、心理认可 4 个层次。

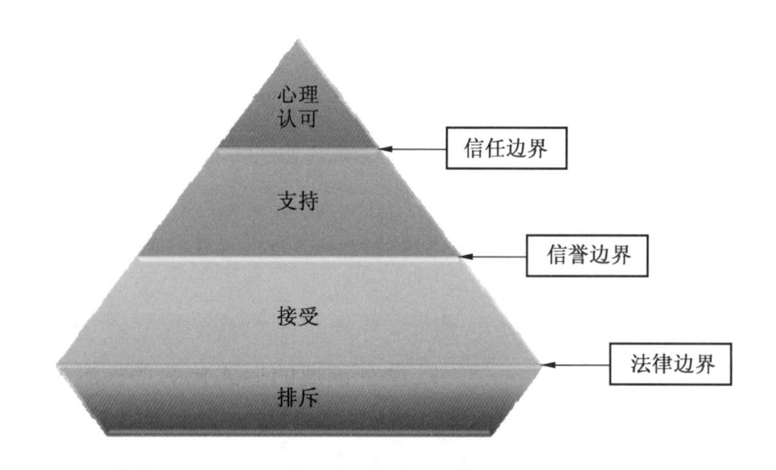

图 2－1　社会营运许可的 4 个层次

Thomson and Boutilier（2011）指出，企业所处的 SLO 水平跟它面对的社会政治风险存在反比关系：SLO 水平越低，则企业面临的社会政治风险便越高。在这个模型中，企业所处的 SLO 水平从下到上逐级递增，依次分为 4 个等级，4 个等级间分别由 3 个标准作为分界线：第一个指标是法律约束，当一个项目连最起码的法律约束条件都不能满足的话，它将处于社会认可的最低级，即会受到社区的反对和排斥，由此企业将面临开采业务受阻、遭受暴力反抗或者破坏甚至关闭的危险；第二个指标是可信度，当一个项目能满足法律的要求但却得不到社区的信任时，它将处在第二个阶层，即接受层次，此时的企业虽然满足了法律的要求但不时地还会给周边社区带来许多问题和威胁，社区虽然勉强接受该项目或者说因为某些原因容忍它的存在，但会对企业进行警惕性的监控；第三个指标是依赖程度，当采矿项目能够处理好自身的问题，处理好和周边社区的关系，它的项目便能得到社区的认可以及支持，但矿企和社区却是两个相互独立的主体，能友好共存，但却缺少合作，彼此间缺少互惠互利，此时的矿企处在第三个阶层，即支持层级，社区只是将矿企看作一个友好的邻居；然而当企业能够加强与社区的合作，两者相互依赖，形成一个有机的整体的时候，企业将处在模型中的最高层，即受到当地社区心理上的认可和依赖，这时企业和社区作为合作伙伴会一起自发寻求最好的对双方均有利的发展途径，并且在一定时候能够一致对外。这一层次是现阶段企业和社区所能达到的最理想的阶层，也是采矿企业最容易获得社会营运许可的层次。而在现实中，很少有采矿企业能达到这个程度，煤炭企业必须努力去接近这个层次，才能最大限度地给企业减少阻碍，增加效益。

3. 获得 SLO 有什么意义

随着煤矿开采企业采矿业务的不断发展，利益相关者对于自身利益的不断思考以及社会对于环境意识的不断加强，传统的煤矿发展模式已经不能满足现阶段的各种发展需求，企业所在的社区要求更大份额的利益分享以及更多的对于企业管理决策的参与，当地社区对于采矿业的开展已经逐渐开始扮演重要的角色。因此，社会营运许可这一概念的出现为企业的发展方向提供了指导性的现实意义，即如何最大限度地在满足企业自身发展的同时尽可能满足社区的要求。那么，具体到企业层面，获得这一许可对企业有什么具体的好处呢?

第一，获得社会营运许可已成为西方采矿企业开展采矿业务的一项必要的流程。社会营运许可就像营业执照一样，已成为采矿企业获得开采权必不可少的一部分。如果不能获得这一许可，该采矿业务很可能会因为在当地雇用不到员工、搬迁问题或者土地占用问题等原因很难展开。

第二，获得社会营运许可并且能长久地维持下去是企业减少社会矛盾的必要条件。企业的发展离不开社区的理解与支持，这种支持不仅对于处理“双边关系”至关重要，对于企业自身的发展也必不可少。采矿业务的开展将不可避免地给当地社区带来诸如土地占用、水资源污染等各种问题，如果不能获得社区的支持，势必会导致社会矛盾、暴力冲突等不和谐现象，从而导致企业矿业开采的耽误甚至停顿关闭。

第三，获得并维持社会营运许可能有效削减企业不必要的支出，减少融资成本。如果不能获得这一许可，意味着企业在社会上的认可度不高，声誉很可能较差，那么投资者在做投资决策的时候就会更加慎重地考虑这个企业，由此，企业无论是在吸引投资商方面还是开展社会融资都将面临巨大的困难，这时企业不得不花费更高的代价来提升企业形象，树立企业声誉以面对这一难题。这里，我们必须清楚地意识到：重新获得社会营运许可所需要的花费远远大于维持它所需要的支出。

综上分析我们可以得到，采矿企业获得并有效地维持社会营运许可已经成为其能够正常开展采矿业务的有效保障。

4. SLO 的获取条件与衡量标准

SLO 的取得有以下 5 个条件：

（1）在企业发展之初即较早地参与当地社区建设，参与社区基础设施建设，当地居民生活能够从中受益。

（2）预防企业投资风险，与其他利益相关者建立合作伙伴关系，在项目开始时积极与政府、当地社区进行友好谈判。

（3）根据企业生产能力与当地利益关系，适时进行重新分配，包括与非政府组织和其他专家合作，参与当地人口教育和培训，提高本地经济多样化。

（4）企业与利益相关者需要相互尊重、坦诚沟通，在勘探和开采过程中保持透明性，能够及时进行信息披露，回应社会关注。

（5）企业发展不能只注重提供物质利益，要考虑到社会的可持续发展，综合进行社会影响评估。

SLO 的衡量也是一个烦琐复杂的过程，由于 SLO 的动态变化性，容易受到外界的影响，因此衡量标准必须严格遵守事实变化。公司往往需要准确了解 SLO 的状态，以便于寻找办法继续维持或进一步提高其质量。这关系到社会各界对公司或项目的看法。通过丰富的实践经验与学术研究，可以总结出以下切实可行的衡量方法：

（1）间接衡量。这种方法花费时间短，较为快速，但是方法比较浅显。包括物理指标与口头指标。使用物理指标能够提供快速评估的能力，公众在媒体对公司的报道和描述的基础上作出判断。但由于这种方法提供的信息量是有限的，并且可能是有偏见的或不完整的，容易造成理解偏颇。事实上，采用这种指标造成的企业负面影响如示威和抵制等行动，并不一定是真正的多数人的情绪表达。因此，本方法可以进行初步筛选，结果可能缺乏可靠性。使用口头指标，这种方法同样快速、直接。在这种方法中，调查员采用进入社区的方式，仔细倾听人们对公司或项目的描述，并听取他们的意见。记录居民关键词和表达模式是否与企业真实情况保持一致。该方法若可以得到认真执行，可以揭示细微之处的问题，比如可以检验社区内的意见分歧，其产生的问题与企业社会许可质量和社会关注相对性。但这种方法的执行尚停留在定性和高度依赖研究人员技能的基础之上。

（2）直接衡量。这是由社会心理学家研究得出的一种衡量方法。对间接衡量进行了优化，将社会的反应看法赋予相应数值，给出企业得分，将社会许可分为不同的等级标准，根据对企业的实际评估，对号入座。实践经验表明，社会营运许可的状态往往是有条件的。换句话说，社会的公认度在应该将企业定位在哪个 SLO 认可级别中起到了重要作用，这种方法不仅提供了更精确 SLO 衡量标准，也能够揭示出正面或反面的详细信息，对企业定位起到鞭策或激励作用，对考察企业短期、中期、长期的 SLO 均有意义，可以作为企业战略层面的一种参考衡量方法。

5. SLO 的发展沿革及未来发展方向

SLO 的概念，最早开始活跃在自然资源和采掘业等生产行业，包括林业、矿业、石油、天然气、水电等处于产业转型及具有工业高风险的企业或行业。总体而言，一般涉及可再生或不可再生资源占用与使用的某些公司。SLO 的起源受到多种因素的影响。

首先，涉及法律许可的限制。常见的天然资源，比如水资源、矿产、石油等，是某一领域或社区的共有资源，直接关系到原住居民的日常生活。公司开发某一项目，获得国家或地方政府的授权开发，利用和改造这些资源，以公司名义进行发展，必须以防止破坏为前提。在这种背景下发展起来的经济需要为社会整体创造财富。政府合法利用分配公共自然资源和资金拨款，授权具备发展潜力的公司为国家或地区的发展做出贡献。然而，企业的发展关系到国家或地区不同群体之间的平等分享收益和成本等问题，特别是社区中的脆弱群体，因此政府的参与尤为重要。通常外部性的影响因素将会对环境质量产生影响，这一影响稍不重视，将造成永久性、不可弥补的损失。

其次，SLO 涉及采掘业的投资和产业结构的改造，采掘业的投资往往是有条件的，是资本密集型企业，价值体现在长期回报性。投资回报根源是对资源的合理利用和顺利运作，通过与当地社区和利益相关者建立和保持可持续发展的关系，设计标准与规范，实现共同进步。例如，世界水坝委员会（WCD）、国际水电协会（IHA）和国际金融公司（IFC）曾经为促进企业发展，维护社区和相关利益者的良好关系制定国际标准，从而起到了完善公司运作和社区生活水平提高的作用。

随着采矿业的发展，世界各地的矿业利益相关者越来越警惕采用传统方法进行矿产开发可能出现的问题。在最坏的情况下，可能出现的对环境造成的不良影响，对文化的破坏和社会的反对，以及导致当地经济的不稳定。利益相关方要求企业更加紧密地遵循并参与到逐渐活跃的社区活动中。将各利益相关方的可持续发展策略作为社区参与决策的信条，这也是进行社区互动的中心目标。在大多数情况下，采矿行业已经开始并有了一些积极响应这些需求的经验。在这个过程中，整个行业也逐渐意识到，如果行业朝着预想的繁荣方向发展，那么传统的商业运营方式不再是一个很好的选择。

因此，SLO 的普及是未来企业及社会的发展趋势，SLO 对于企业行为具有良好的约束作用，同时有利于维系企业与当地的沟通关系，达到共同发展的双赢局面。对于 SLO 的研究，生产者、顾问、决策者、专家学者的研究及观点各有不同，但其共同目标具有一致性。SLO 已经成为企业与社会的接口。从传统角度来讲，SLO

的来源涉及商业与科研两个方面。作为商业，SLO的拓展是社会对企业的一种选择，专注于公司采取相应措施，保护社区居民的利益，企业行为符合法律，杜绝法律规定之外的做法。作为科学研究，SLO可以作为利益相关者理论的一种延伸，其中着重指出企业发展与利益相关者之间的关系，以确保企业行为的合法性和可持续生存性。

因此，SLO作为社会研究的特定问题，研究途径具体可以分为以下4种：

（1）注重SLO的内涵研究，而不仅仅局限于概念本身，不断完善和加强关于SLO的定义，不仅仅局限于采矿业的广泛应用，应该逐步拓展到生活中的各行各业。

（2）加强SLO的授权标准及规范，SLO关系到社会各方利益，对于SLO的授权是否必须依赖当地环境和扩大企业活动的基础之上的讨论存在争议。例如，企业获得SLO的授权程度，加强企业组织内部的学习，对于企业是否具备获得或撤销SLO的资格予以界定。

（3）跨越时间与空间进行SLO的研究。正如前面提到的，SLO是一个无形许可。大致包括获取途径、教育培训、社会活动参与，通过实际行动更新社区面貌，增强企业合法性，同时是长期持续坚持的行为。企业SLO的合法存在局部波动性。事实上，发展中国家和发达国家之间的关注点具有较大差异，原住居民与非原住居民之间也存在差异，因此，对企业社会责任和当地文化的研究也是构成企业获取SLO合法性的组成部分，并跟随时间的推移而改变。再加上利益相关者的期望不断提高，SLO变得更加难以捉摸，企业也要对这一点进行考虑。

（4）涉及公共关系和社会关系之间差异的研究。对于这方面的研究，需要考验企业公共关系部门及公共关系部门所掌握的能力，需要在不同阶段进行各项活动的沟通与协调，通过公共关系部门的委托，制定社区关系沟通战略，防止出现各方面误解。实践表明，增强双方沟通技巧与能力，建立企业与社区的信任是十分必要的。

2.1.2 煤炭企业的利益相关者（stakeholder）

1. 利益相关者的定义

1984年弗里曼提出了利益相关者管理理论，随着这一理论的发展，社会对于企业的利益相关者已经有了多方面的认知，对于利益相关者也有了不同的定义和解释，本文借用Freeman（1984）给出的定义，即“企业利益相关者是指那些能影响企业目标的实现或被企业目标的实现所影响的个人或群体”。

2. 利益相关者的划分

国际上对于利益相关者的划分有不同的标准，本文结合煤矿企业的特殊性，借用 Charkham 的划分方法，将利益相关者分为契约型利益相关者和公众型利益相关者，前者包括股东、雇员、顾客、分销商、供应商、贷款人等；后者包括全体消费者、监管者、政府部门、压力集团（本文中的压力集团主要指 NGO）、媒体、当地社区等。

3. 与 SLO 相关的煤炭企业利益相关者的界定

SLO 主要强调的是矿业和周边社区以及社会的关系，因此，能影响到 SLO 的获得以及维持的企业利益相关者主要包括以下几项（图 2－2）。

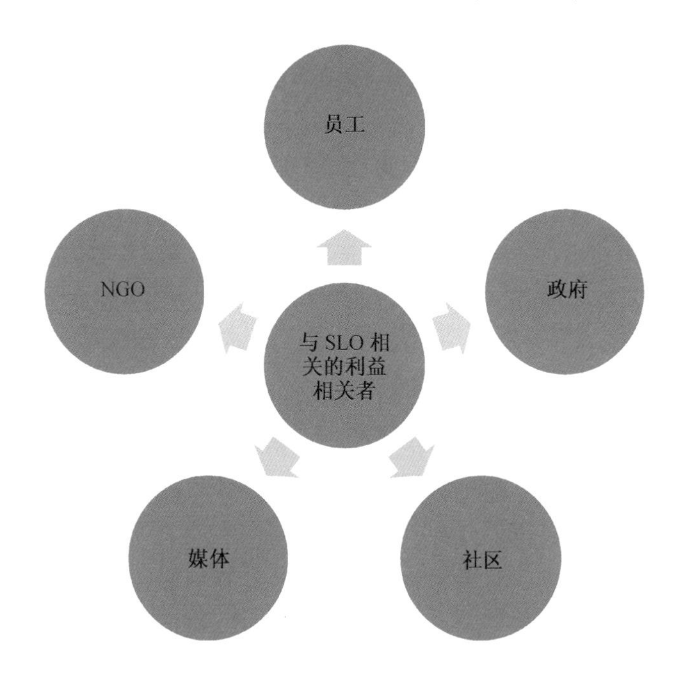

图 2－2　煤炭企业的利益相关者

1）员工

煤炭行业是社会公认的高危行业，由于工作现场处于矿井深处，地质条件复杂，工作环境差以及像透水事故、瓦斯爆炸等危险的不确定性，煤炭开采在众多环节都将给员工的生命安全带来不同程度的威胁，而且，在煤炭开采的区域之内，由于煤炭的开采和加工所带来的扬尘、废气等常会诱发员工的各种职业病，给员工的身心健康带来巨大甚至长远的影响。因此，维护矿工的人身财产安全以及合法的权利是煤炭企业最起码的社会责任。

2）政府部门

为获得 SLO 的最终目的无非是为了获得采矿许可，而颁发这一许可的正是政府部门，政府部门作为政策的制定者，在很大程度上决定了一个行业的发展方向，也同时决定了一个企业的命运。例如在中国，随着对环境保护、低碳发展的重视，中国政府为响应节能减排和可持续发展的号召，加大了对煤炭开采的整治力度，很多煤炭企业在此背景下逐渐走向萧条甚至倒闭，因此，把握政府立场，紧随政策方向，这与企业的生存息息相关。而且，在企业力争获得和努力维持 SLO 的过程中，政府通常在企业和社区间扮演着一个协调者的角色，企业能否处理好与当地政府的关系会直接影响到当地政府在协调过程中的立场，从而影响到企业 SLO 的获得。

3）当地社区

当地社区是煤炭企业的直接利益相关者，煤炭开采的一举一动都与当地社区息息相关，从土地的占用、员工的招聘、带动当地的经济增长到对环境的污染，以及给当地社区带来的不便和危害等各个角度都决定了社区在企业 SLO 获得过程中的决定性作用。煤炭开采企业经常会因为利益分配、环境破坏等问题与当地社区发生矛盾和冲突，这时，企业能否有效地处理好和当地社区的关系，不仅直接决定了企业能否获得并长久地维持 SLO，更加决定了这个采矿项目能否在当地持续开展下去。因此，当地社区理所当然地成为企业获得 SLO 的过程中最关键的利益相关者。

4）社会媒体

媒体作为当今社会最主要的信息传播途径，对企业的声誉以及社会影响等会起到很大的影响作用，这种作用可能是正面的，也可能是负面的，一个企业取得了好的业绩，得到了员工和社区的认可的时候，通过媒体可以很快地得到整个社会的认可，从而提升企业的社会形象和知名度等；反之，如果一个企业存在贪污受贿或者弄虚作假等腐败现象，那么它也会很快被社会媒体传播出去，直接给企业声誉带来负面影响。尤其作为新市场经济下的企业，及时有效地通过相关媒体向社会公布企业信息已经成为企业不可逃避的一项责任，能否公开透明地披露企业信息不仅影响到社会对企业的认知度和信任度，更会影响到投资者作出投资决策，从而影响到企业的发展。在企业获得 SLO 的过程中，社会媒体主要发挥着两方面的作用，首先是对于一个企业要在一个新的地方建厂采矿，这时当地社区评价企业以及与企业谈判过程中，企业的社会形象会起到很大的影响作用，一个社会形象良好的企业势必将来遇到的阻碍因素会更少，而企业的社会形象是靠媒体建立起来的；其次是在一个采矿企业的营运过程中，企业的一些有利于员工、有利于社区的决策制度需要靠媒体向社区以及整个社会传达，社区只有在了解企业态度的基础上，才会理性地去看待企业发展给自身带来的影响。而且，对于企业来说，如何有效地避免对企业形象有损的负面新闻的曝光也是企业维持 SLO 过程中很重要的一个因素。

5）非政府组织（NGO）

NGO 的兴起在很大程度上给企业的发展带来了监管机构之外的压力。NGO 作为一个非营利性、非政治性的社会团体，其存在的目的就是为了维护相关利益群体的自身利益，因此，它会自觉地对企业形成一种外部的监控力量，并自发地以一个群体的形式去和损害自身利益的企业行为对抗。在企业争取 SLO 的过程中，NGO 通常是社区或者员工组织等企业相关利益群体表达自身意愿的渠道，可能是要求也可能是对企业的不满，如果企业不能很好地处理和相关 NGO 的关系，不能有效控制他们的活动，将很可能会激化矛盾甚至引发冲突。

2.1.3 煤炭企业社会责任

1. 煤炭企业社会责任的定义

企业社会责任（Corporate social responsibility，简称 CSR）的理论从 19 世纪末起源到现在并没有一个统一的定义，世界可持续发展企业委员会（World Business Council for Sustainable Development）给出的定义是："企业社会责任就是企业针对社会（包括股东和企业利益相关者）的合乎道德的行为"；Business for Social Responsibility 认为："企业社会责任是指以达到或超过社会对企业提出的伦理、法律、经济和公共期望的方式经营企业"。企业的社会责任还包括提高当地社区的居住条件（经济、社会、环境），或减少采矿工程的不利影响，这些自主行为超越了法律义务、合同或者许可协议。企业社会责任通常要求企业投资于基础设施建设（如饮用水、电力、学校、医院、设备、排水维修等），建设社会资本（提供高中和大学教育、提供预防传染病的预防信息、性别问题研讨会、家庭计划信息、改善卫生条件等），建设人力资本（如采矿企业培训当地人或提供外包服务，促进和提供小企业、水产养殖业、作物种植、动物饲养、纺织业生产等技能）。因此，企业社会责任一般关注和包含 3 个主要领域：环境、社会以及经济责任。

对于煤炭行业来说，煤炭企业的社会责任又具有一定的特殊性，煤炭行业作为重要的能源行业，一方面有满足能源需求、保障人民正常生活水平、促进经济发展的责任；另一方面又有保障矿区的生产安全、有效处理与当地的关系、避免冲突的发生以及增强环境意识、积极改善矿区生态环境、努力实现可持续发展的义务。

因此，综合企业社会责任的定义和煤炭行业的特殊性，本书给出煤炭企业社会责任的定义为：煤炭企业在追求企业利润的过程中，要严格遵守相关法律制度，合理保障企业相关利益群体的合法权利，友善处理与当地社区的关系，有效控制对环境造成的污染，努力实现煤炭行业的可持续发展。

2. 煤炭企业社会责任的分类

结合以上定义，煤炭企业的社会责任主要包含法律责任、经济责任、道德责任以及绿色生产责任等 4 个方面。

1）法律责任

遵纪守法是企业运营和企业实施社会责任的前提。一个企业如果连最起码的法律制度都满足不了，又怎么有精力去实现企业的社会责任。法律的建立往往是为了满足一个行业的适用性，因此，法律规定的标准是对一个企业运行的最低要求，企业只有在满足了法律要求的前提之下才有开展业务的资格。此外，依法纳税也是企业义不容辞的义务。能源行业更多的社会功效还是用来服务社会，国家通过税收政策，将从企业收来的钱用之于社会项目，实现了社会财富的再分配，同时也帮助企业完成了其社会责任的落实。

2）经济责任

追求经济利益是企业实施社会责任的基础。煤炭工业经过一百多年的发展已经成为当今社会经济发展不可或缺的支柱行业。一个企业追求经济利益本身是无可厚非的，煤炭行业作为能源行业的一个分支，它对经济利益的适度追求本身就是一种社会责任，因为社会的发展、科技的进步都离不开能源的持续供给，这种对煤炭的需求便会促进煤炭行业的发展，而煤炭企业只有在保证了经济利益的前提下才能实现自身持续健康地发展。因此，煤炭行业的经济责任就是合理开采能源，适度追求经济利益以满足社会发展的需求。

3）道德责任

道德责任最重要的体现是安全生产的责任，安全生产的投入是保证煤炭企业工人生命安全的根本，也是维护社会稳定，实现社会和谐发展的必然要求。煤炭行业作为高危行业，由于其独特的生产环境，员工的生命安全时刻在受到威胁，因此，企业有责任也有义务加大对安全生产的投入，建立完善有效的安全管理制度，积极开展技术创新，努力提升开采效率，从而减少井下工作人员的数量，同时，积极建设系统的、完善的职工生命安全保障措施，努力确保每个员工能享有一个安全的生产环境。

4）绿色生产责任

煤炭企业绿色生产责任有两层的含义。首先，煤炭作为不可再生资源，对于煤炭的开采要有一定的节制。煤炭开采要以保证社会营运为基础，肆无忌惮地开采只会造成资源的浪费，从而造成资源的尽早枯竭。因此，煤炭企业绿色生产的首要责任是节约开采。其次，煤炭开采不能以牺牲环境为代价。煤炭的开采无法避免地会对生态环境造成一定的破坏，像地表塌陷、对地下水的影响、固体废弃物的影响、对气候环境的影响等。煤炭企业绿色生产的第二个责任就是处理好企业生产和环境保护的关系，如何能够保证在满足社会对煤炭需求量的基础上，实现对环境最低限度的破坏，以及对已破坏或者即将造成的不可避免的破坏开展及时有效的补救措施，这是企业可持续发展战略的要求，更是企业义不容辞的社会责任。

3. 煤炭企业社会责任与SLO获得的关系

煤炭企业能否实现它的社会责任，是企业对社区以及对社会的一种态度，更是社会评判企业好坏的一项标准。中国煤炭工业协会副会长兼秘书长梁嘉琨在2013年煤炭行业企业社会责任报告发布会上指出：“只有做强企业，才能真正承担社会责任；只有对社会负责的企业，才能持久永续。这是百年企业通用的经营哲学，也是企业永续发展之本。”同时，他指出：煤炭行业一定要建立和完善沟通交流机制，赢得利益相关方的信任和理解，实现企业利益和社会发展的双赢；要坚持以人为本，树立人力资本的管理理念，充分发挥员工积极性与创造力，实现煤矿职工与企业的共同发展；要努力回报社会，积极参加社会慈善活动，着力推动和谐社会建设；要建立社会责任报告和审计制度，提高企业的履责能力。这些要求对于煤炭企业履行社会责任是必需的，同时对于企业获得社会营运许可也是必不可少的，因此，我们可以看出，煤炭企业履行社会责任是其获得社会营运许可的一个必要条件。

2.1.4 煤炭企业可持续发展理论（sustainability theories）

1. 煤炭企业可持续发展理论的定义

1987年，世界环境与发展委员会将可持续发展定义为：“可持续发展是指既满足当代人的需要，又不损害后代人满足需要的能力的发展”。可持续发展理论已经日趋完善，但是关于煤炭行业的可持续发展还在积极的探索中，崔雅平（2004）指出：要确保煤炭企业经济可持续发展，关键在于依靠先进的科学技术实现各产业（包括煤炭产业、非煤炭产业及相关辅助产业）系统的协同发展，形成稳定的经济发展格局。同时按照循环经济理论，因地制宜地利用矿区各种资源，实施综合开发经营，延伸产业链，促进煤炭企业资源合理开发，提高资源和废弃物的综合利用水平，促进煤炭企业可持续发展。本书结合可持续发展理论的定义以及煤炭行业的特殊性，将煤炭行业的可持续发展理论定义为：“在满足社会发展需要的基础上，实现对煤炭的适度开采，不造成浪费，不以牺牲环境为代价，努力提升煤炭及相关产业的综合利用水平，积极寻求煤炭企业经济效益和生态效益的平衡。”

2. 煤炭企业可持续发展理论与 SLO 的关系

煤炭企业在努力寻求企业可持续发展的过程中所采取的措施是从节约资源、提升资源综合利用程度、保护环境的角度出发的，这一系列的措施不仅是企业实现社会责任、提升企业形象的一种方式，也是一种最容易被当地社区认可的一种发展方式。因此，如果说企业获得 SLO 依靠的是社区对于企业的态度，那么企业实施可持续发展这一态度无疑为企业获得 SLO 增添了较重的砝码。

2.2 SLO 的研究现状

SLO 作为企业发展过程中的一种信誉担保，企业及学者等对其研究与应用越来越多。Jason Prno & D. Scott Slocombe 在“Exploring the origins of ‘social license to operate' in the mining sector: Perspectives from governance and sustainability theories"这一调查报告中使用以下模型从政府管理、市场管理和社区管理的角度分析了加拿大北部的矿业公司所面对的SLO问题：

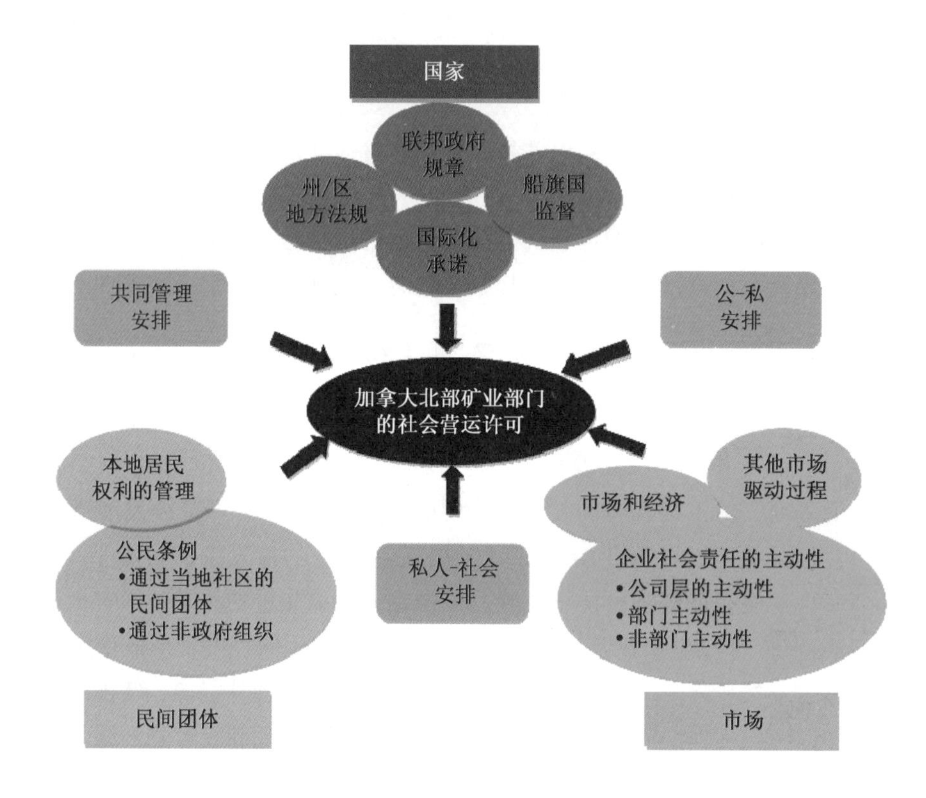

图2-3 加拿大北部采区的社会营运许可影响因素

他们使用上述模型总结了影响加拿大北部矿业公司获得SLO在政府、市场和社区方面的关键因素（图2-3）。他们指出SLO的作用是显而易见的，且这些影响可能是对于不同的州广泛存在的，也可能是只适用于加拿大北部或者其他某个特定的地方，具体地说，在每个地方的SLO设置都是唯一的，加拿大北部矿业公司的例子只是用来阐述煤矿和社区间的特殊关系，并且SLO配置也不是简单的一成不变的，会随着环境的变化而不同。从一个企业的角度来说，这种复杂可变性要求企业时刻关注相关的管理制度，关注与社区的关系，并且时刻关注相关社会、经济以及环境的变化。在任何一个案例中，SLO分析者都被告知要更多关注他所研究的地方的特殊性，以便更好地理解当地SLO的起源和影响。

最后他们总结到：在采矿业，当地社区已经在扮演着相当重要的管理角色。传统的煤矿开采方式已经不能满足这些社区的需求，更高的利润分配和更大程度的参与企业决策权已经成为他们新的追求。而且这种趋势已经深深地被可持续发展理论和管理权由政府向非权力机构转移理论所刺激。正是在这种背景下，煤矿企业的发展需要获得社会营运许可这一理论应运而生且迅速发展。然而，SLO 理论的出现使得矿业部门的管理变得更加复杂和多样化，涉及多个国家、市场、民间团体以及机构间关于控制权的配置问题。

Business for Social Responsibility 在一份名为“The Social License to Operate”的研究报告中分别从利益相关者的参与、企业透明度、信息公开、与社区的交流、决策的制定和冲突的解决、与当地居民建设性的社会关系、矿工小团体的参与程度、社区的可持续发展 6 个角度，对应地用 6 个企业案例分析了企业如何在一个发展更快、更加全球化的社区里生存，以及企业在什么样的条件下才能获得社会营运许可，在什么情况下又会失去这一许可。

他们认为虽然还有一些其他的原因，但对于采矿企业获得 SLO 最直接的目的是为了获得采矿许可。即使是很小的反对声音都可能导致项目的耽误和停止，从而增加企业为投入生产而需要的成本。而且当地对于开采项目的反对通常会给企业带来一些政府部门或者监管部门的麻烦，紧接着，这样的问题就会丧失投资者的投资信心，影响企业的生存。与此同时，这一系列的问题还会对企业的声誉造成不良影响，导致股票价格下跌，阻碍企业在别的地方开展业务等。然而，企业为了重拾企业形象却需要几年甚至几十年的持续投入。从另一方面来看，一个问题不断的工程，通常会影响到员工的信任，又会给企业雇佣员工带来麻烦。最后他们指出，对于一个矿业工程来讲，准确衡量它的正负面影响是极其重要的。

施罗德集团在 2012 年发布的一份名为“Social License to Operate”的调查报告中具体地介绍了关于煤矿开采的社会营运许可。在这份报告中借用世界银行对于 SLO 的定义，社会营运许可就是要首先获得当地社区和利益相关者的同意。报告中指出，SLO 的获得和维持总是和采矿企业紧密相关的，如果不能获得当地利益相关者的同意，开展采矿业将面临极大的挑战。在过去的一个世纪以来，尽管很难找到详细的统计数据来描述因 SLO 问题而导致的煤矿矛盾或停业，但是随着居民权利意识的增强以及受矿业影响的人数的急速增长，SLO 的影响正在日益发挥着它的杠杆作用。而且，随着社会交流形式的不断发展，即使是在边远山区的矿区发生问题，也会很快被媒体公之于众，从而受到政府和非政府组织的关注。因此，Ernst & Young 在他们的分析中把采矿企业能否获得社会营运许可作为企业在 2012 年面临的最严峻的考验。

Goldstuck and Hughes、Nelsen and Scoble 对 SLO 的发展衡量提出过一些建议，认为企业为了获取 SLO，需要较早、持续地与当地社区进行沟通，建立透明的信息披露机制及冲突解决机制，保持积极向上的企业信誉，了解与尊重当地文化，这些都是企业成功赢得社会许可的关键因素。Nelsen and Scoble 根据情境分析理论，研究出政治、经济、社会和技术因素都可能对 SLO 的许可结果产生影响。Thomson and Boutilier 认为 SLO 有 3 个规范要素，分别是合法性、信贷灵活性和信任，SLO 有 4 个许可层次，依次为撤销、接受、批准与心理认同。由合法到信任的过程，是资本与社会间协调平衡的过程，是公司与当地利益相关者保持良好互动关系的过程，是完善整个网络结构与资本结构的过程。Thomson and Boutilier 进一步指出，企业必须学会如何参与到社区中，相互认知，相互谅解，相互公开透明，与社区建立合法、可靠、可信的合作伙伴关系。Lynch - Wood and Williamson 研究了中小型企业拥有 SLO 的情况，结论是中小企业由于缺乏社会和市场为导向的支撑，因此获取 SLO 难度增大，企业发展压力通常高于大型企业。以小型矿产开采与勘探公司为例，这些公司往往拥有较少的工作人员与资源，在市场中占据市场份额很小，利益相关者和民众对其监督标准就会相对严格。IIED and WBCSD、MacDonald and Gibson、Breret 等提出，利益相关方要求公司重视企业的可持续发展，传统的以单纯盈利为目的的发展方式已经不能成为维持企业生存的保障，企业必须积极参与社区活动，增加参与社区决策的认可地位，而且这一要求已经得到许多企业的积极响应。

SLO 成为社会可持续发展理论与实践的一部分，是因为可持续发展在近 25 年的发展中，被定义为在满足目前需求的情况下，能够满足后代人的需求，不做损害后代人发展的事情。这是一个长期的战略问题，需要以综合的方式解决社会、经济和环境问题，这一概念的诠释取决于观察者的视点，大体分为“强可持续性”和“弱可持续性”两派，强可持续性类似于深层生态学，弱可持续性类似于浅层生态学。强可持续性的支持者认为所有的自然资源应当保持在适当的水平，以提供无限期的资源供应，新型社会的世界观将不再以自由、民主、资本为组织原则，而是以生态为中心，加强基层民主、权力下放，以社区规划为基准。反之，弱可持续性的支持者认为，可持续发展不必注重资源数量，更应该注重自然与人类的发展，来显示对自由民主的重视。基于这两种观点，若实现可持续发展，就需要改变社会规范，并开发新的组织形式。弱可持续性的发展与矿产资源的开发更为密切，矿物质的开采与流动量直接关系到社会的发展目标与进程，开采不可再生的矿产资源可以改变自然资本，当考虑采矿活动的可持续性时，还必须要考虑矿产资源开发的各个阶段，比如勘探、可行性研究、建设、矿山运营、关闭与复垦等，矿产资源的开发是整合了一个社会、经济、环境等各方面的因素综合规划的进程，从矿山勘探到矿山关闭，公众的参与和决策权利是一直持续的，公众参与不仅有助于改进决策内容，实质上也是一种寻求更好和更公平的解决方案的一种途径。

研究至今，SLO 在整个采矿行业中已具有一定的研究成果和实践经验，但这些已有的成果大多偏向于总体采矿业层面，对于具体到采煤业、有色金属以及非金属行业中，与之相对应的具体层面的研究还不是很充分，需要各个行业根据自身行业特色继续开展，从而更有针对性地为自身行业中的采矿企业获取社会营运许可提供帮助。尤其对于煤炭行业来说，煤炭的特有属性使其成为采矿业最受关注，也最具争议的行业，已然独立于其他领域。因此，本书从非煤矿业领域和煤炭开采领域两个角度，对 SLO 的获得进行分析研究。

2.2.1 SLO 在非煤矿业领域的研究现状

世界各地的矿业利益相关者越来越多地警惕矿产开发，在不利的情况下，会对当地社会和文化产生怎样的影响。SLO 在国际矿业公司中的应用有很多，不外乎在环境、安全、人权、社会参与、低碳减排等涉及企业与社会可持续发展的方面进行研究与应用。

目前对 SLO 的研究与应用主要有：Ballard and Banks，Kooiman，Lemos and Agrawal，McAllister and Fitzpatrick 等，他们认为企业为了获取 SLO，在矿山治理方面也发生着显著变化，主要针对社区环境和社会绩效的提高。这些变化扩大了市场参与者的管辖范围，社区与企业定期进行信息共享，同时增加了企业的社会参与度。以上两方面都是企业向可持续发展方向的转变，来自社区的声音已经更具有影响力，利益相关者、当地政府和社区能够切实参与到矿产资源的开发决策与治理当中。矿业公司的发展不能达到民间满意，尤其是当地需求，将产生抗议和封锁，直接影响公司营运许可。随着矿业公司的不断转变，矿业公司积极展示其投资与生产实力，同时符合生态、社会和经济发展的目标，实现持久价值。Hoffman 在研究中指出，越来越多的公司开始将环境保护作为公司发展的驱动程序，是公司与监管部门、社会领域和市场等相互联系，取得社会营运许可的保障。Gunningham et al，Howard - Grenvile 称，将企业生存压力概念化的方式就是社会营运许可（SLO），这个标签被公司、分析师、记者、学者广泛地用于工业设施的建设，必须与监督者、当地社区，以及利益相关者的持续性执行能力相匹配。

2.2.2 SLO 在煤炭领域的研究现状

Schnitzer 认为煤炭资源的开采与环境的影响是相互的，而且环境对煤炭企业的影响随着社会经济的发展越来越大。环境问题处理得好坏直接影响到煤炭企业的可持续发展与否，也会影响到煤炭企业的生产效率，工作的有效性是衡量一个煤炭企业成功与否的一个重要指标。他还认为煤炭企业提高处理环境问题的技术能力可以减少环境对煤炭企业的影响，降低企业运营的成本。一旦处理好了，环境问题不但不会阻碍煤炭企业的发展，反而会成为煤炭企业的一项竞争力，在环境越来越为世人所关注的今天，处理资源与环境问题成熟的企业会比一个不重视环境问题的企业有更强的竞争能力。Haile 认为煤炭企业处理环境问题是煤炭企业的一个策略，这种策略是企业的一项非常重要的业务，资源的开采与社会、经济是合为一体的，处于同一个大系统中。煤炭企业要想朝着一个能力不断增强的方向发展，提高处理环境问题的效率应该是一种预防性的策略，这样才能保持企业的核心竞争力。一个成功的煤炭企业会把其所面对的环境问题转化为企业的具有商业价值的资源。而且社会营运许可就像 ISO 质量标准一样，不断地改进会使企业处在一个良好的发展环境中。

2.2.3 SLO 的研究现状分析

通过对于国外有关 SLO 相关研究资料的分析，我们发现，现有的研究成果仅限于对于 SLO 定义的分析、SLO 必要性的分析以及相关的企业的案例介绍等，对于获得社会营运许可至关重要的各个因素的影响研究尚没有系统的理论形成，尤其对各个影响因素影响程度大小的研究更是缺乏，而对不同影响因素的研究对于一个矿业公司的发展、未来投资及战略方向的确定以及整个煤炭行业的发展又是极其重要的，因此，对于煤炭行业的负面形象日益突出的今天，针对社会营运许可影响的因素进行更加系统和全面的研究有着重要的现实意义。

2.3 SLO 的应用现状

2.3.1 SLO 的应用现状介绍

SLO 存在于社会大生态系统中，作为企业生存与发展的信誉牌照，受到越来越多的重视。矿业公司的发展需要紧密依靠和利用当地资源与环境，并与当地生产生活水平直接相关。因此，矿业公司的发展与矿产开发已经不能仅仅满足于当地社区经济生活水平的提高，而是要求更多更大的福利和社会决策参与，这些趋势已经成为可持续发展的新模式和转变方式。正是在这种背景下，矿产开发需要获得更多当地社区的支持与许可。SLO 的出现无疑为采矿业治理制度增加了新的活力，同时也使其变得更加重要和复杂，市场和民间社会行动者及机构的经营范围配置也将更加广泛。

矿商的社会行为直接影响社区对其的社会评估与认证，现有矿产开发商开始普遍认识到，需要获得来自当地社区的“社会营运许可”（SLO），以避免潜在的高昂代价和社会风险与冲突。作为矿业公司，SLO 能够帮助企业降低社会风险，理性应对社会冲突。授予 SLO 意味着社区能够从企业项目中受益，即双方都有共同目标，在社区矿产开采的整个生命周期中，企业与当地社会实现同步共赢发展。

矿山企业作为社会系统的一部分，其行为不仅对周边环境产生影响，周边环境及其利益相关者也会反过来影响企业，而社会营运许可作为矿山企业的一个门槛，不仅对矿山企业的利益相关者有利，更有利于矿山企业的发展，因为如果矿山企业拥有了社会许可，说明该企业在诸如环境、当地民众等方面有良好的社会责任感，那么当地政府就会在行政审批上提高效率，当地民众也会对企业增加信赖，这样矿山企业就和当地形成了一个良性的互动，有利于整个矿业的发展。

2.3.2 SLO 的应用现状分析

在美国、加拿大、澳大利亚等煤炭产销大国，不仅众多煤炭企业已经意识到 SLO 对于企业发展的重要性，开展了充分的研究和实践，政府、社区及民间团体也都逐渐增强自己对于企业获得 SLO 的作用，许多国外大型煤炭企业甚至已经把能否获得 SLO 作为企业面临的最严峻的考验，SLO 正在日益发挥着它的杠杆作用。同时，我们发现，国内目前对于 SLO 的研究还处于空白，实践更是无从谈起。因此，有必要在将这一先进的理论研究引进国内的同时，加强结合中国实际情况的研究和实践，从而为中国的煤炭企业的发展提供指导性建议。

2.4 在煤炭行业引入 SLO 的意义和重要性

煤炭公司属于矿业的一部分，众所周知，煤炭在全球生产与生活的资源使用中占据最大权重，起到举足轻重的作用。然而，煤炭开采与利用产生的污染物等破坏不可避免，也是企业亟待防范与解决的关键问题。一个不能够良好处理煤炭开采应用与社会及当地社区健康持续发展关系的企业在自身发展中也将受到很大局限，容易失去民众信任度，影响社会声誉，不仅造成企业自身经济损失，也会为社会发展带来破坏性影响，因此，SLO 的获得与维持代表了企业的努力，代表了社会认可，同时也是对企业行为与承担社会责任的一种约束。有条不紊地加快 SLO 的研究与应用是企业的重大战略任务。

社会营运许可作为衡量煤炭企业处理社会环境的一种能力，更能体现一个企业的综合实力。企业处理生态环境、利益相关者和与当地政府的沟通协调程度越来越成为煤炭企业综合实力体现的一部分。假如煤炭企业拥有了社会许可，那么政府就会在环境许可上减少审批，公众也会对企业开采煤炭处理环境的能力产生信任，因此，企业就会减少这类成本，将把有限的资源用来提高生产效率和管理能力，将会集中更多的资源促进煤炭开采与环境的协调发展，这样就大大节约了社会成本，促进整个煤炭行业的进步。具体来说，在煤炭行业引入 SLO 主要有以下几方面的意义。

1. 行业、企业政策合规

全球不同地区分布的煤炭企业各自面临着不同的法律政策环境，而其中相同的是，各自企业需遵守所在环境中既定的规范、社会法规、文化风俗、正式的或非正式的协议，企业必须知道和理解这些规范，并能与利益相关者、政府、社区展开积极合作，遵守当地的“游戏规则”，否则将承担不可预估的风险。

遵纪守法是企业开展采矿业务的必要前提。一个企业如果连最起码的法律制度都满足不了，其本身是一种非法行为，何谈对于煤炭开采的最佳实践途径的探索。法律的建立往往是为了满足一个行业的适用性，因此，法律规定的标准是对一个企业运行的最低要求，企业只有在满足了法律要求的前提下才有开展业务的资格。而企业获得 SLO 的过程是一种从遵纪守法到逐渐被社会公众所认可、所接受的过程，因此，获得 SLO 的先决条件是对于法律法规的遵守，如果一个企业最终有效获得了 SLO，那么最起码说明其对于相关法律政策的遵守是被社会所认可的。同时，SLO 作为一种持续社会许可，其对于企业的考核是不定时的，然而这随时的考核标准中一个最低的要求就是对于法律法规的遵守，因此，SLO 的获得和维持又促进了企业对于政策法规的遵守。

2. 行业形象和发展

煤炭作为当今世界经济三大能源支柱之一，在推动整个世界经济运行和社会发展中起着举足轻重的作用，且在可预见的未来很长一段时间内，以煤炭为主的能源供应格局将很难改变，这种共识是被社会所认可和接受的，然而，煤炭为社会所带来的这种正面效应，正在由于其日益剧增的负面形象逐渐被社会公众所忽视。

长久以来，社会对煤炭行业的误解主要有以下两个方面：一是在环境问题上，煤炭一直在环境问题中充当着“罪人”的角色，在很多外界人士的眼中，煤炭与环境是不能共存的，只要有开采就无法避免对环境的破坏，因此，在社会上大量地存在着反煤炭主义者，他们试图通过倡导减少煤炭的开采和利用来降低对环境的污染；二是在生产安全上，社会对煤炭生产环境的印象则是脏、乱、差，尤其是职工生命财产安全得不到保障，井下开采危险系数高，采矿设备陈旧，缺乏有效的安全保障措施等现象，已经长时间为社会所诟病，因此，愿意到矿区工作的工人越来越少，成为采矿工人被认为是一种为了维持生存不得已而为之的行为。显然，这样的行业形象是与高速发展的现代化的煤炭行业面貌极其不相称的，社会对于煤炭行业的认识并没有随着采矿技术的进步、采矿环境的改善而得到相对应的改变。

因此，在整个煤炭行业推行 SLO 势在必行，行业中的各个煤炭企业在有效获得 SLO 的过程中，不得不努力去改善自身企业的社会形象，通过改善自身各方面的生产条件，努力减少对生态环境的破坏以及改善与周围社区的关系，才能重新获得社会的认可和接受，才能使企业自身的社会形象得到有效改善，从而为整个煤炭行业树立新的正面的社会形象，而这是企业获得 SLO 的必要措施，也将是获得

SLO 后的必然结果。

3. 企业形象

煤炭企业作为开发煤炭资源的主体，其运营的好坏直接关系到煤炭行业的发展。而煤炭企业的社会形象对企业的生存发展又起着至关重要的作用。近年来，社会逐渐加强了对企业社会责任、环境保护以及对可持续发展的关注，使得煤炭企业不得不重新认识其社会形象所带来的影响，煤炭开采一方面在提供就业机会、建立工业基地、增加税收、赚取外汇等方面为社会发展做出贡献，另一方面由于其对社会和环境带来的诸如拉大贫富差距、工作环境恶劣、贪污腐败、环境破坏、对员工身心健康的危害等负面影响，越来越多地受到从政府到非政府组织以及当地社区的批评，煤炭企业由于其身处能源行业这一特殊性，其社会形象更加被社会所关注。因此，煤炭企业的社会形象已成为企业发展一项必不可少的无形资产，拥有一个正面的社会形象会给企业带来无穷的优势，不仅能得到当地社区以及政府的拥护和支持，还能为企业吸引更多优秀的人才，增强企业内部凝聚力等。

因此，煤炭企业要努力改善自身社会形象，以最大限度地争取好的社会形象所能给企业带来的好处，以及有效避免负面的社会形象给企业带来的损害；而煤炭企业社会形象的改善与 SLO 的获得又有着密不可分的联系，SLO 的获得是企业改善社会形象的有效途径，企业在争取 SLO 的措施中，无论是对于自身缺陷的完善还是对于自身优势的宣传，都为企业改善社会形象起到了积极的促进作用。

4. 企业绩效考核

煤炭企业为争取 SLO，不得不努力采取一系列措施去改善自身的生产环境，改善与政府与当地社区的关系，改善对环境造成的破坏等。这其中，改善自身的生产环境能有效促进煤炭工人工作环境的改善以及对其生命安全的保障，从而有效提升工人的工作热情和工作效率，更有利于吸引更多优秀的人才加入企业，从而提升企业的生产效益；改善与政府和当地社区的关系，能有效避免利益冲突的发生，煤炭企业处理好与政府的关系有助于争取政府对于煤矿在当地开采的许可，以及税收上的优惠政策，处理好与当地社区的关系，能有效避免当地社区对于矿业开采的反对，从而避免停业和关闭的经营风险，为企业营造良好的外部环境打下坚实的基础，从而间接提升企业经营绩效；煤炭企业努力改善对环境造成的破坏，加大环境保护的投入力度，能有效改善企业的社会形象，树立好的社会声誉，这样的企业才能被社会所认可和接受，才能保障企业的经营绩效得以实现。

煤炭企业获取 SLO 不仅能为企业节约社会成本，提升企业经营绩效，其获得过程本身就是一种对企业社会绩效的考核。企业获得 SLO 要受到政策法规的约束，要得到政府及当地社区的认可和接受，企业最终能够获得 SLO 说明企业在合法性、自身生产经营条件的完善性、环境保护问题等方面已经能给当地带来经济利益和保护，得到社会认可，说明企业在社会上已经树立起良好的社会形象，因此，煤炭企业能否获得 SLO 本身便是一种对煤炭企业社会绩效的考核标准。

5. 环境保护与可持续发展

煤炭行业作为高污染行业，其在开采过程中，本身不可避免地会出现地表塌陷、水资源污染和大气污染等问题，加之长时间以来，在煤炭开采过程中轻视环境保护，缺乏有效的治理机制和经济补偿手段，以及在生态环境保护方面投入严重不足，使得其在当今世界环保压力日益加大的今天，与环境的冲突日益加剧。这无形中给煤炭企业带来了巨大的压力，煤炭企业处理这类问题的能力标志着企业的成功运营与否。而环境保护与可持续发展是相辅相成的，企业走可持续发展之路的必要途径是加强对环境的保护。

同时对于煤炭企业来说，煤炭作为一种不可再生资源，为寻求煤炭的可持续发展，一方面要处理好煤炭开采与环境保护的关系；另一方面对煤炭的开采又要有一定的节制。如何能够保证在满足社会对煤炭需求量的基础上，实现对环境最低限度的破坏，以及对已破坏或者即将造成的不可避免的破坏开展及时有效的补救措施，是煤炭行业可持续发展战略的基本要求。

煤炭企业在努力寻求企业可持续发展的过程中所采取的措施是从节约资源、提升资源综合利用程度、保护环境的角度出发的，这一系列的措施不仅是企业实现社会责任、提升企业形象的一种方式，也是一种最容易被当地社区认可的发展方式，而这种方式恰是煤炭企业获得 SLO 的必要途径之一。因此，煤炭企业在努力获得 SLO 的进程中，不得不注重对环境的保护和对可持续发展的高度关注，以获得自身的持续发展和社会的认可，也就是说，SLO 的获得促进了对环境的保护，也促进了可持续发展战略在煤炭行业的实施。

6. 与相关利益群体共同合作

煤炭企业的相关利益群体是指能够影响到企业发展以及被企业发展过程所影响到的个人或群体的总称，煤炭行业的发展离不开各种利益相关群体的投入或者参与，要么帮助企业分担风险，要么与企业共享收益，因此，煤炭企业的各种经营决策不得不考虑各方面的利益相关群体。

煤炭开采在促进经济发展中发挥着举足轻重的作用，因此会给政府增加税收，给当地社区以及整个社会带来巨大的经济利益，由此而产生了政府、当地社区以及社会公众等相关的利益群体；同时，其给土地、水源、植被、大气等生态环境带来不同程度的污染和破坏也时刻影响当地社区以及整个社会的生存发展，进而会引起媒体的关注和诸如绿色和平组织这样的非政府组织的反对，因此又会引出媒体、社会团体等相关的利益群体。因此，总的来说，结合煤炭行业的特殊性，煤炭行业的利益相关群体主要包括直接利益群体：行业协会、股东、债权人、企业员工、承销商、竞争者、消费者等；间接利益群体：当地政府、社会团体、媒体以及社会公众等。这些利益群体单独或者相互作用，共同影响着煤炭行业的发展。在这些利益群体中，不同的利益集团追求的利益可能是相似的，也可能是不同的，甚至可能是相互矛盾的，煤炭企业作为这些利益群体相互作用的中心，要对这些不同的利益关系进行平衡，平衡结果的好与坏直接影响着企业的生存发展。

而对于 SLO 来讲，煤炭企业获得 SLO 的过程就是逐渐被相关利益群体认可、接受并最终能实现协同发展的共赢局面的过程，SLO 的获得不仅要求煤炭企业处理好与各相关利益群体的相互利益关系，更要求企业加强与政府、社区以及社会组织等利益群体的合作，企业参与到地方社区的发展，社区参与企业的经营决策，当企业与诸多利益群体共同形成一个利益集团的时候，大家为着近乎同样的目标而共同努力的时候才能有效化解各种利益冲突，才能实现协同效益的最大化。

2.5 煤炭开采的 SLO 影响因素介绍

由以上的介绍可以看出，如今的煤炭企业不能孤立地经营，社会营运许可已经成为煤炭企业成功的必备条件。过去几十年中，煤炭行业在技术上不断取得突破，但煤炭企业作为“地球村”的一分子，企业获利关键越来越取决于其解决“非技术”问题的能力，比如：如何与社区、非政府组织、政府部门及其他利益相关方打交道。技术不是保障企业成功的唯一工具，企业营运的“社会许可证”也是必备条件。而对于煤炭企业来讲，在考虑如何获得“社会营运许可”的时候，首先要解决的问题是找出影响这一许可获得的因素有哪些。通过研究，我们发现，影响煤炭开采的社会营运许可的主要影响因素可以分为环境污染、安全、土地资源、水资源、人权、社会参与、温室气体以及低碳技术等 8 个方面。这些因素都对社会营运许可的获取起着不可或缺的作用。以下对这 8 个因素对煤炭开采的社会营运许可的影响作简要介绍。

2.5.1 环境污染

环境污染问题主要是指对生态环境的破坏。而生态环境又由自然环境和资源环境组成。自然环境是指人类所占有地球的空间和其中可以直接、间接影响人类生存和发展的各种自然因素的总和。资源环境则是指自然界一切对人类有用的要素所组成的集合。自然资源一般具有 3 个特点，即相对稀缺性、不易再生性和不可移动性。自然资源的相对稀缺性使自然资源具有价值；不可移动性使得拥有丰富的自然资源成为区域经济发展的潜在优势；不易再生性又使得资源的短缺会影响到区域经济的持续发展。

对于煤炭行业来讲，煤炭开采本身会带来一系列不可避免的环境问题。煤炭开采在给社会带来经济效益的同时，也导致了矿区环境污染和生态破坏。大面积地下采煤会引起地面沉降和陷落，可使村庄、铁路、桥梁、管线等遭受破坏，以及农田下陷所引起大面积积水和土地盐渍化而使得农田无法耕种。矿井废水中的悬浮物等污染物浓度较高，特别是流经含硫铁矿煤层的矿井水，酸性很大，这类矿井废水如不经处理就外排，将严重污染地面水体，淤塞河道和农田渠道，造成土壤板结，对农作物影响很大。在煤炭生产过程中产生的固体废弃物——煤矸石，长期堆积自燃不仅会产生大量的二氧化硫、一氧化碳、烟尘等有害气体，对矿区空气造成严重污染。煤矸石经风化、雨蚀、自燃后，其表面的风化层物质在风力作用下进入大气，严重污染大气环境，据统计，矸石山周围地区呼吸道疾病发病率明显高于其他地区。矸石山淋溶水有时呈现较强酸性或含有害有毒元素，严重污染周围的土壤和水体，使土壤中的微生物死亡，成为无腐解能力的死土，同时有害物质的过量积累，还会造成土壤盐碱化、毒化。与此同时，对于瓦斯气体的释放，以及煤炭本身拥有大量的有害的微量元素，这些元素在燃烧过程中随烟尘排入大气，都使得矿区的气候条件发生恶劣变化。这些问题不仅严重威胁了居民的生命财产安全，使矿区生态系统严重失衡，而且会带来一系列的社会、经济问题。

2.5.2　安全

安全是人类生存的保证，是人类与生俱来的追求。人类要生存，就必须克服、避免威胁生命的种种不利因素，尽一切努力确保安全生存的基本条件。对于以“安全第一”为主的煤炭企业来说，安全生产最为重要。对于国家或企业自身来讲，安全生产问题是经济发展与社会进步中不可逾越的历史障碍，层出不穷的安全生产事故，已经成为严重影响社会和谐与经济增长质量的阴影。煤矿开采的安全问题主要为矿井灾害以及采矿带来的地质灾害。如矿井五大灾害：瓦斯爆炸、煤尘爆炸、矿井火灾、矿井水灾、顶板事故。这五大事故每年都会带来较高的死亡率，形势非常严峻。对煤炭企业来说，缺乏足够的安全性不仅会造成人身伤亡、经济损失，同时会失去利益相关者、居民与政府的信任，使矿业公司形象和信誉遭到严重破坏，在社会上造成恶劣的负面影响。

煤炭的安全生产关系到各个方面，物的不安全状态、人的不安全行为、环境的不安全因素，以及煤炭生产安全管理的缺陷，成为影响煤炭安全生产的 4 个主要因素，只要其中一部分断链，随时都有可能发生意外。煤矿开采的各种安全事故的发生不仅会扰乱正常的生产秩序，打击生产的积极性，导致企业的生产效率下降，还直接影响到企业的经济效益，更会对企业的社会形象以及社会信任度产生恶劣的负面影响，如果处理不当，会导致强烈的社会冲突，严重影响社会稳定。因此，安全是保持社会发展稳定的重要条件。

2.5.3 土地资源

煤炭开采对土地资源的破坏表现为地表塌陷、水土流失和沙漠化、固体废弃物污染土地等。煤炭开采占用大量土地，同时煤矸石堆放也占用大量土地，在煤炭生产中，因挖损、压占、塌陷，污染等造成了严重的土地破坏。在煤炭的地下开采过程中，开采破坏了地壳内部原有的力学平衡状态，引起地面沉降和陷落，造成耕地无法耕种，房屋损毁，同时带来安全隐患，无法居住，水土流失面积大，植被破坏严重。同时，采煤造成土地裂缝、土壤退化而导致了粮食的减产，甚至颗粒无收。据测算，在中国每生产 10000 t 煤要造成 0.2 hm^2 土地的塌陷，目前，中国年产煤炭约 40×10^8 t，造成塌陷的土地 8000 多平方百米。地面矸石、尾矿等每万吨要压占土地 0.13 hm^2。中国煤矿开采的范围有很大比重在平原，破坏的土地有半数是良田。据不完全统计，在中国，煤矿已累计破坏耕地 400 余万平方百米、截至 2011 年底，中国仅煤矿采煤沉陷而导致的土地损毁就已达 100×10^4 hm^2，其中 60% 是耕地或其他农用地，而煤矿损毁的土地面积每年还在以 7×10^4 hm^2 的速度飙升。

这种由于煤炭开采所造成的土地破坏引发了一系列的社会问题：工农关系紧张、人民的生存环境质量降低以及身心健康水平下降，这些都加剧了采矿企业与当地居民的矛盾，严重影响了社会的安定和经济的发展。

2.5.4 水资源

水资源是与人民生活息息相关的重要影响因素，而煤炭开采对于水资源的影响又是多方面的，因此，当地居民对煤炭开采给水资源带来的影响通常也具有较高的关注度。

煤炭埋藏于地下，煤炭开采首先造成对地下水的影响。随着煤产量的不断增加，煤炭开采过程中形成的采空区逐渐扩大，加之由于煤炭开采过程中的回采放顶、爆破震动，造成了煤层顶板破碎，甚至塌陷。一方面，由于采空区上层区域性构造断裂相互沟通，造成相应煤层以上含水层相互渗透，加之地下水及坡面径流、河道中的地表水沿塌陷区及次生构造下渗补给，因而使矿坑涌水量越来越大，并且水质迅速恶化。另一方面，当采空区面积扩大到一定范围后，岩层移动和变形波及地表，在地面形成地裂缝、塌陷坑和沉陷盆地。而地裂缝和塌陷坑能使地表水与地下水、矿坑水发生直接水力联系，成为矿井直接充水因素，从而造成地表水大量渗漏，河川径流量明显减少，这对于有充分补给来源的河流、湖泊、水库等大型地表水体影响不大，但对于补给量有限的溪流、潜水井、蓄水池等小型地面水体则有显著影响，严重时可使之断流或干涸以及发生矿井重大水害。

煤炭开采改变了地下水的客观循环规律，使水质良好的地下水变成了矿坑水，经过采煤工作面的污染变成了矿坑废水。由于受到有机物的严重影响，使得开采区域的水资源质量严重下降。矿坑水排入河道后，由于河道基流量小，自净能力差，致使河道水质也快速恶化。

与此同时，矿井水若没有经过净化处理直接外排，会腐蚀设备及管路，污染地表水体和土壤，破坏自然景观和动、植物的生长。废水渗入地下，将对地下水资源造成严重污染，危害人类用水和身体健康。随着矿井水的疏干排放，采空区以上各类地下水含水层的水位下降或被疏干，其直接后果是水利设施大量报废。地表植被死亡，粮食减产甚至绝收。因此，煤炭开采是影响开采区域水资源量减少以及水质下降的主要原因。

2.5.5 人权

人权的范围非常广泛。哪里有人存在，哪里就有人权问题，哪里有权利问题，哪里就必然存在一个平等权利的问题，即人权问题。人权的主要含义是：每个人都应该受到合乎人权的对待。人权的本质特征和要求是自由和平等。人权的实质内容和目标是人的生存和发展。没有自由、平等作保证，人类就不能作为人来生存和发展，就谈不上符合人的尊严，更谈不上人权。因此，所谓人权，就其完整的意义而言，就是人人自由、平等地生存和发展的权利，或者说，就是人人基于生存和发展所必需的自由、平等权利。通过联合国人权理事会，国际社会现在已经普遍认识到的是，作为企业，是一定要承担尊重人权的责任的。这种责任意味着，企业可以通过包括人权尽职调查等手段，避免侵犯他人的人权，应正视和企业相关的对人权的不良影响。

而对于煤炭开采过程中所遇到的人权问题来讲，一方面，煤炭企业可能在经营过程中通过给当地居民创造工作机会以及促进当地经济发展的方式，使得这片地区的个人和社区可以更好地享有他们的人权，譬如工作的权利以及拥有基本生活水平的权利；另一方面，企业在煤炭开采过程中又会面临众多的需要合理应对的人权问题，例如对居民进行迁徙，如果公司没有发放足够的补偿的话，就是对居民固定资产和基本住房权利的侵犯。这些影响，都可能成为直接、间接地对公司、工程产生不利的因素。

2.5.6 社会参与

“参与性”是一个非常广泛的概念，对社会参与来说，参与性包括社会参与的决策过程、项目实施、分享发展项目的利益和受益者参与项目评估等阶段；参与性涉及加强资源控制的有效组织，并对那些不能满足这种要求的社会状况进行调整。社区参与性是一个行动过程，通过这一过程，受益者或受益团体将会影响到项目的发展方向和进程。

企业社会参与主要有以下几个方面：

（1）承担企业社会责任。是指企业的一种自愿行动，以改善当地社区的生活条件（如经济、社会、环境）或采矿设施，减少负面影响。

（2）关注社区居民。为社区居民提供就业，提供教育与培训，平衡各方利益，保护原住民和边缘化群体的利益。

（3）参加宣传倡议。参加国际或国内活动与倡议，宣传并促进资源的可持续管理。

实现社会参与需要良好的环境，社区作为具有共同文化维系力的民众基础机构，为居住在一个固定区域的居民群体范围内的居民，起着一种媒介桥梁作用。因为社区内的居民具有共同的利益，面临着共同的问题，因此，公民在社区层次上的社会参与具有积极性、主动性。促进社区融合，充分发挥社区的整合功能，使社区成为公民和社会组织日常社会参与的主要渠道。因此，企业在 SLO 获取中，应该与社区进行良好的互动，赢得当地居民对企业的信任。

2.5.7　温室气体和低碳技术

《京都议定书》于 2005 年 2 月 16 日正式生效，减少碳排放成为缔约国家社会经济发展和生产经营活动的重要目标之一。与此同时，在全球关注气候变化，促进低碳发展的大背景下，煤炭企业对所排放的温室气体进行管理，既是大势所趋，也将成为企业谋求可持续发展，塑造低碳竞争力的内部驱动力。完善的温室气体管理标准化体系，是企业进行碳排放管理的科学依据，能够促进企业有序实施低碳减排。

温室气体指的是大气中能吸收地面反射的太阳辐射，并重新发射辐射的一些气体，如水蒸气、二氧化碳、大部分制冷剂等。它们的作用是使地球表面变得更暖，类似于温室截留太阳辐射，并加热温室内空气的作用。水汽（H_2O）、二氧化碳（CO_2）、氧化亚氮（N_2O）、甲烷（CH_4）、臭氧（O_3）等是地球大气中主要的温室气体。

自 20 世纪末以来，随着控制温室气体排放研究与实践工作的深入，部分国际组织及政府开始重视温室气体排放的量化与报告。发达国家政府、国际标准化组织（ISO）、政府间气候变化专门委员会（IPCC）、世界资源研究所（WRI）等先后建立了一系列温室气体排放量化和报告标准，涵盖了从国家到企业再到产品、项目各层面温室气体排放源识别及核算方法体系的构建。这些标准的实施和推广对全球温室气体减排与控制工作起到了有力的促进作用。

在企业进行碳排放的过程中，虽然碳排放不会对企业的生产成本和经营收入产生影响，但是对利益相关者的政府和居民会产生影响，因为企业的碳排放会加大政府在国际社会上舆论的压力，影响居民的生活环境，因此，在企业获取社会营运许可的过程中，温室气体和碳排放越来越成为企业重视的一个因素。

影响因素的量化排序

3.1 研究思路

在研究煤炭开采的社会营运许可影响因素的过程中，最主要的一个环节是对影响因素进行重要性评估以及排序。研究煤炭开采的社会营运许可影响因素有哪些为煤炭企业获得社会营运许可指出了总体需要考虑的范围，而研究影响因素的重要性评估及排序为企业争取社会营运许可建议了影响因素的优先考虑性。对于煤炭企业来讲，为获得社会营运许可或者说为了保证一个煤炭开采项目的持续有效运行，了解影响这些问题的因素是必不可少的，然而，对于众多的影响因素来讲，企业同时开展措施来避免这些因素给企业带来负面影响既是不现实的，又是不必要的。例如，对于众多的影响因素中，不论是社会群体还是利益社区对于煤炭企业的社会参与问题关注度较低，如果这时企业将社会参与问题作为企业需要优先考虑的影响因素，花费了大量的人力物力，这样不仅不能有效地增加企业的社会效益，还会给企业带来额外的成本负担，很显然，这样的行为对于企业来讲是很不理性的。因此，加强对于影响因素的重要性研究，可以让企业更好地结合自身的实际情况采取相对应的有效措施，保证企业的资源合理有效地应用于最突出的问题，通过企业资源的有效配置，最大限度地提高企业效益。

对于影响因素的重要性，本研究通过3个渠道分别对和煤炭开采有关的环境污染、安全、土地、水、人权、社会参与以及温室气体和低碳技术等8个因素的相关数据进行统计分析，从而得出影响煤炭开采社会营运许可的8个因素的重要性排序，为企业在这8个影响因素中需要优先考虑的因素提供指导性建议。3个渠道分别是：全球互联网媒体的报道量、全球互联网用户的搜索量以及全球平面媒体的报道量（图3－1）。使用全球互联网媒体对于相关因素的报道量分析影响因素的重要性，是从全球互联网媒体的角度来分析网络媒体对于相关因素的关注度，网络媒体作为最迅速的新闻传播媒介，其总体对于相关因素的关注度在一定程度上反映了对应因素的重要性程度；使用互联网用户对于相关因素的搜索量分析影响因素的重要性，是从社会公众的角度来分析公众对于相关因素的关注度，社会公众作为煤炭企业发展的直接利益相关者，其对于相关因素的关注度直接决定了相关因素的重要性程度；使用平面媒体对于相关问题的报道量来分析影响因素的重要性，是从具体平面媒体的角度来分析社会各界对于影响因素的关注度，平面媒体刊登的文章通常比较具体、客观，甚至比较权威，对于某一类社会事件，平面媒体不仅会有详细的相关报道，其来自社会各界的评论性文章反映了相关专家、学者对于这类事件的关注度，对于研究煤炭开采社会营运许可影响因素来讲，这种关注度也在一定程度上体现了相关因素的重要性程度。

在以上的3个渠道各自得出重要性排序结果之后，再对3个排序结果进行对比分析，对于其中的一致性进行总结验证，对于其中的差异性进行偏差分析，找出存在差异的原因，从而总结出煤炭开采的社会营运许可影响因素的重要性排序。这一排序结果，对于世界煤炭行业来讲，可据此确定未来战略的优先领域；对于世界煤炭行业企业来讲，可以为企业的社会营运许可提供影响因素的优先考虑的建议。

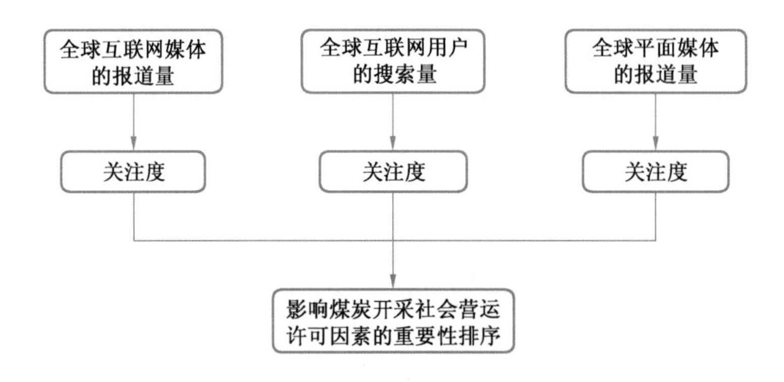

图3-1 研究煤炭开采的社会营运许可影响因素的3条路径

3.2 全球互联网媒体的报道量

3.2.1 用互联网媒体的报道量来分析影响因素重要性的可行性

在分析煤炭开采社会营运许可的影响因素的重要性过程中，通过统计网络媒体对于相关因素的报道量，可以直观地反映出媒体对于相关因素的关注度，而我们认为这种对于影响因素关注度的高与低可以在一定程度上很好地反映出该影响因素的重要程度。同时，网络媒体作为大众主流媒体，对于研究所需要的统计信息有着显著的优势。

首先，网络媒体从根本上打破了传统媒体对于时间和空间的限制，使全世界都可以进入完全自由开放的全球信息空间。通过互联网，时间和空间不再是信息的障碍，无限的传播范围使得传统意义上的国界不复存在，互联网打破了传统的地域政治、地域经济、地域文化的概念，形成了信息跨国界、跨文化、跨语言的虚拟空间。相对传统媒体来讲，网络媒体还拥有即时性、持久性、容量大等优越性。网络媒体使新闻的时效性与持久性得到结合。随着社会经济的发展，对新闻信息时效性的要求不仅要及时，更重要的是确保需要这些新闻信息的人群能够随时接收到。网络媒体非常好地解决了这个问题，网络媒体可以在网络上开办专题或专栏，集合与某一事件有关的新闻信息，使浏览者对事件的发展有全面的把握。而同时网络新闻不仅具有即时性，同时还具有持久性。网络新闻以及各种信息是可存储的，它不同于广播电视新闻转瞬即逝，也省去了保存报刊的麻烦。网络媒体可存储的特点使得即使是很久以前的新闻，在用户需要时也可随时通过百度、谷歌等将其从网络数据库中调出来，大大提高了用户的工作效率。而正是这种可以储存的特性，才使得对以往新闻或者报道的检索成为可能。

其次，网络媒体的信息量之庞大，是传统媒体所无法相比的。报纸、杂志、广播、电视等传统媒介由于受到版面、频道、手段等资源上的局限，一定时间内信息的流量是一定的，而网络媒体可以综合利用文字、图像、声音等多媒体手段进行传播，24 h 全天候发布新闻信息，因而又具有海量信息传播的优势。

同时，对于我们研究采用互联网媒体的报道量来展开分析，最重要的是这些信息的可检索性，互联网恰好提供了这一优势。易检索是网络媒体所具有的特性，查阅报纸、电视媒体之前的报道信息是很烦琐的，而网络媒体可以有效地突破这种限制，网民可以通过输入关键词进行检索，迅速找到所需要的资料，而正是网络媒体这种容易检索的特性才使得网络媒体的海量信息的有效利用成为可能。

因此，采用互联网媒体的报道量来分析影响煤炭开采社会营运许可因素的重要性是一种行之有效的方法。

3.2.2 统计方法

在统计全球互联网媒体对于影响煤炭开采社会营运许可因素的报道量的结果中，我们的数据主要来源于 Google 搜索引擎对于“coal +‘影响因素’”在 2003 年至 2013 年 9 月期间的搜索结果，这里需要强调两个问题：

（1）本研究报告所采用的 8 个影响因素的检索关键词分别为：pollution（环境污染）、safety（安全）、land（土地）、water（水）、human rights（人权）、community engagement（社会参与）、greenhouse gas（温室气体）、low carbon（低碳技术）。

（2）采用Google搜索引擎的原因：

首先，Google搜索具有全球性和便捷性。Google搜索是Google公司推出的一个互联网搜索引擎，是当下全球最大的机器搜索引擎，每天通过不同的服务，处理来自世界各地超过2亿次的查询，网络覆盖面积达到了103个国家。据最新的统计数据显示，Google搜索占全球搜索引擎查询市场份额的29.2%，2012年Google被搜索12000亿次，是无可争议的世界第一。同时Google通过对80多亿网页进行整理，为世界各地的用户提供所需的搜索结果的时间通常不到半秒，这种迅速得益于Google在全球都拥有并运营的众多数据中心，以保证Google能够每周7天、每天24小时运行。根据Google官网公布的信息，Google在全球共有13个数据中心，其中北美洲地区有6个，分别位于南卡罗来纳州、爱荷华州、佐治亚州、俄克拉荷马州、北卡罗来纳州以及俄勒冈州；拉丁美洲有1个，位于智利，欧洲3个，分别位于芬兰、比利时和爱尔兰；亚洲3个，分别位于香港、新加坡以及台湾。

其次，Google搜索的准确率高。对于一项科学研究来说，统计工具的便捷、迅速是提高研究效率的助推剂，而研究工具得出结果的准确性却是科学统计的必要条件。Google特有PR技术（PR技术能够使Google对网页的重要性做出客观的评价。PR值越高代表网站质量和权威性越高，排名也就越靠前）以及对于链接文字描述和链接质量的重视都使得其信息的相关性和价值度都是同类搜索引擎中最高的。吴晓军等人对英文搜索引擎的前10条信息相对查准率进行了对比研究，发现Google的准确率为69.8%，Yahoo的准确率为57.3%，Bing的准确率为63.5%，其中Google的准确率最高，而对于中国目前使用量最大的百度来说，由于本文使用的是英文搜索，而且百度的主要使用地区为中国，考虑到全球的使用范围，本研究未使用百度搜索，因此，这里也就不再进行Google搜索与百度搜索的比较。因此，综合考虑以上几个方面的因素，本研究采用Google搜索来分析互联网媒体对于影响因素的报道量。

3.2.3 统计结果及分析

过去10年全球互联网媒体对影响煤炭开采社会营运许可的因素的报道量统计结果如图3-2所示。

在图3-2中，横坐标为日期，纵坐标为搜索量，每一个不同颜色的线条代表一个影响因素。从图中我们可以清楚地看到，随着时间的推移，互联网媒体对于影响煤炭开采社会营运许可的因素的报道量也在不断地增加，而在这种同增长的大背景下，网络媒体对于每一个因素的报道量却有着明显的差别，报道数量由少到多依

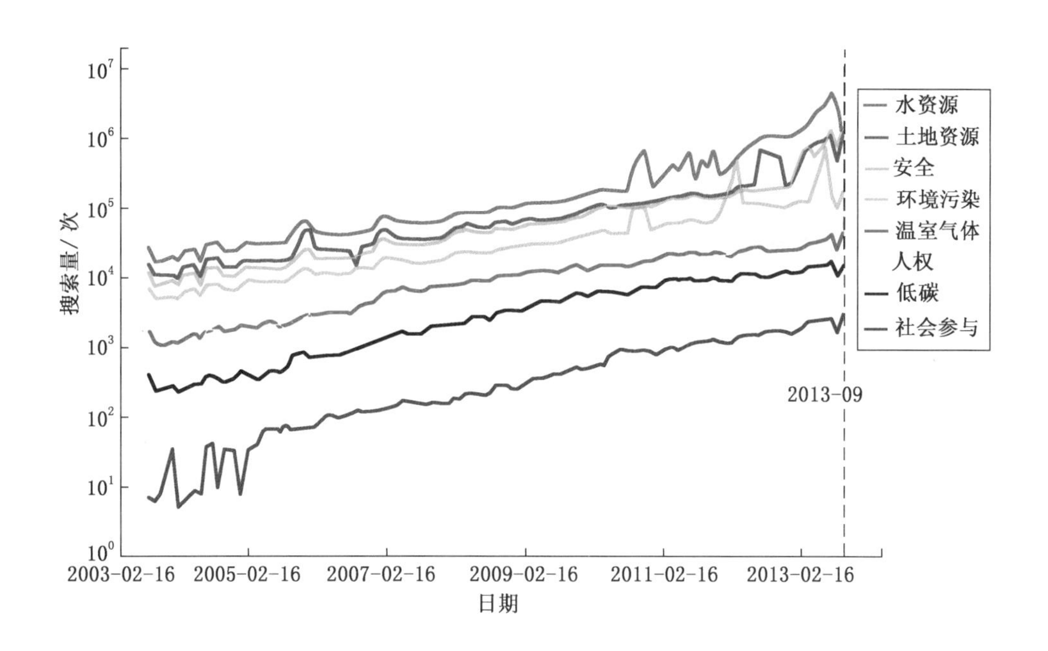

图 3-2 过去 10 年全球互联网媒体对影响煤炭开采
社会营运许可的因素的报道量

次为社会参与、低碳技术、人权、温室气体、环境污染、安全、土地资源、水资源。

因此，从互联网媒体的报道量的角度，我们将 8 个影响因素按照报道量的多少依次划分为 4 个层次：

（1）极端重要：水资源。

（2）非常重要：主要包括土地资源、安全和环境污染，根据报道量的多少，这一层次内的重要性程度按照土地资源、安全、环境污染的顺序递减。

（3）重要：主要包括温室气体、人权和低碳技术，根据报道量的多少，这一层次内的重要性程度按照温室气体、人权和低碳技术的顺序递减。

（4）次重要：社会参与。

3.2.4 网络媒体对于相关因素的报道量变动的原因分析

在图 3-2 中，我们还可以看到，网络媒体对于各因素的报道量在逐年增长的趋势下，同一因素的报道量在某些特定的期间又呈现一定的波动性，主要呈现出突然飙升的态势。通过分析我们发现，造成这种波动的原因主要是在这些特定的时间内，一些跟该因素有关的关于煤炭开采的相关事件的发生，由此而引发的对于该事件的报道以及相关评论的骤然增加从而导致了报道数量的剧增。此处以水资源统计结果为例（图3-3）。

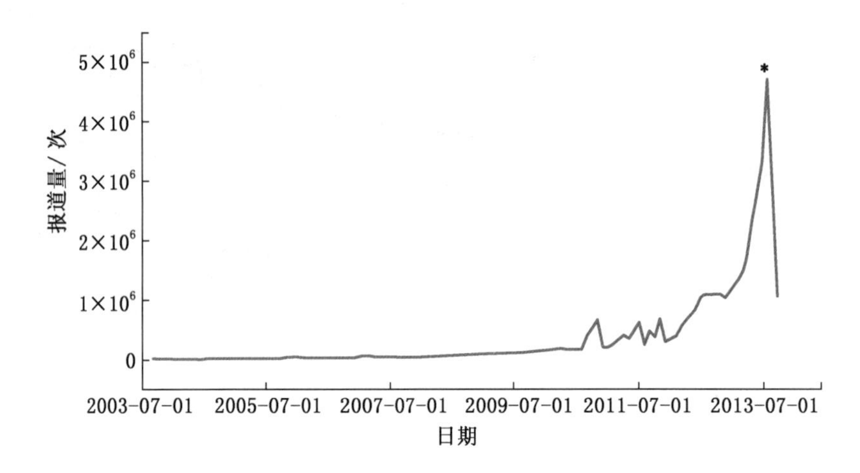

图3-3　过去10年全球互联网媒体对水资源对于煤炭开采社会营运许可的影响的报道量

在图3-3中，横坐标为日期，纵坐标为与煤炭开采有关的水资源问题的报道量。在图中可以清楚地看到，在2013年7月，报道数量骤然剧增，其原因主要是源于这样两个事件：2013年7月25日，《华尔街日报》报道了一篇关于“燃煤电厂已成为美国最主要的水污染的源头，美国环保署计划关闭大量产生水污染的煤矿及电厂”的文章以及2013年7月24日彭博社的一篇“中国的煤炭工业将会因水资源短缺而崩溃”的文章，这两篇报道引起了社会对于水资源影响煤炭开采这一问题的高度关注，引发大量的相关报道和评论跟进，从而导致了曲线在图3-3中呈现出的大幅波动。

这两篇报道一篇关于美国，一篇关于中国，这也再次说明了网络媒体对于事件报道的广泛性和相关性，也就直接验证了采用网络媒体的报道量来分析影响煤炭开采的社会营运许可的因素的重要性的可行性。

3.3　全球互联网用户的搜索量

3.3.1　用全球互联网用户的搜索量来分析影响因素重要性的可行性

用互联网用户的搜索量来分析影响因素的重要性是从社会公众对于影响因素的关注度的角度来分析的。在网络高速发展的今天，互联网用户已经遍布全球，据

CSDN 数据库最新数据显示，截至2012年6月，全球互联网用户达到24亿，其中：亚洲互联网用户达到11亿（中国互联网用户数量达到5.65亿，居世界各个国家之首），欧洲互联网用户达到5.19亿，北美互联网用户达到2.74亿，拉丁美洲以及加勒比海的互联网用户达到2.55亿，非洲互联网用户达到1.67亿，中东互联网用户达到9000万，澳大利亚互联网用户达到2430万，各地区互联网用户市场份额比例以及各地区互联网普及率分别如图3－4、图3－5所示。

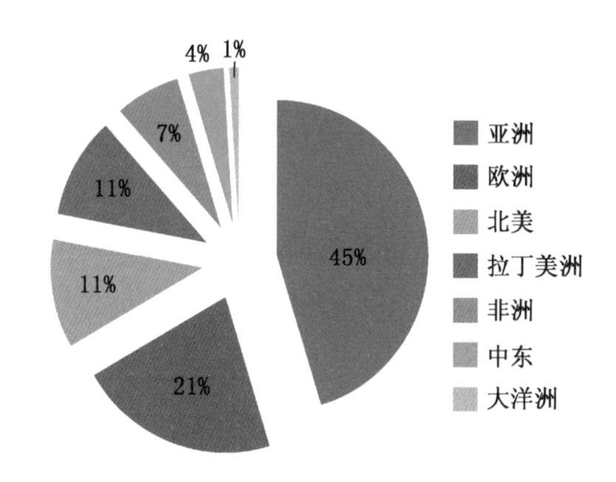

图3－4　全球各地区2012年6月互联网用户市场份额比例

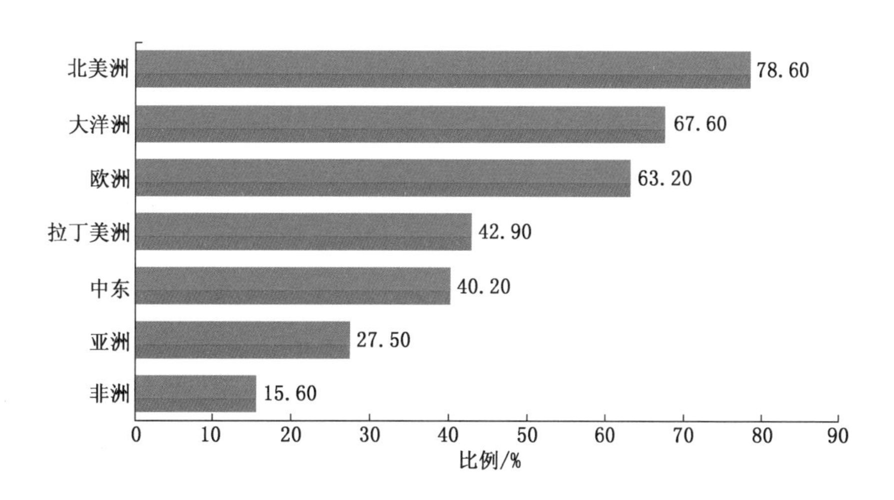

图3－5　全球各地区2012年6月互联网普及率比例图

这种遍及全球的用户分布，为网络信息在全球范围的传播和获得提供了必要条件，也为本研究提供了必要条件；而如今，公众对于最新社会事件的了解和查询所需的信息，网络搜索已经成为其首选的使用手段，随着网络技术的不断发展，网络搜索不仅快捷高效，而且信息量充足，网络用户可以很迅速地得到其所需求的信息。与此同时，互联网用户对于某一信息的搜索体现着他对这一信息的需求和关注，并且对于煤炭开采的社会营运许可影响因素来讲，公众对于某类影响因素的搜索量的多与少则直接体现了公众对于该因素的关注度的高与低，而这种关注度又在一定程度上决定了相关因素的重要性程度，因此，用互联网的搜索量来分析影响因素的重要性程度有着较高的现实意义。

3.3.2 统计方法

在这一部分研究中，使用Google趋势软件对全球互联网用户对于影响煤炭开采社会营运许可因素的搜索量进行统计分析。Google趋势软件是一个统计网络搜索以及计算机用户输入的字词被搜索的次数的软件，其将搜索结果同Google上随时间推移的搜索总量进行比较，然后通过按线性比例绘制的搜索量图表向用户显示结果。统计互联网用户的搜索量依然使用上述研究中的8个英文关键词，通过对2003年10月至2013年10月期间各个时间段内的相关因素搜索量进行统计，得出搜索量汇总图，再将统计的数据结果和搜索量图表所反映出的信息进行对比分析，得出影响因素的被检索量的多少顺序，依据这一次序得出影响因素的受关注程度。

3.3.3 统计结果及分析

过去10年全球互联网用户对影响煤炭开采社会营运许可的因素的检索量热度统计结果如图3－6所示。

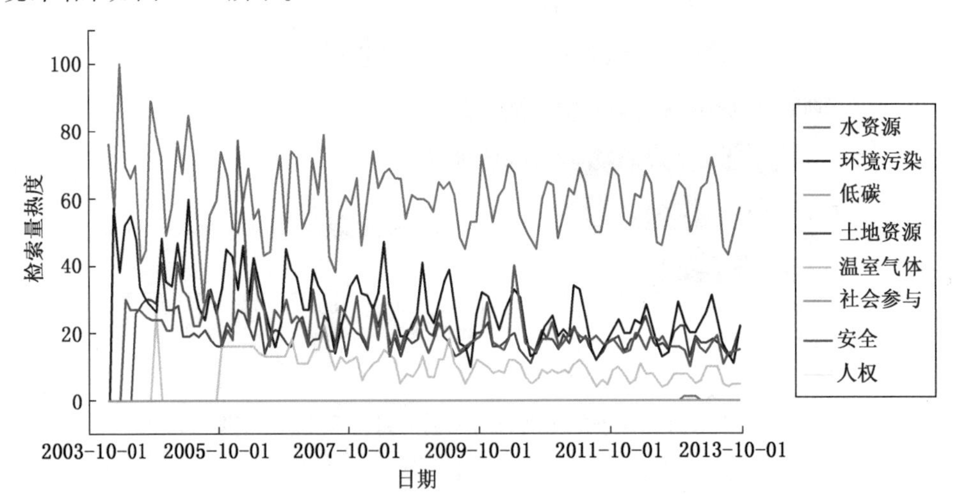

图3－6 过去10年全球互联网用户对影响煤炭开采社会营运许可的因素的检索量热度

在以上统计结果中，横坐标为日期，纵坐标为互联网用户对于相关影响因素检索量的热度值。图 3－6 中以 2003 年 10 月至 2013 年 10 月期间 8 个因素检索量的最高值为标准值 100，其余检索值分别按照其检索量占最高值的比例显示为 0～100 中的某个值，依次作为该因素在某个时间段的热度值显示在图 3－6 中。在图中我们可以清楚地看到每一种因素在过去 10 年期间的检索量呈现出一定的波动性，但在各因素总的被检索量之间有着明显的热度差异，检索热度由弱到强逐渐为社会参与、人权和低碳技术、温室气体、土地资源、安全、环境污染、水资源。

因此，结合互联网用户对影响煤炭开采社会营运许可的因素的关注度的综合分析，从社会公众关注度的角度将以上 8 个影响因素受关注的程度依次分为以下 4 个层次：

（1）极端关注：水资源。

（2）非常关注：主要包括环境污染、安全和土地资源，根据检索量热度值的差异，这一层次内的重要性程度按照土地资源、安全、环境污染的顺序递增。

（3）关注：主要为温室气体。

（4）弱关注：主要为低碳技术、人权和社会参与，根据报道量的多少，这一层次内的重要性程度按照社会参与、人权、低碳技术的顺序递增。

同时，我们认为受关注程度的这 4 个层级就是社会公众认为的影响因素的重要性程度。

3.4 全球平面媒体的报道量

3.4.1 用平面媒体的报道量来分析影响因素重要性的可行性

随着网络媒体的快速发展，平面媒体的地位受到了很大的冲击。但是，平面媒体所具有的某些特性却是网络媒体所无法替代的。就平面媒体而言，无论是报纸还是杂志，都已经是很多人生活中不可或缺的一部分，一方面是由于长久以来阅读这些平面媒体所形成的习惯，另一方面是由于平面媒体所发布的信息真实可靠，内容比较有深度。对于网络媒体来说，每个人都是信息的接收者和发布者，尤其对于发布信息缺乏严格的审核制度，导致了网络信息的鱼目混珠，而平面媒体则不同，无论是对于一个社会事件的跟踪报道还是后续评论，都是建立在众多记者认真调查审核的基础上展开的，平面媒体无论是出于社会舆论压力的作用还是其企业社会责任的压力，都促使其在发布信息以及审核投稿的过程中必须依照严格的规章制度和政策法规，保证其发布内容的严谨性、真实性以及权威性。

对于分析煤炭开采的社会营运许可影响因素来讲，仅有较高的信息质量是远远不够的，使用平面媒体的报道量来分析影响因素重要性的一个很重要的原因是平面媒体对于社会事件的高关注度，尤其是对于煤炭这种高危行业，当与煤炭开采相关的社会事件发生的时候，平面媒体会第一时间展开跟踪报道，实时地公布信息，同时广泛接受来自社会各界的各种评论性文章，并予以刊登，这种评论性文章可能来自专家、学者对于事件的分析评论，也可能是政府部门采取的相对应的政策措施。总之，这种高关注度决定了导致该社会事件的影响因素对于煤炭开采的重要性程度。

因此，我们认为，平面媒体对于影响因素的报道量是相关专家、学者甚至是政府部门对于影响因素关注度强弱的客观体现，这种关注度的差异也就决定从专家、学者甚至政府角度认为的影响因素的重要性程度。

3.4.2 统计方法

对于网络媒体的冲击，平面媒体为了不被淘汰也改进了自己的经营方式，网民可以通过各平面媒体的网站阅读、查询到各自出版的刊物。本研究采用在相关平面媒体官方网站使用“coal + ‘关键词’”的检索方式，检索出某一个媒体从2010年1月到2013年10月期间对与煤炭开采的社会营运许可相关的影响因素的新闻事件或评论文章的报道量，之后将每一家媒体的检索结果汇总并绘制成一张曲线图，通过曲线图反映出的信息来分析影响因素的重要性程度，从而进行影响因素重要性排序。

本研究选取了6家平面媒体，分别为：纽约时报（New York Times）、经济学人（The Economist）、泰晤士报（The Times）、金融时报（Financial Times）、华尔街日报（Wall Street Journal）以及时代周刊（TIME）。以下对这6家媒体进行简要介绍并说明选取此6家媒体为统计对象的理由。

《纽约时报》（New York Times）是一份由纽约时报公司在纽约出版，在全球发行的美国第三大报，1851年9月18日由亨利.J. 雷蒙德和乔治·琼斯创办。其刊登的文章以严肃的形象为主，长期以来拥有良好的公信力和权威性。《纽约时报》很少首先报道一个事件，而假如它真的首先报道一个事件的话，那么这个报道的可靠性是非常高的，因此往往被世界上其他报纸和新闻社直接作为新闻来源。在美国大多数公共图书馆内都提供一份《纽约时报》索引，其内涵是《纽约时报》对时事的报道文章。作为美国乃至全世界最有权威和公信力的媒体之一，长期以来，《纽约时报》一直以为全世界读者提供广泛而深入的报道和独到深刻的观点为使命，以1400000份的发行量长期位居美国日报发行量首位。《纽约时报》拥有全世界最顶尖的新闻操作团队，在历史上101次囊括美国新闻界最高奖项——普利策奖，是目前为止获该奖项最多的报纸。《纽约时报》庞大的新闻团队总共拥有1150名人员，遍布全世界26个国家和地区（美国本地总共21家分社），报道涉及政治、地区、文化、商业、科技、体育、教育、时尚、生活等多个领域。目前，《纽约时报》旗下拥有《纽约时报》网站（www. nytimes. com）和《纽约时报》杂志（The New York Times Magazine），网站承载了各种多媒体形式，是全世界访问量最高的报纸网站之一。

《经济学人》（The Economist）是一份以报道新闻和国际关系为主的英文期刊，1843 年由詹姆士·威尔逊创办，由伦敦的经济学人报纸有限公司在伦敦出版，在全球发行。其中半数销往北美洲，20% 在欧洲大陆，15% 在英国，10% 在亚洲。虽然它的发行方式更像是周刊，但是《经济学人》将自己定位为报纸，因此，它每一期除了提供分析与意见外，还报道整周发生的所有重要政经新闻。《经济学人》报道内容并非完全专注于经济事务，主要强调作为专业媒体的整体性，作为一份报道国际新闻和经济类周刊，虽然采用了周刊的形式，但同报纸一样，其评论和分析文章无不注重新闻性和时效性，专门报道国际政治、商业、金融和科技新闻，并发表社评及分析文章。《经济学人》主要关注政治和商业方面的新闻，但是每期也有一两篇针对科技和艺术的报道，以及书评。除了常规的新闻之外，每两周《经济学人》还会就一个特定地区或领域进行深入报道。《经济学人》的报道题材多为倡导新闻，文章一般没有署名，而且往往带有鲜明的立场，社论立场根植于自由贸易和全球化。其目标受众为受过高等教育的读者,读者群中包含众多拥有巨大影响力的决策者和企业家,《经济学人》拥有 300 万读者,遍及全球 180 个国家,是亚太地区发行量最大的刊物。《经济学人》是世界公认影响力最大的时事和经济类刊物之一。

《泰晤士报》（The Times）是英国的一份综合性全国发行的日报，于 1785 年由约翰·沃尔特创刊，对全球政治、经济、文化有着巨大的影响。长期以来，《泰晤士报》一直被视为英国的第一主流大报，被誉为“英国社会的忠实记录者”。

《金融时报》（Financial Times）是一份由 James Sheridan 及其兄弟于 1888 年创办的世界著名的国际性金融报纸，隶属于培生集团，该报在欧洲、美国、亚洲的伦敦、法兰克福、纽约、巴黎、洛杉矶、马德里、香港等地同时出版，日发行量 45 万份左右。《金融时报》主要报道商业和财经新闻，以及相关的经济分析和评论，并详列每日的股票和金融商品价格。该报也于世界各地设有分社，就当地时事做第一手报道。《金融时报》一般分两大叠。第一叠主要报道世界各地时事新闻，第二叠则详细报道各地商业及财经新闻。作为一家领先的全球性财经报纸，其美国、英国、欧洲和亚洲 4 个印刷版本共拥有超过 160 万名读者，而其主要网站更拥有每月多达 390 万名在线读者。社会公众对其评价颇高，公信力享誉全球。

《华尔街日报》（Wall Street Journal）是一份侧重于金融、商业领域报道的在美国发行量最大的财经报纸，由查尔斯·亨利·道（Charles Henry Dow）、爱德华·琼斯（Edward Jones）和查尔斯·博格斯特莱斯（Charles Bergstresser）一起创办于 1889 年。在国际上具有广泛的影响力，日发行量达 200 万份。《华尔街日报》的文章以深度和严肃见长，对题材的选择也非常谨慎。《华尔街日报》着重于财经新闻的报道，其内容足以影响每日的国际经济活动。它的读者绝大多数属高收入、高学历、高职位一类，定位是比较高的，主要包括政治、经济、教育和医学界的重要人士，金融大亨和经营管理人员以及股票市场的投资者。美国500家最大企业的经理人员绝大部分订阅此报。作为一家享誉全球一百多年的财经类报纸，《华尔街日报》从未放松对质量的要求，在追求新闻的质量上可谓是不遗余力，该报的记者选题的平均周期为6个星期，其日报头版上每天都有一篇几千字的长篇报道，这些文章都是经过长期调查，认真编辑和严格审核之后做出的，尤其是它的专题报道，通常需要3个月到半年的时间并同时由几个人合力完成的。同时，信息源作为新闻质量的关键因素之一，为了保证新闻源的高度可信性，《华尔街日报》的信息来源于美国和世界上著名的证券交易机构，权威的政府发布部门或者著名信息发布部门，其言论分析也均来自权威人士。因此，《华尔街日报》发布的信息在全球具有一定的权威性。

《时代周刊》（TIME）被誉为当代最具有代表性与影响力的刊物，有世界“史库”之称。1923年3月由亨利·卢斯和布里顿·哈登创办，并开始在美国出版，时至今日，《时代周刊》已包括美国版、欧洲版、亚洲版和南太平洋版4个版本。欧洲版（Time Europe，旧称Time Atlantic）出版于伦敦，亦涵盖了中东、非洲和拉丁美洲的事件，亚洲版（Time Asia）出版于香港，南太平洋版出版于悉尼，涵盖了澳大利亚、新西兰和太平洋群岛。《时代周刊》的定位是新闻杂志，是美国第一份用叙事体报道时事的周刊，打破了报纸、广播对新闻报道的垄断，覆盖面积遍布全世界。其对于时事的报道独特、深入、公正，通常还包含着权威的解释和评论，在全球拥有广泛的读者。因其对时事独特、深入、公正、权威的解析与评论，被公众称为“世界之眼”。《时代周刊》最大的特点是它的权威性，因为在信息的时效性上，新闻周刊无法与提供一般性资讯的电视新闻、报纸抗衡，它的影响力来自于其信息的权威性，信息的权威性实际上是一份新闻周刊综合实力的反映，至少是其新闻的采集能力、分析加工能力以及后期制作能力的全面体现。因此，《时代周刊》作为一家主流新闻周刊以其无可争议的新闻业绩成为具有国际影响力的品牌刊物。

这6家媒体历史悠久、传播范围较广，在新闻报道以及评论性文章上均具有一定的权威性，在全球范围内具有较高的影响力，其无论是从报道的数量上还是报道的质量上都比较符合本研究的要求，因此选取此6家媒体作为统计对象。

3.4.3 统计结果及分析

在以下统计结果中，分别用曲线图和柱形图对各家媒体的统计结果进行分析，曲线图中横坐标为日期，纵坐标为报道量；柱形图中横坐标为相关因素（环境污染、安全问题、土地问题、水资源问题、人权问题、社会参与温室气体和低碳技术）,纵坐标为报道总量。6 家媒体的统计结果如图 3 -7 ~ 图 3 -12 所示。

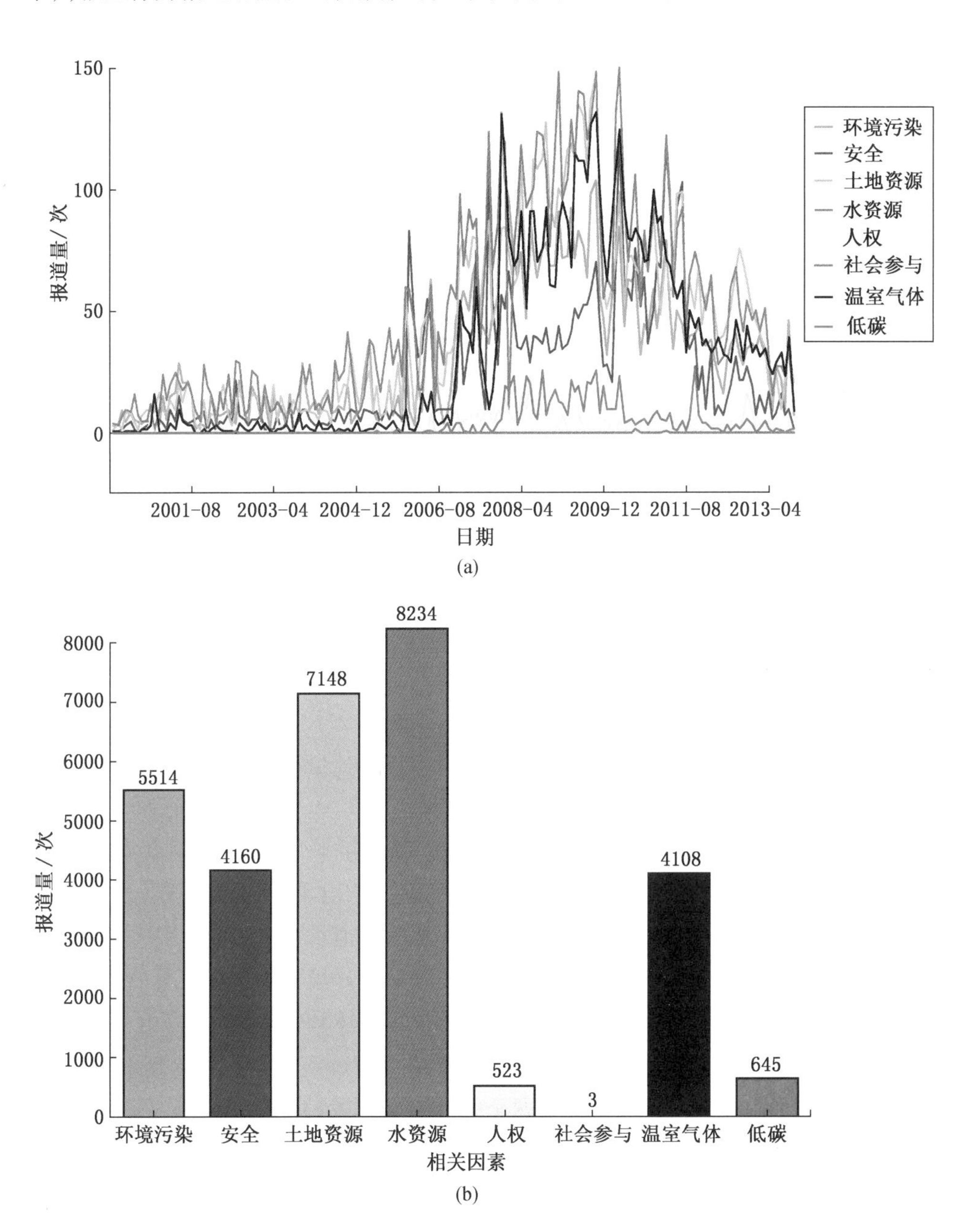

图 3 -7 《纽约时报》过去 13 年对相关因素的报道量

在图 3 -7 对《纽约时报》的统计结果中，图 3 -7a 为依据《纽约时报》对煤炭开采的社会营运许可的各个相关因素在 2000 年 1 月至 2013 年 10 月之间每个月的报道量所绘制的曲线图，在图中我们可以看出，各因素随着时间的变化呈现出相同幅度的增减变化，同时在报道总量上却又呈现出一定的层次性，各因素的报道量由多到少依次为：水资源、土地资源、环境污染、安全、温室气体、低碳技术、人权、社会参与。

图 3 -7b 为依据《纽约时报》对各个相关因素在 2000 年 1 月至 2013 年 10 月之间总报道量所绘制的柱形图，从图中可以更加清楚地得到相关因素的报道量多少的排序情况，经过对比我们可以看出，柱形图反映出的报道量的层次性与曲线图反映出的层次性是一致的。因此，可得出《纽约时报》对于相关因素的报道量由多到少依次为：水资源、土地资源、环境污染、安全、温室气体、低碳技术、人权、社会参与。

图 3 -8 所示为对《经济学人》的统计结果，图 3 -8a 为依据《经济学人》对于煤炭开采的社会营运许可的各个相关因素在 2000 年 1 月至 2013 年 10 月之间每个月的报道量所绘制的曲线图，在图中我们可以看出《经济学人》对各因素的报道量随着时间的变化呈现出较大的差异，这种差异不便于我们做出总的排序，但可以清楚地看到对于水资源和土地资源的报道量明显高于其他因素；此时结合下面的柱形图，图 3 -8b 为《经济学人》对各个相关因素在 2000 年 1 月至 2013 年 10 月之间总共报道量所绘制的柱形图，结合这个统计结果，我们可以很好地统计出《经济学人》对相关因素报道量的多少，由多到少的顺序依次为：土地资源、水资源、安全、低碳技术、人权、环境污染、温室气体、社会参与。

图 3 -9 所示为对《泰晤士报》的统计结果，图 3 -9a 为依据《泰晤士报》对于煤炭开采的社会营运许可的各个相关因素在 2000 年 1 月至 2013 年 10 月之间每个月的报道量所绘制的曲线图，在图中我们可以清楚地看到《经济学人》对各因素的报道量由多到少呈现出 4 个梯队，第一梯队为报道量明显最多的因素，包括水资源和土地资源；第二梯队为安全因素；第三梯队为环境污染；报道量最少的为第四梯队，影响因素主要包括人权、社会参与、温室气体和低碳技术。

图 3 -9b 为《泰晤士报》对各个相关因素在 2000 年 1 月至 2013 年 10 月之间总共报道量所绘制的柱形图，对比这两个统计结果，我们可以总结出《泰晤士报》对于相关因素报道量排序，由多到少依次为：水资源、土地资源 、安全、环境污染、人权、低碳技术、温室气体、社会参与。

图 3 -10 所示为对《金融时报》的统计结果，图 3 -10a 为依据《金融时报》对于煤炭开采的社会营运许可的各个相关因素在 2004 年 1 月至 2013 年 10 月之间每个月的报道量所绘制的曲线图，在图中我们可以看出《金融时报》对各因素的

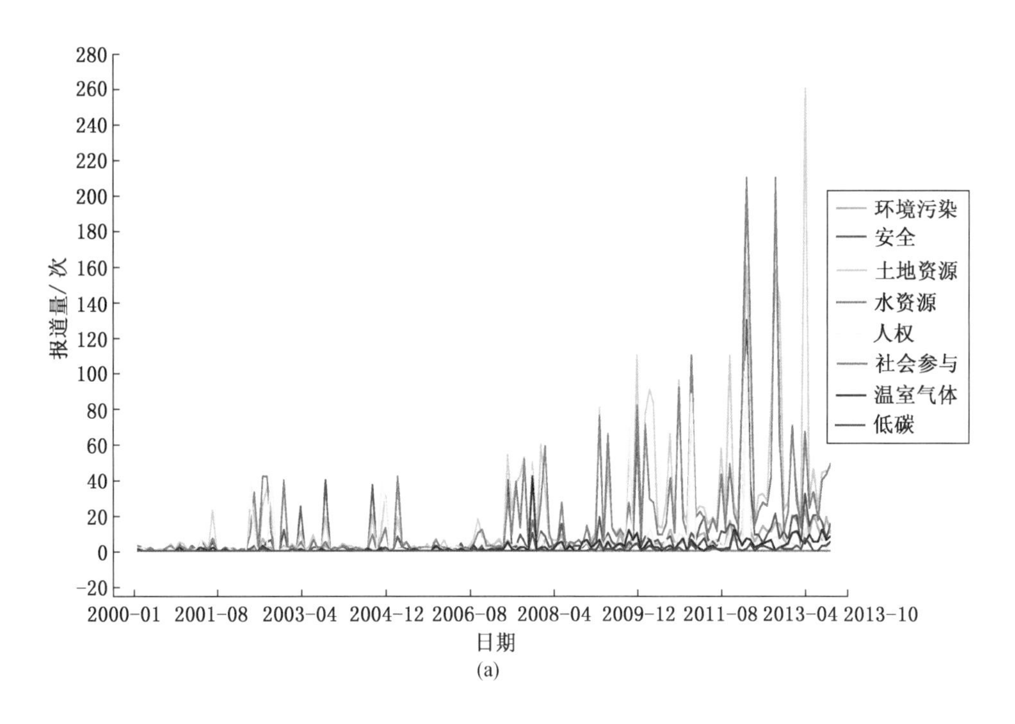

(a)

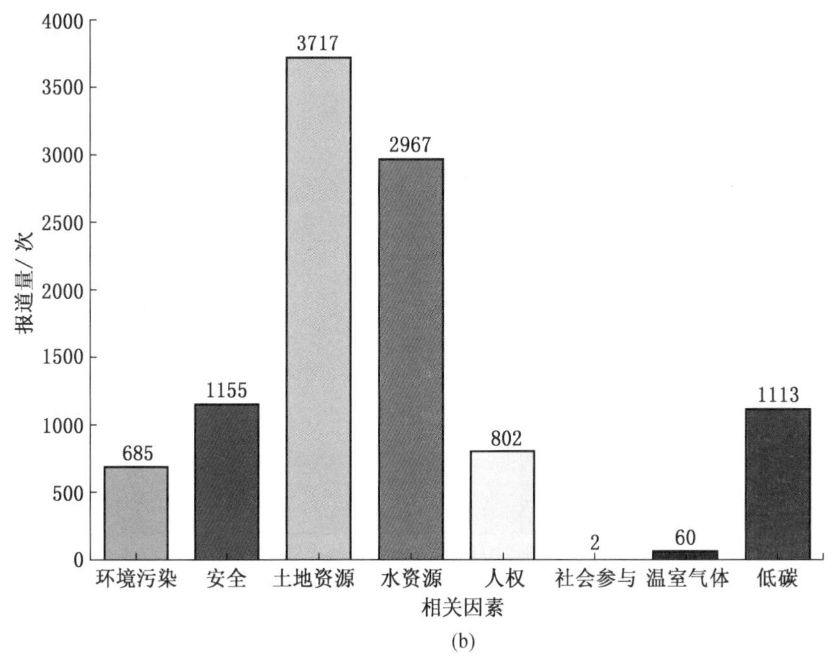

(b)

图 3-8 《经济学人》过去 13 年对相关因素的报道量

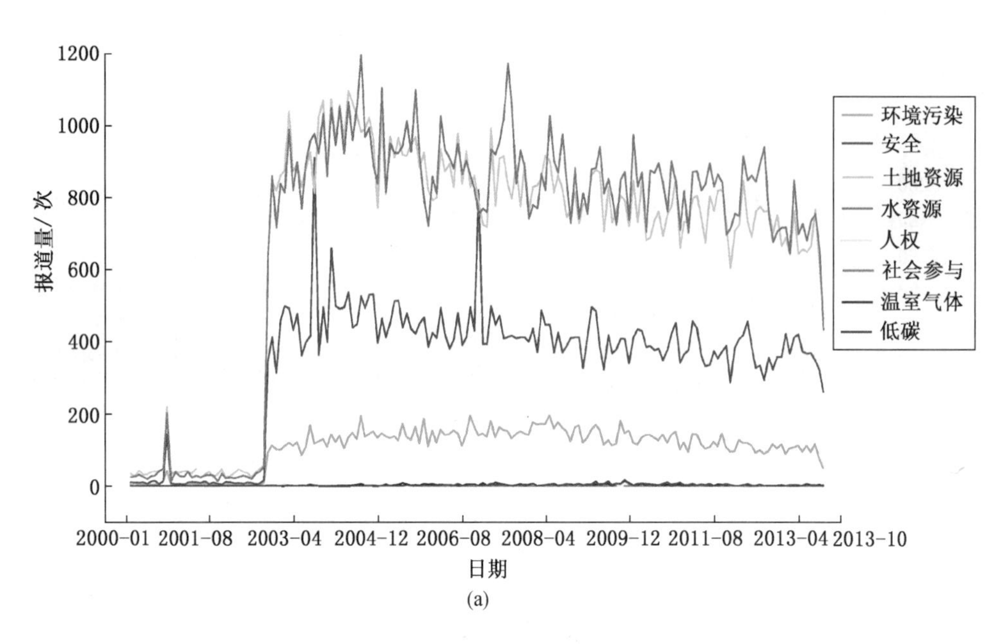

(a)

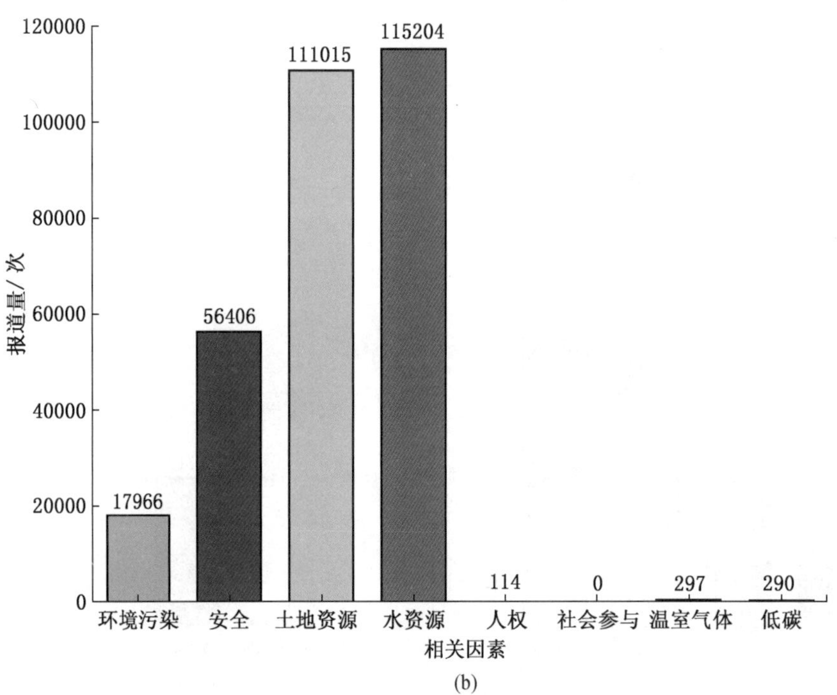

(b)

图3-9　《泰晤士报》过去13年对相关因素的报道量

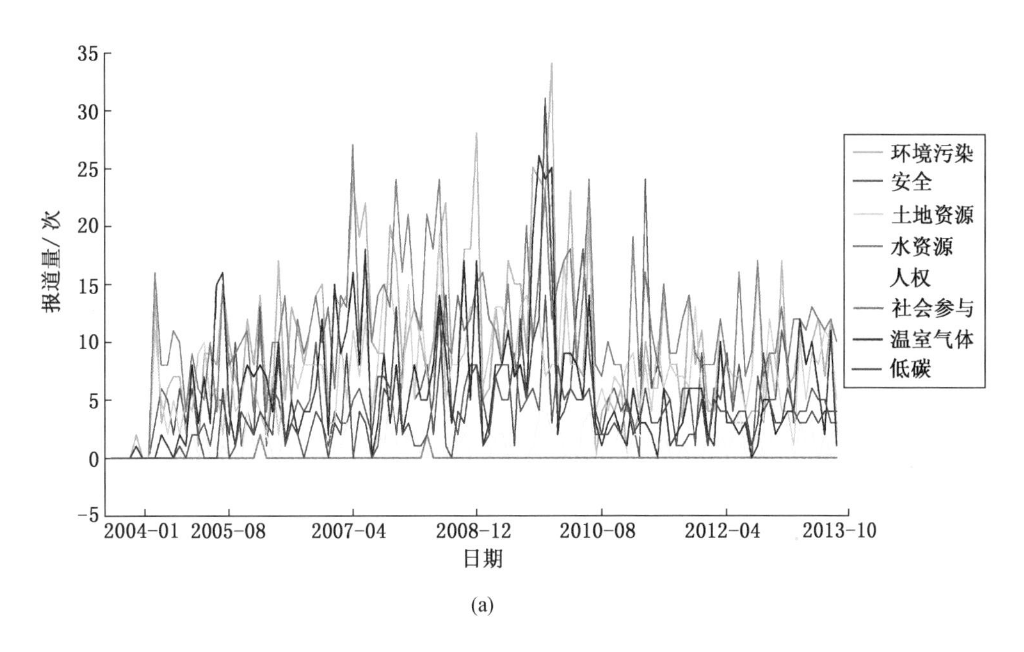

(a)

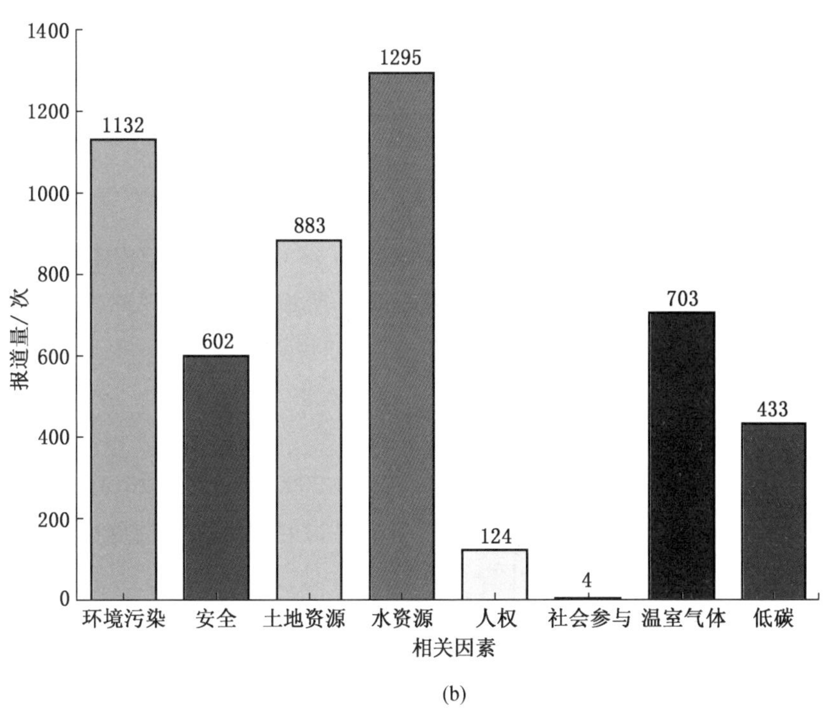

(b)

图3-10 《金融时报》过去10年对相关因素的报道量

报道量在不同的时间内呈现出较大的差异，这种差异也不便于我们做出总的排序，但可以清楚地看到对于水资源的报道量明显处于各因素报道量的上方，且人权问题、社会参与问题的报道量明显处于各曲线的底层。

图3－10b为《金融时报》对各个相关因素在2004年1月至2013年10月之间总共报道量所绘制的柱形图，从中可以清楚地看到这10年间《金融时报》对各个相关因素报道总量的多少，由多到少的顺序依次为：水资源、环境污染、土地资源、温室气体、安全、低碳技术、人权、社会参与。

图3－11所示为对《华尔街日报》的统计结果，图3－11a为依据《华尔街日报》对煤炭开采的社会营运许可的各个相关因素在2009年10月至2013年10月之间每个月的报道量所绘制的曲线图，在图中我们可以看出各因素随着时间的变化呈现出一定的层次性，虽然在某些月份对个别因素的报道量会有突然的变化，但在总体趋势上还是保持了一定的一致性。由上到下依次为：水资源、土地资源、安全、环境污染、温室气体、低碳技术、人权、社会参与。

图3－11b为依据《华尔街日报》对于各个相关因素在2009年10月至2013年10月之间总共报道量所绘制的柱形图，通过对比我们发现，柱形图的统计结果所呈现出的层次性与曲线图表现出的层次性完全吻合，因此，结合两个统计结果的一致性，我们可以得到《华尔街日报》对相关因素的报道量排序，由多到少依次为：水资源、安全、土地资源、环境污染、温室气体、低碳技术、人权、社会参与。

图3－12所示为对《时代周刊》的统计结果，图3－12a为依据《时代周刊》对于煤炭开采的社会营运许可的各个相关因素在2000年1月至2013年10月之间每个月的报道量所绘制的曲线图，由于《时代周刊》所报道文章的严格性，报道内容所涉及行业的广泛性，以及其篇幅总量的限制，使得其对煤炭行业报道总量较少，因此，很难从曲线图中看出其中的层次性，但整体地看曲线图，还是可以发现水资源报道量处于所有影响因素中较高的行列。

图3－12b为依据《时代周刊》对各个相关因素在2000年1月至2013年10月之间总共报道量所绘制的柱形图，这个统计结果可以很好地帮助我们分析图3－12a中各影响因素的报道量，对比两个图，我们得出《时代周刊》对于煤炭开采的社会营运许可的各个相关因素的报道量由多到少依次为：水资源、环境污染、土地资源、安全、温室气体、人权、低碳技术、社会参与。

在有了各个媒体对于相关因素报道量的结果后，我们将其结果进行汇总，同时将汇总结果进行对比分析，对其中的一致性进行总结，同时对其中的差异性进行分析，从而更加合理地得到各影响因素的受关注程度的排序。表3－1为对以上6家媒体的报道量的汇总结果。

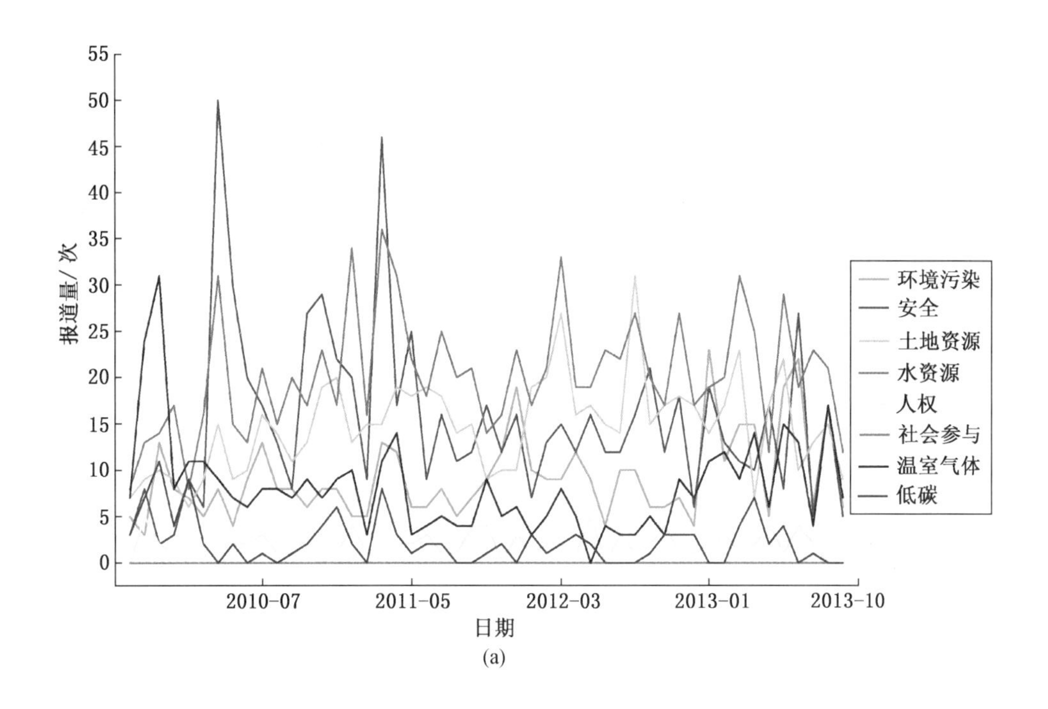

(a)

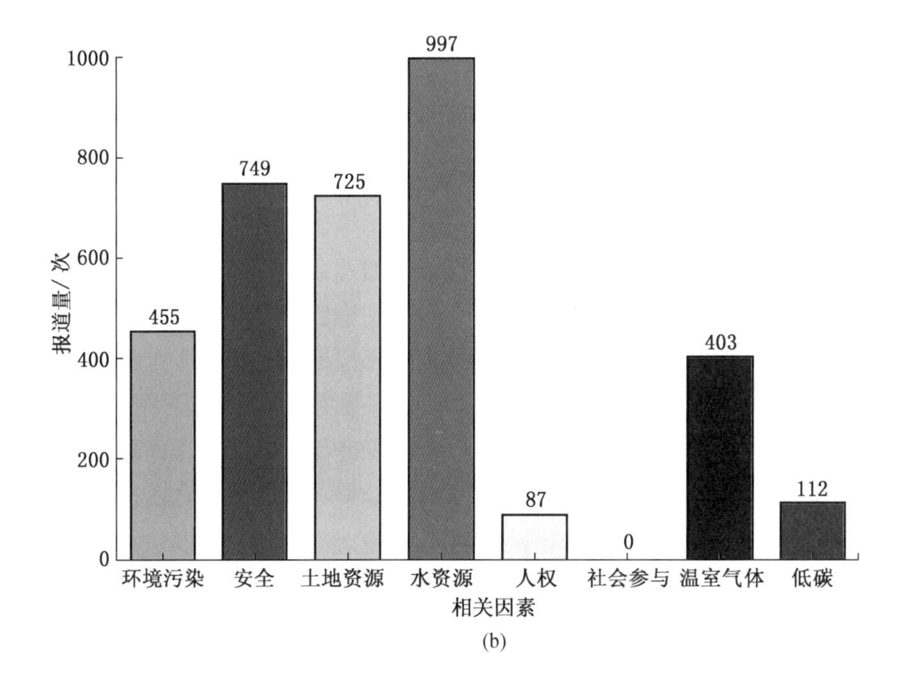

(b)

图3-11 《华尔街日报》过去4年对相关因素的报道量

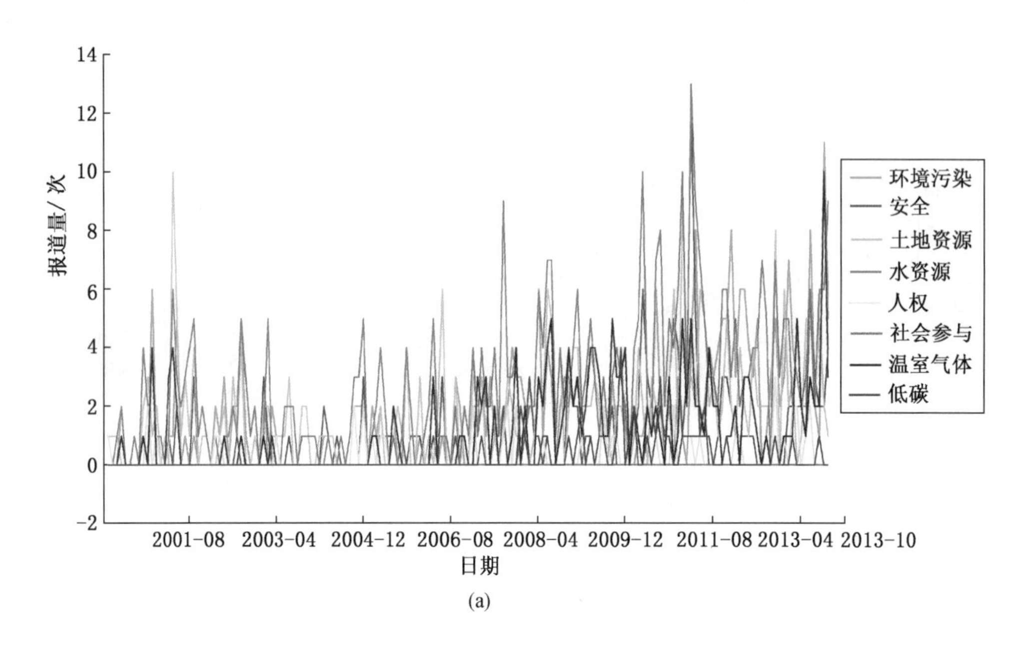

(a)

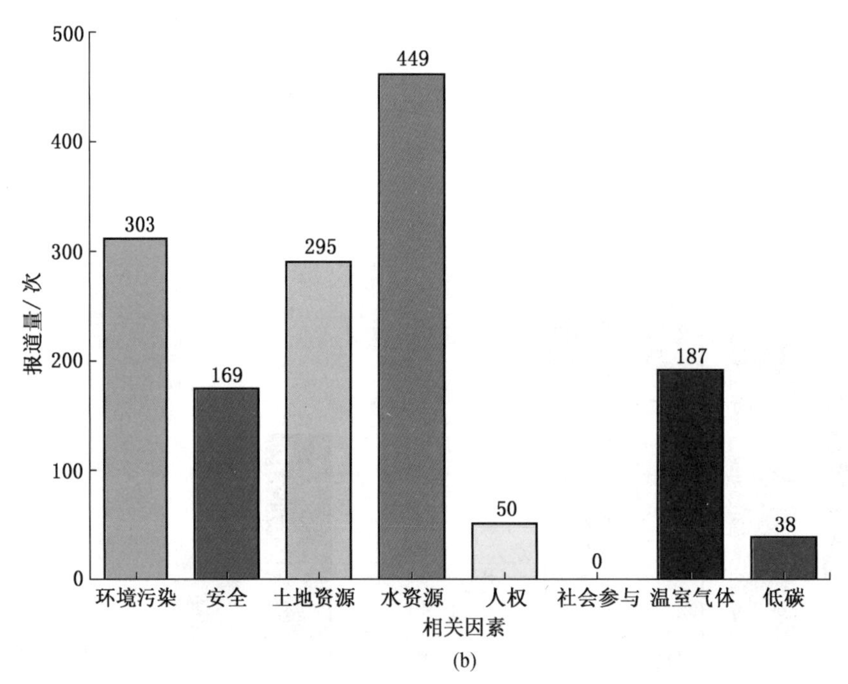

(b)

图3－12 《时代周刊》过去13年对相关因素的报道量

表 3－1 各媒体反映出的影响因素的重要性排序结果汇总表

媒 体	水资源	土地资源	环境污染	安全	人权	温室气体	低碳技术	社会参与
纽约时报	1	2	3	4	7	5	6	8
经济学人	2	1	6	3	5	7	3	8
泰晤士报	1	2	4	3	5	5	5	5
金融时报	1	3	2	5	7	4	6	8
华尔街日报	1	3	4	2	7	5	6	8
时代周刊	1	3	2	4	6	5	7	8

表 3－1 中，各数字代表某一元素在对应媒体中的报道量的排序，其中《泰晤士报》中 4 个元素均为 5 是由于该 4 个元素在《泰晤士报》中的报道量极少，无法排序，因此均列作第五位，其实际意义等同于第八位。为了便于比较，我们将表 3－1 的统计结果绘制成如下雷达图（图 3－13）。

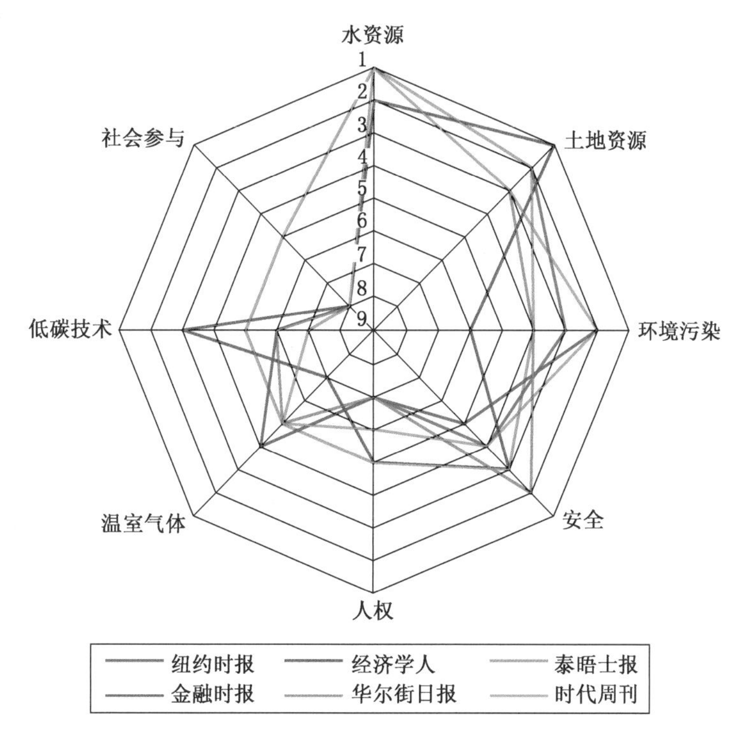

图 3－13 各媒体的影响因素重要性排序雷达图

在图 3－13 中我们可以清楚地看到，水资源除了《经济学人》一家媒体外，其余媒体均处于第一位，社会参与均处于第八位（表 3－1 中已经指出《泰晤士报》的第五位也等同于第八位），而土地资源、环境污染、安全问题基本处于第

二、第三、第四位，人权、温室气体、低碳技术基本处于第五、第六、第七位。因此，结合该统计结果所体现出的相关影响因素的重要性程度，我们对以上8个影响因素的重要性依次分为以下4个层次：

（1）极端重要：主要为水资源。

（2）非常重要：主要包括土地资源、安全和环境污染。

（3）重要：主要为人权、温室气体、低碳技术。

（4）次重要：主要为社会参与。

3.4.4 平面媒体对于相关因素的报道量的波动性分析

在以上对6家媒体统计出的曲线图中我们可以清楚地看到，各个影响因素除了在总的报道量上呈现出一定的层次性之外，各因素自身随着时间的推移呈现出一定的波动性，这种波动性也体现在对于某个特定时间段的报道量的剧增。通过对6家媒体对8个影响因素波动曲线的综合分析，我们发现造成这些波动的原因主要是因为一些与煤炭开采相关社会事件的发生，这可能是新煤炭行业资源政策所引发的一系列的讨论，或者是与煤炭开采相关的安全事故的发生等，由于这些事件的发生所引发的一系列跟踪报道和社会反响造成了该媒体对于相关因素在该特定时间段的报道量激增。以下以《华尔街日报》进行举例分析。

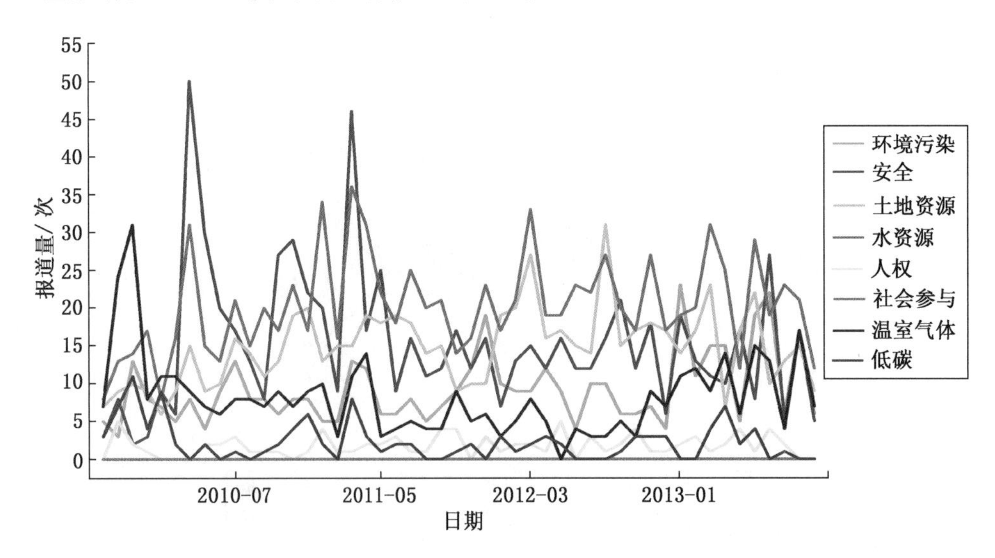

图3-14 《华尔街日报》对于相关因素的报道汇总图

在图3-14中，《华尔街日报》的统计结果中清晰地显示出：在2010年4月左右，该报对于安全问题和水资源两个影响因素的报道量同时出现剧增的势态。通过对背后事件的发掘我们发现，在2010年4月美国弗吉尼亚州的梅西能源集团下属的科大煤矿发生40年来最严重的矿难，造成29人死亡；而几乎同时，在中国的山西，华晋煤业公司所属的王家岭矿于2010年3月28日发生透水事故，造成38人遇难。两起严重的煤矿事故均引起了社会各界的广泛关注，不仅有各种媒体的跟踪报道，社会各界人士也纷纷发表看法，探讨这两起事故的起因、影响以及引发的思考。这两起矿难都与影响煤炭开采的社会营运许可的安全问题有着直接的联系，同时，王家岭透水事故又引出了水资源对于煤炭开采的影响，因此，《华尔街日报》在这个时段出现了对于安全问题以及水资源问题的报道量突然增多的现象。

因此，我们总结发现，这些影响因素在被统计期间所呈现出的波动性并不影响我们对于煤炭开采的社会营运许可影响因素的重要性排序，相反，正是这种由于对相关社会事件尤其煤炭开采事件的报道所引发的波动恰好验证了这种统计结果与社会关注度的高度相关性。

3.4.5 平面媒体对于相关因素的报道量的进一步研究

如上文中所陈述，研究平面媒体对于相关影响因素的报道量对于分析影响因素的重要性有积极意义，与此同时，我们在研究平面媒体的过程中又做了进一步的思考，平面媒体的报道量既然对于社会有着巨大的影响力，那么我们在平面媒体上得到信息的同时，为何不反过来更加有效地利用平面媒体呢？这里的有效利用主要是指我们进一步来对比分析对于同一影响因素下，哪个媒体的关注度最高，从而一方面将前期研究成果通过平面媒体有效地反馈给利益相关者，另一方面我们可以建议相关部门尤其是世界煤炭协会，将其制定的相关影响因素的应对策略有针对性地投放到最恰当的平面媒体上，从而最大可能地引起煤炭企业的重视，最大限度地获得预期的社会以及企业效益。

以下是按影响因素对于各媒体的关注度进行的分析：

在以下统计结果中，分别用曲线图和柱形图对各家媒体的统计结果进行分析，曲线图中横坐标为日期，纵坐标为报道量；柱形图中横坐标为媒体（其中，“New York Times”为《纽约时报》，“The Times”为《泰晤士报》，“Economist”为《经济学人》，“FT”为“Financial Times”的简写，代表《金融时报》，“WSJ”为“Wall Street Journal”的简写，代表《华尔街日报》，“TIME”为《时代周刊》），纵坐标为报道量。

1. 环境污染

图3－15a为从2000年1月至2013年10月期间各个媒体对于煤炭开采中关于环境污染问题的报道量（其中《华尔街日报》是从2009年10月至2013年10月的数据，《金融时报》是从2004年1月至2013年10月的数据，以下所有统计结果均与这两张图相同，不再陈述），每一条不同颜色的曲线代表一家媒体，图3－15b

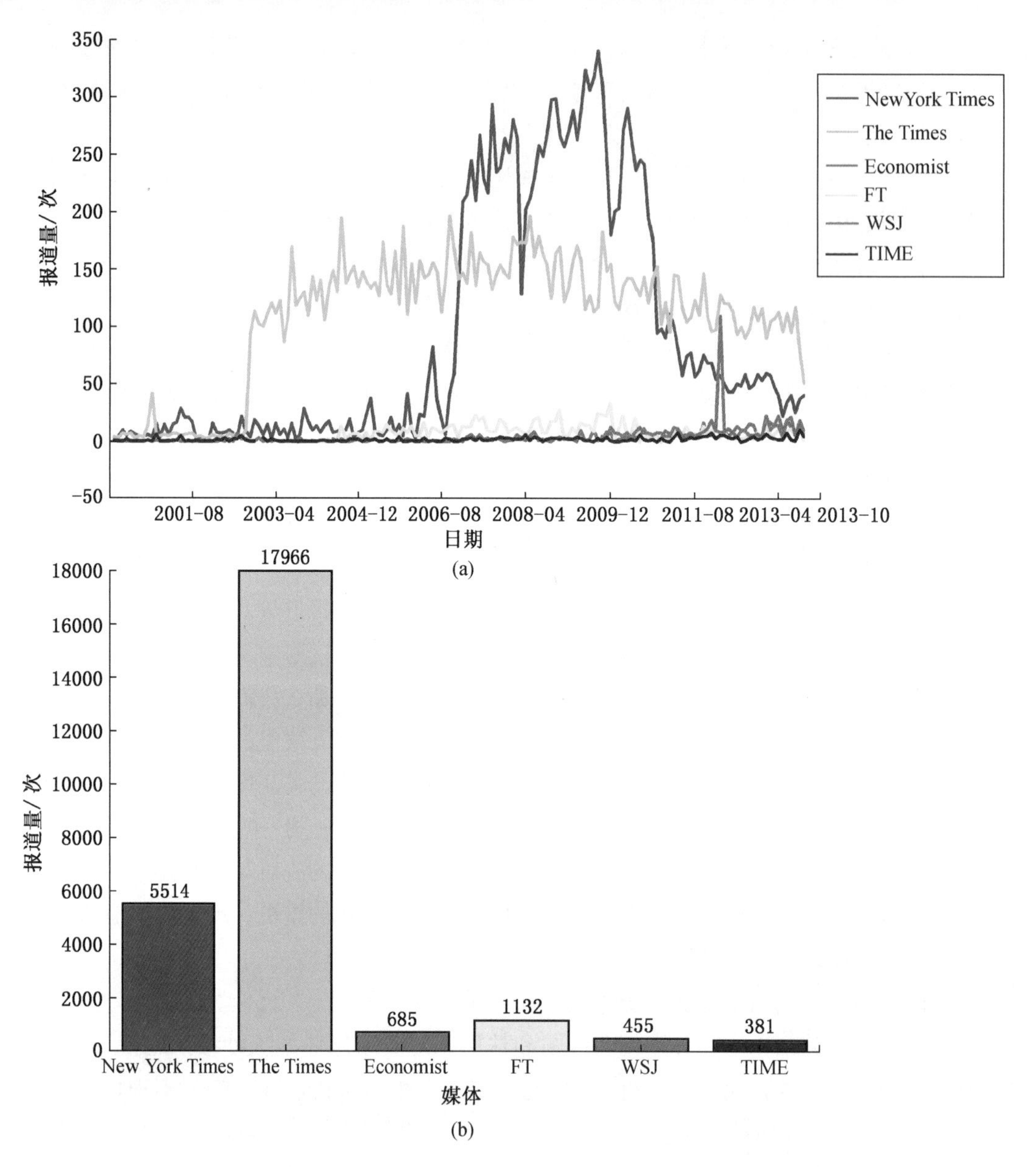

图3－15　6家媒体对“环境污染”的报道量汇总图

为各家媒体在这13年期间对于与煤炭开采相关的环境问题的总报道量，结合这两张图我们可以很明显地看出，对于环境问题报道量由多至少依次是《泰晤士报》《纽约时报》《金融时报》《经济学人》《华尔街日报》以及《时代周刊》。因此，从利用媒体的角度来看，对于一些与煤炭开采相关的环境污染问题的相关政策或者研究成果可以选择性地投放到《泰晤士报》《纽约时报》以及《华尔街日报》和《时代周刊》(虽然《华尔街日报》和《时代周刊》的报道总量较少，但考虑到《华尔街日报》只有4年的数据，报道总量自然较少，而《时代周刊》由于受到期刊的影响，报道量总数均比例较低，因此按比例分析，其还是有较高的使用价值）上，从而使其获得更大的关注度。

2. 安全问题

图3－16所示为对安全问题各媒体报道量的汇总统计结果，图3－16a为从

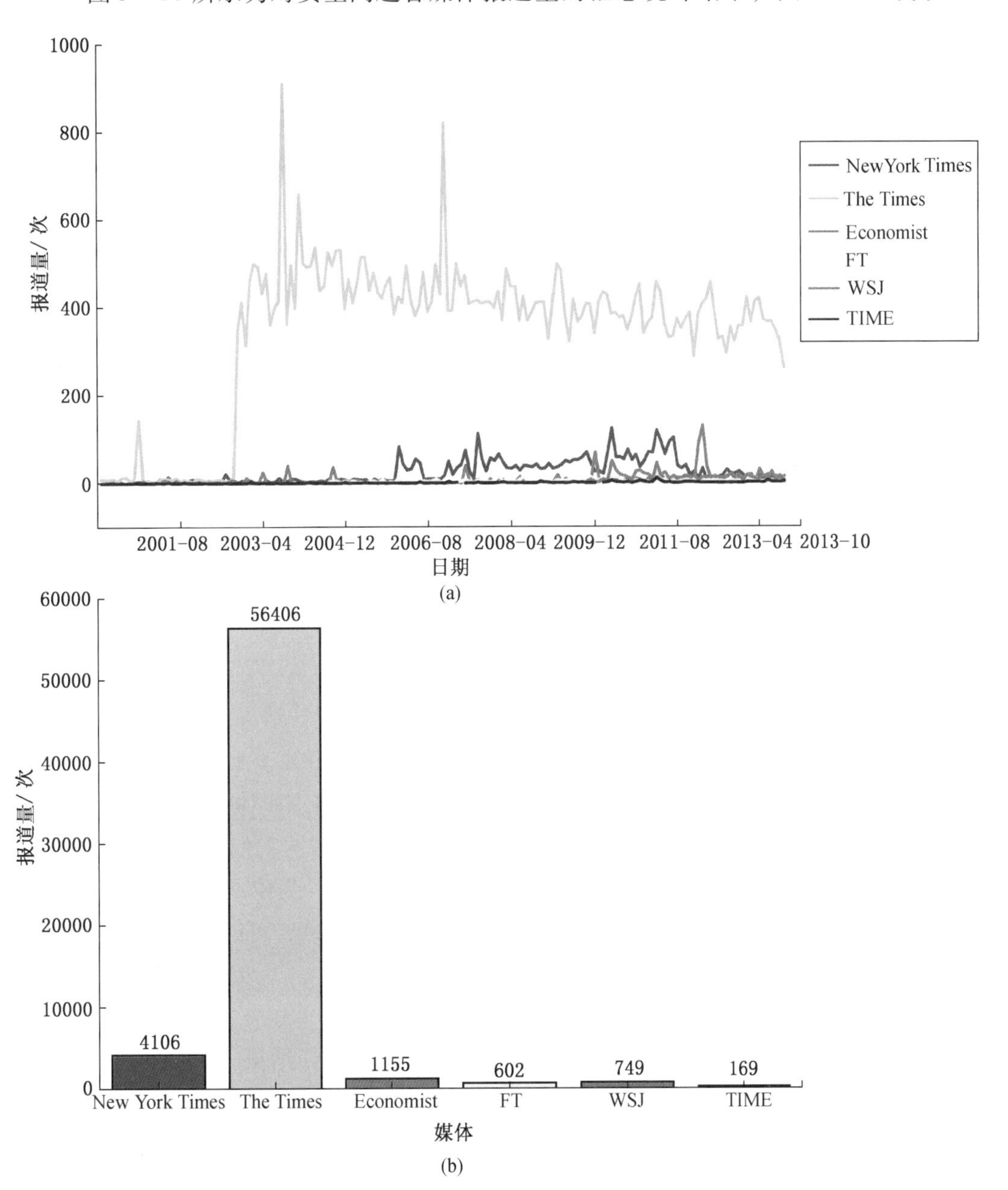

图3－16　6家媒体对“安全问题”的报道量汇总图

2000年1月至2013年10月期间各个媒体对于煤炭开采中关于安全问题的报道量，每一条不同颜色的曲线代表一家媒体，图3-16b为各家媒体在这13年期间对于与煤炭开采相关的安全问题的总报道量，结合这两张图我们可以很明显地看出，对于安全问题报道量最多的是《泰晤士报》，而其他媒体的报道量则较少，不具有借鉴意义。因此，从利用媒体的角度来说，对于一些与煤炭开采相关的安全问题的相关政策或者研究成果可以选择性地投放到《泰晤士报》上，从而使其获得更大的关注度。同时，对于安全问题来讲，安全问题一直是社会公众比较关注也比较敏感的话题，对于煤矿事故或者其他安全事件，政府或者相关组织部门能否合理有效地将信息公开，能否采取有效的措施，媒体是直接的渠道，尤其对于世界煤炭协会，其信息的受众是全球的煤炭企业以及全球社会，因此，能否选取恰当的媒体进行信息的公布，是世界煤炭协会需要认真考虑的因素，而从以上研究结果来看，《泰晤士报》是个不错的选择。

3. 土地资源

图3-17所示为对土地资源问题各媒体报道量的汇总统计结果，图3-17a为从2000年1月至2013年10月期间各个媒体对于煤炭开采中关于土地资源问题的报道量，每一条不同颜色的曲线代表一家媒体，图3-17b为各家媒体在这13年期间对于与煤炭开采相关的土地资源问题的总报道量，结合这两张图我们可以很明显地看出，对于环境问题报道量最多的依然是《泰晤士报》。因此，从利用媒体的角度来说，对于一些与煤炭开采相关的土地资源问题的相关政策或者研究成果可以选择性地投放到《泰晤士报》上，从而使其获得更大的关注度。

4. 水资源

图3-18所示为对水资源问题各媒体报道量的汇总统计结果，图3-18a为从2000年1月至2013年10月期间各个媒体对于煤炭开采中关于水资源问题的报道量，每一条不同颜色的曲线代表一家媒体，图3-18b为各家媒体在这13年期间对于与煤炭开采相关的水资源问题的总报道量，结合这两张图我们可以很明显地看出，对于水资源问题报道量最多的是《泰晤士报》。因此，为使一些与煤炭开采相关的水资源问题的相关政策或者研究成果获得更大的关注度，可以选择性地将其投放到《泰晤士报》上。

5. 人权

图3-19所示为对人权问题各媒体报道量的汇总统计结果，图3-19a为从2000年1月至2013年10月期间各个媒体对于煤炭开采中关于人权问题的报道量，每一条不同颜色的曲线代表一家媒体，图3-19b为各家媒体在这13年期间对于与煤炭开采相关的人权问题的总报道量，结合这两张图我们可以很明显地看出，对于人权问题报道量由多至少依次是《经济学人》《纽约时报》《金融时报》《泰晤士报》

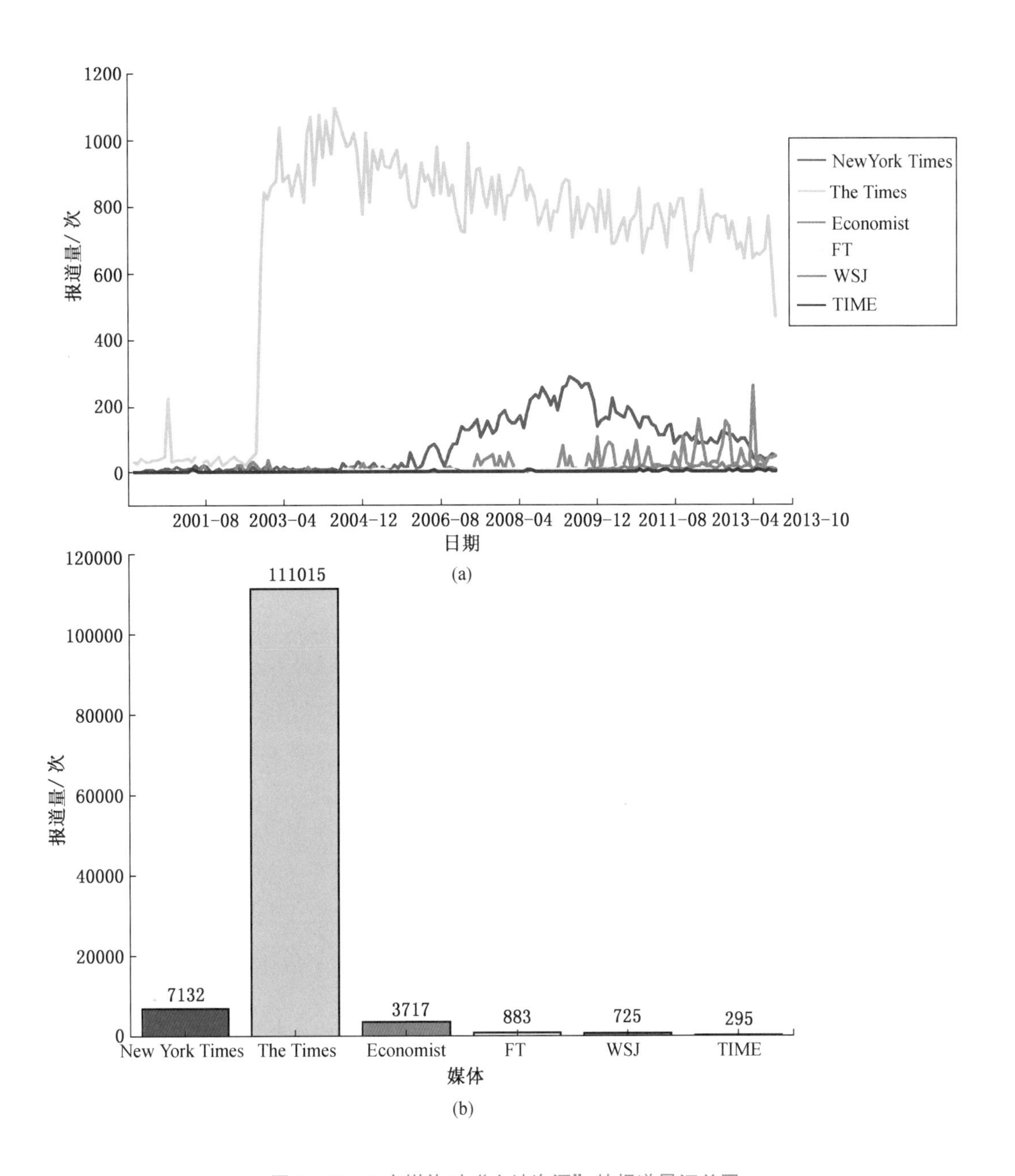

图 3－17 6 家媒体对“土地资源”的报道量汇总图

《华尔街日报》以及《时代周刊》。因此，对于一些与煤炭开采相关的人权问题的相关政策或者研究成果可以选择性地投放到《经济学人》《纽约时报》和《金融时报》上，从而使其获得更大的关注度。

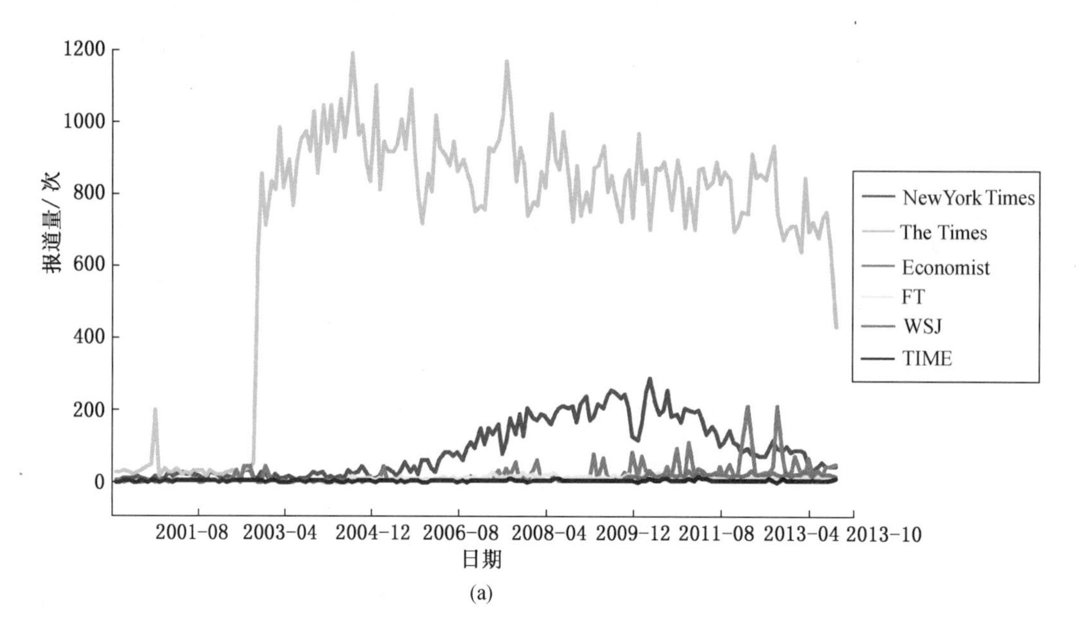

(a)

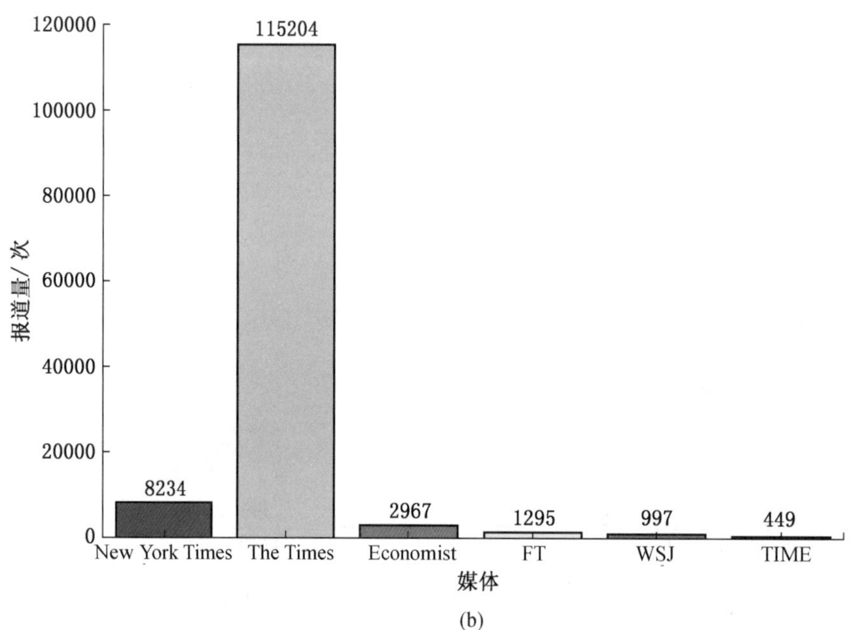

(b)

图3－18　6家媒体对"水资源"的报道量汇总图

6. 温室气体

图3－20所示为对温室气体各媒体报道量的汇总统计结果，图3－20a为从2000年1月至2013年10月期间各个媒体对于煤炭开采中关于温室气体的报道量，

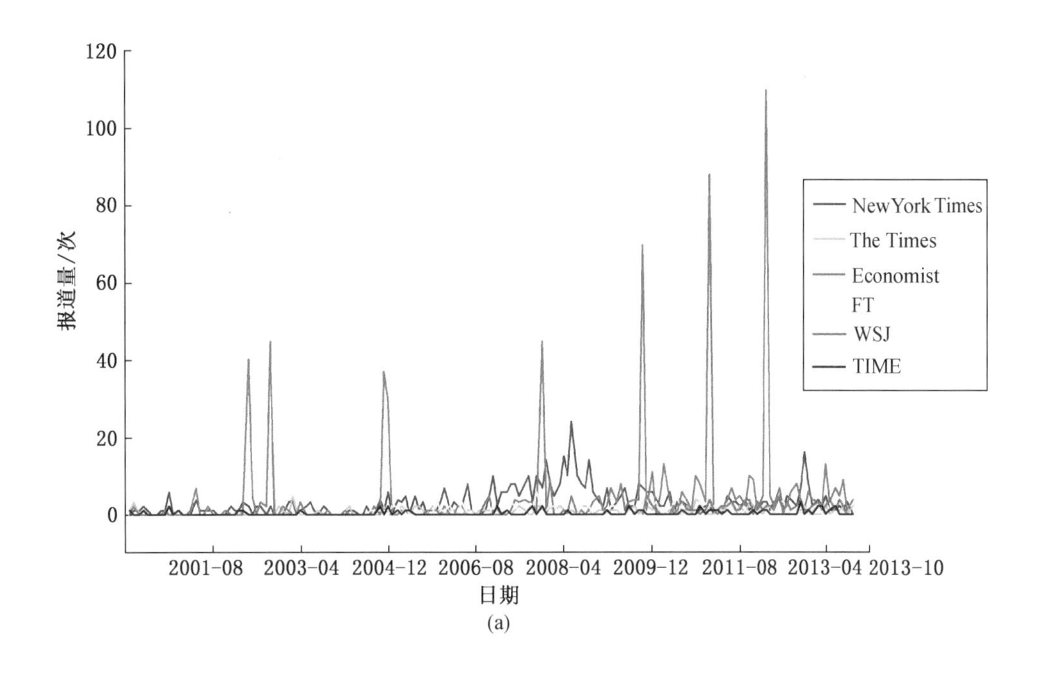

(a)

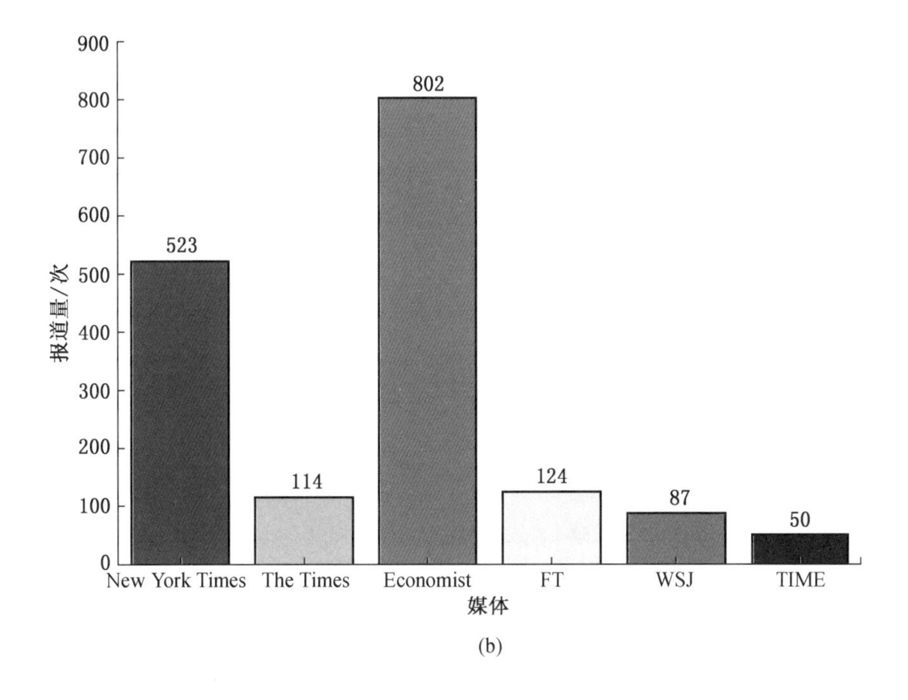

(b)

图 3－19　6 家媒体对“人权问题”的报道量汇总图

图3－20b为各家媒体在这13年期间对于与煤炭开采相关的温室气体的总报道量，结合这两张图我们可以很明显地看出，对于温室气体报道量由多至少依次是《纽约时报》《金融时报》《华尔街日报》《经济学人》《泰晤士报》以及《时代周刊》。因此，对于一些与煤炭开采相关的温室气体的相关政策或者研究成果可以选择性地投放到《纽约时报》上，从而使其获得更大的关注度。

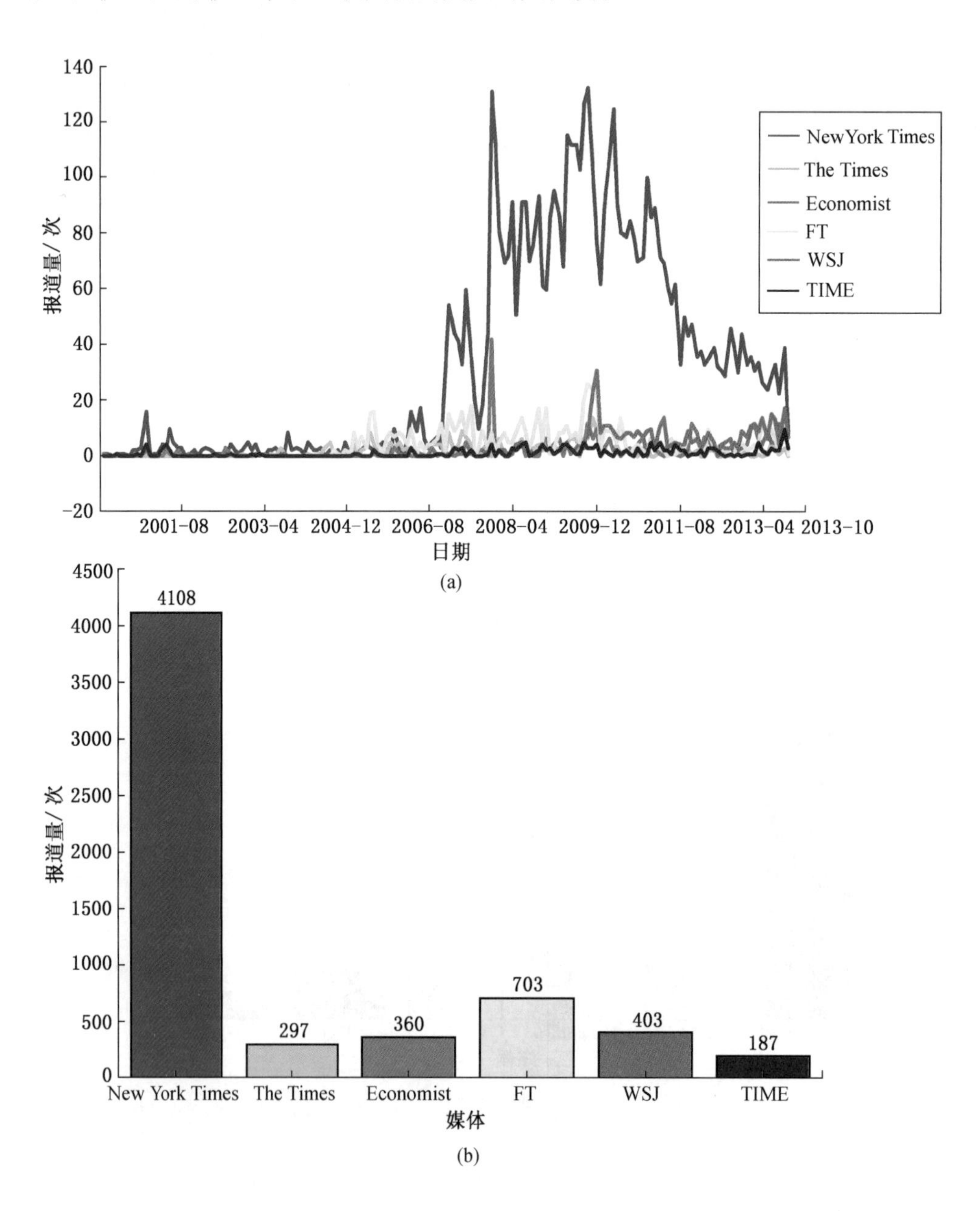

图3－20　6家媒体对“温室气体”的报道量汇总图

7. 低碳技术

图 3－21 所示为对低碳技术各媒体报道量的汇总统计结果，图 3－21a 为从 2000 年 1 月至 2013 年 10 月期间各个媒体对于煤炭开采中关于低碳技术的报道量，每一条不同颜色的曲线代表一家媒体，图 3－21b 为各家媒体在这 13 年期间对于与煤炭开采相关的低碳技术的总报道量，结合这两张图我们可以很明显地看出，对于

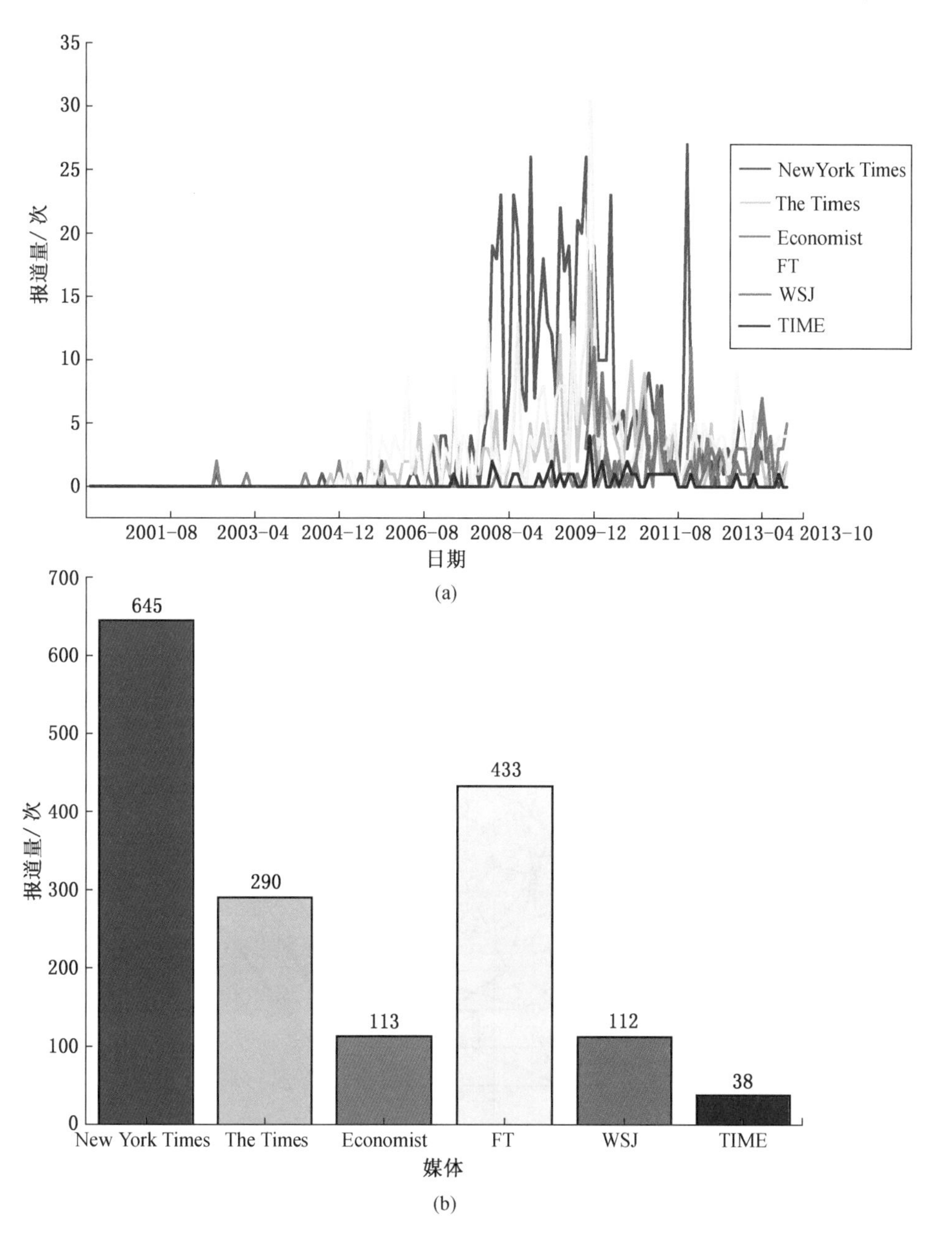

图 3－21　6 家媒体对“低碳技术”的报道量汇总图

低碳技术报道量由多至少依次是《纽约时报》《金融时报》《泰晤士报》《华尔街日报》《经济学人》以及《时代周刊》。因此，从选择利用媒体的角度来看，对于一些与煤炭开采相关的低碳技术的相关政策或者研究成果可以选择性地投放到《纽约时报》《金融时报》和《泰晤士报》上，从而使其获得更大的关注度。

为了便于对比分析，对以上统计结果进行汇总（表3－2）。

表3－2　同一因素下不同媒体的报道量排序汇总表

影响因素	纽约时报	泰晤士报	经济学人	金融时报	华尔街日报	时代周刊
环境污染	2	1	4	3	5	6
安全	2	1	3	5	4	6
土地	2	1	3	4	5	6
水	2	1	3	4	5	6
人权	2	4	1	3	5	6
温室气体	1	5	4	2	3	6
低碳技术	1	3	4	2	5	6

在表3－2中，首先，对各媒体对同一影响因素的报道量进行排序，在同一因素下，报道量最多的媒体排序为1，最少的为6，中间以此类推，比如对于“环境污染”这一影响因素来讲，在图3－22中显示的结果为排在序列1的为《泰晤士报》，

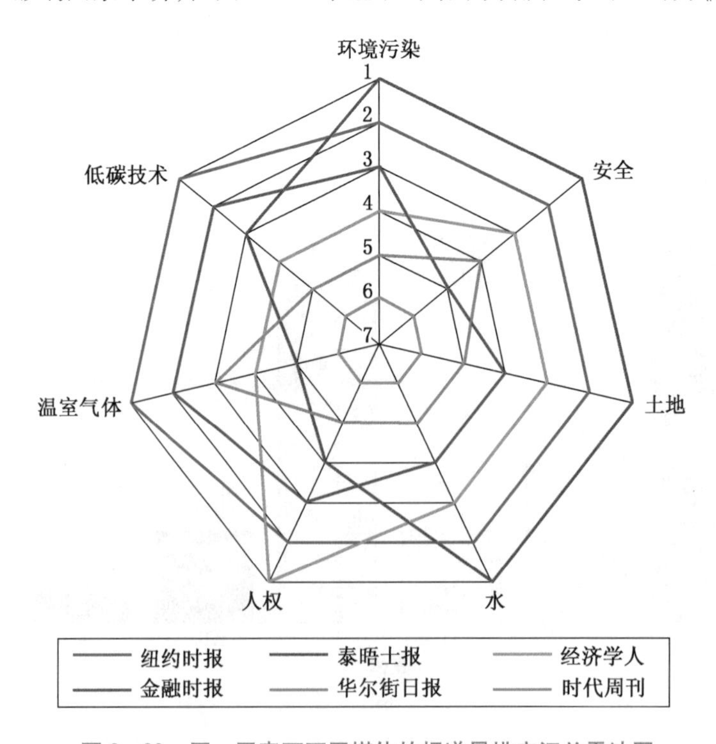

图3－22　同一因素下不同媒体的报道量排序汇总雷达图

排在序列 2 的为《纽约时报》，序列 3 为《金融时报》，序列 4 为《经济学人》，序列 5 为《华尔街日报》，序列 6 为《时代周刊》。代表的结果为对于煤炭开采过程中"环境污染"问题的报道量最多的为排在序列 1 的《泰晤士报》，之后由多到少依次为序列 2 到序列 6，代表报道数量由《纽约时报》到《时代周刊》递减，即在上述雷达图中，各影响因素下不同媒体对于其的报道量在由中心向外延伸的过程中逐渐增加。因此，通过上述雷达图可以清楚地看到，总体来说，《泰晤士报》对各因素的报道量较多，其次是《纽约时报》《经济学人》《金融时报》《华尔街日报》，最后是《时代周刊》。但对于诸如温室气体、低碳技术、人权等影响因素的报道量上各媒体间的报道量却有着显著的区别。对于社会参与问题，由于各家媒体对于其关于煤炭开采相关信息的报道量极少，未能在图表中显示。

3.5 影响因素的总结排序

在分别对以上 3 个渠道的统计结果进行影响因素的重要性排序之后，我们对 3 个结果进行了对比分析，首先对 3 个排序结果进行了汇总（表 3－3）。

表 3－3 3 个研究渠道得出的影响因素重要性排序汇总表

重 要 性	极端重要	非常重要	重 要	次 重 要
全球互联网媒体的报道量	水	土地 安全 环境污染	人权 温室气体 低碳技术	社会参与
全球互联网用户的检索量	水	环境污染 安全 土地	温室气体	人权 低碳技术 社会参与
全球平面媒体的报道量	水	环境污染 安全 土地	人权 温室气体 低碳技术	社会参与

在表 3－3 中我们可以看到，3 条路径对于"水资源"的重要性认定完全一致，均处于 3 个排序的"极端重要"位置，因此，我们认定"水资源"为影响煤炭开采的社会营运许可最重要的因素；同时，3 条路径对于非常重要层次的认定也是高度一致的，均包含且只有 3 个因素，分别是"土地资源、安全、环境问题"，虽然在层次内部对于 3 个因素的重要性程度有略微的差异，但不影响我们对于总体重要性程度的认定，因此，出于认定结果的一致性，我们将"土地资源、安全、环境问题"3 个影响因素认定为"重要"层次；而 3 条路径对于"人权、温室气体、

低碳技术、社会参与”4个影响因素的重要性程度认定存在一定的差异性，主要原因是这4个影响因素在以上3个渠道中的被报道量和被检索量相对较少，尤其社会参与基本没有相关报道，也极少被检索，因此，我们将这4个影响因素合并为一个层次，即“次重要”层。

综合以上考虑，我们在对全球互联网过去13年的海量数据进行挖掘与对比分析之后，对影响煤炭开采社会营运许可的因素的重要性做如下排序：

（1）极端重要：水资源。

（2）重要：环境污染、安全、土地资源。

（3）次重要：温室气体、低碳技术、人权、社会参与。

影响因素受关注度的全球互联网用户分布

研究煤炭开采的社会营运许可影响因素的重要性排序，是为了使煤炭企业更加有效、更加具有针对性地采取相应措施。但以上统计分析结果是建立在全球媒体以及全球互联网用户的角度，其结论具有整个行业的特性，对于世界煤炭协会制定相关政策以及整个行业的发展方向具有一定的指导意义，但对于归属于具体地区的矿业公司来讲还需要更加详细的研究，因此，我们对不同地区对于以上影响因素的关注度进行了进一步的统计分析，得出了不同地区对于以上影响因素的关注度分布图，这一结果可以更好地帮助具体地区的矿业集团根据自己所在地区的特性以及自己所在地区对于相关影响因素的关注度来制定相应的有针对性的企业策略。以下按因素对统计结果进行分析总结。

1. 水资源

图 4 - 1 所示为全球对煤炭开采中水资源问题的关注度分布情况的统计结果。图 4 - 1a 为全球对煤炭开采中水资源问题最关注的国家调查结果，图 4 - 1b 为全球对煤炭开采中水资源问题最关注的城市的调查结果，从图中我们可以看出，全球对煤炭开采中水资源问题最关注的国家依次为南非、澳大利亚、印度、美国、加拿大、英国；

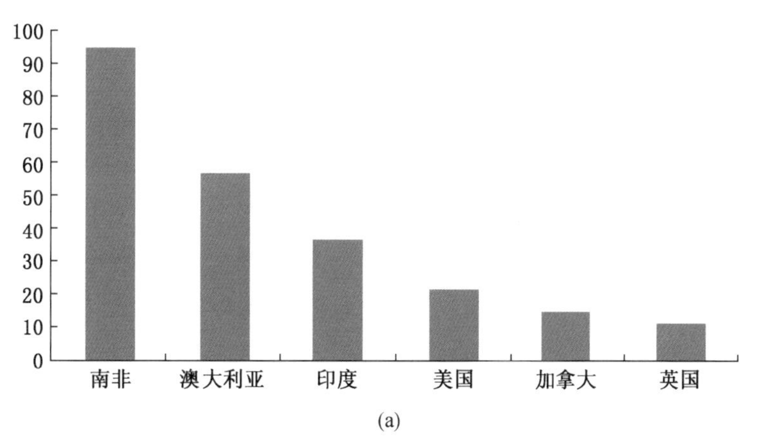

(a)

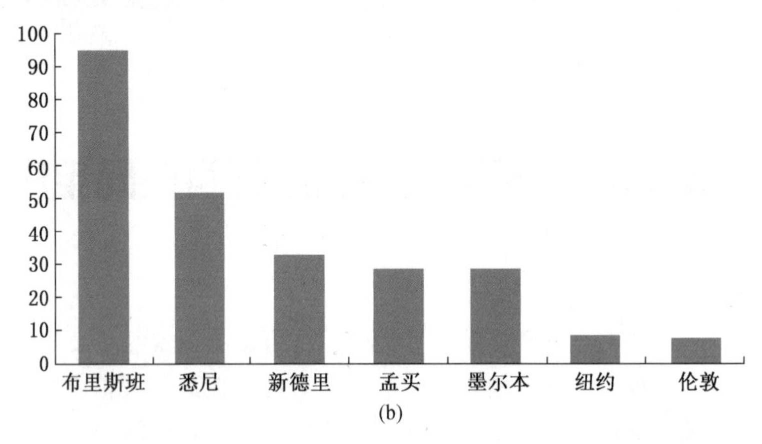

图4－1 全球对煤炭开采中“水资源”影响因素的关注度分布图

而全球对煤炭开采中水资源问题最关注的城市依次为布里斯班、悉尼、新德里、孟买、墨尔本、纽约以及伦敦。

2. 土地资源

图4－2所示为全球对煤炭开采中土地资源问题的关注度分布情况的统计结果。

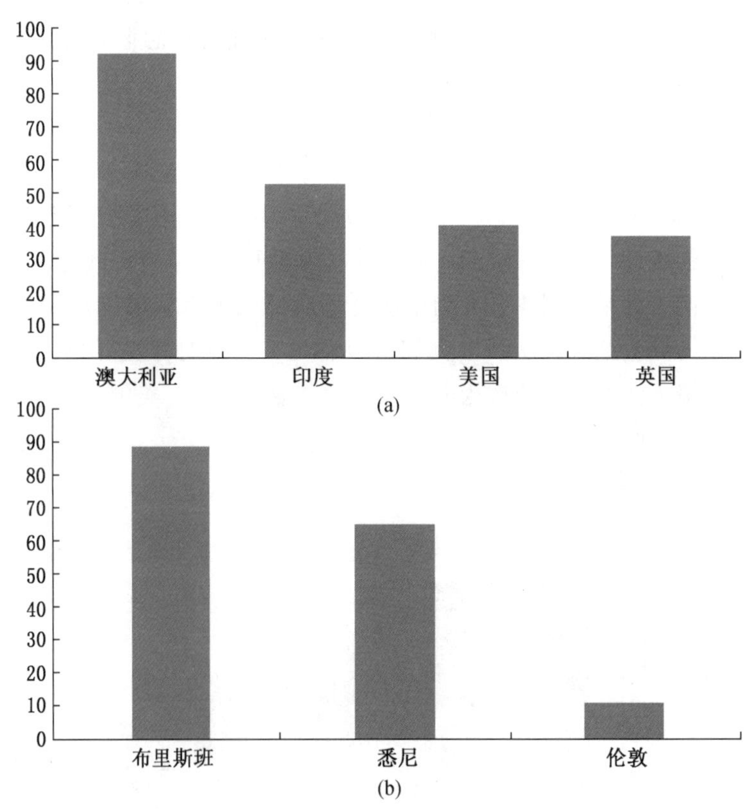

图4－2 全球对煤炭开采中“土地资源”影响因素的关注度分布图

图4－2a为全球对煤炭开采中土地资源问题最关注的国家调查结果，图4－2b为全球对煤炭开采中土地资源问题最关注的城市的调查结果。由此，我们得到，全球对煤炭开采中土地资源问题最关注的国家依次为澳大利亚、印度、美国、英国；而全球对煤炭开采中土地资源问题最关注的城市依次为布里斯班、悉尼、伦敦。

3. 安全问题

图4－3所示为全球对煤炭开采中安全问题的关注度分布情况的统计结果。图4－3a为全球对煤炭开采中安全问题最关注的国家调查结果，图4－3b为全球对煤炭开采中安全问题最关注的城市的调查结果，由图中我们可以得到，全球对煤炭开采中安全问题最关注的国家依次为澳大利亚、印度、美国、英国；而全球对煤炭开采中安全问题最关注的城市依次为布里斯班、珀斯、悉尼。

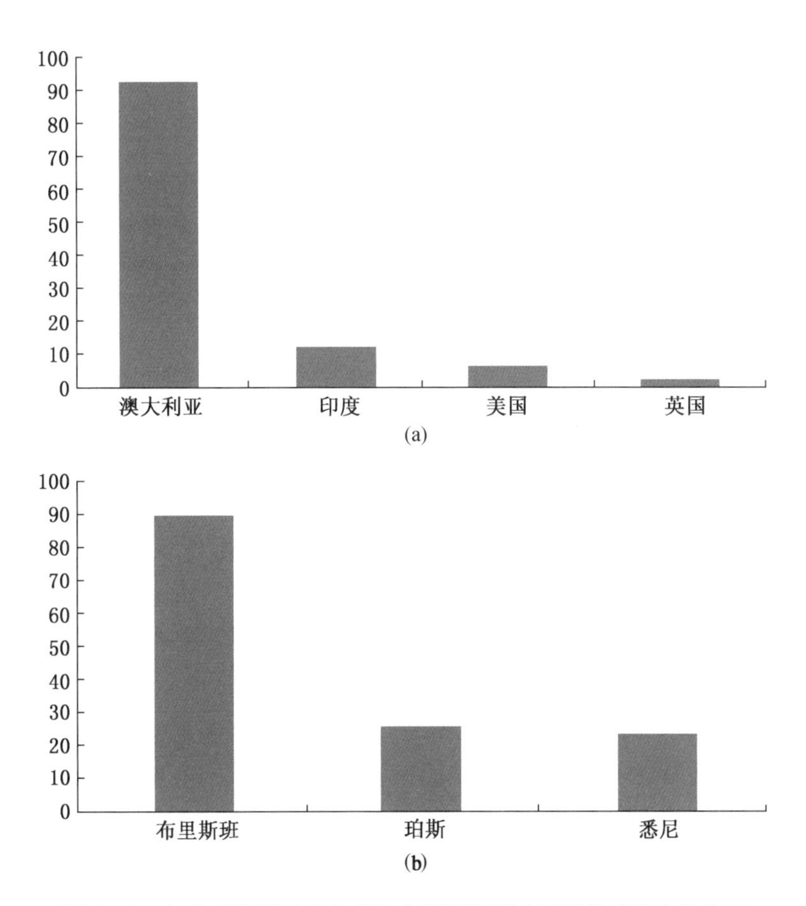

图4－3 全球对煤炭开采中“安全问题”影响因素的关注度分布图

4. 环境污染

图4－4所示为全球对煤炭开采中环境污染问题的关注度分布情况的统计结果。

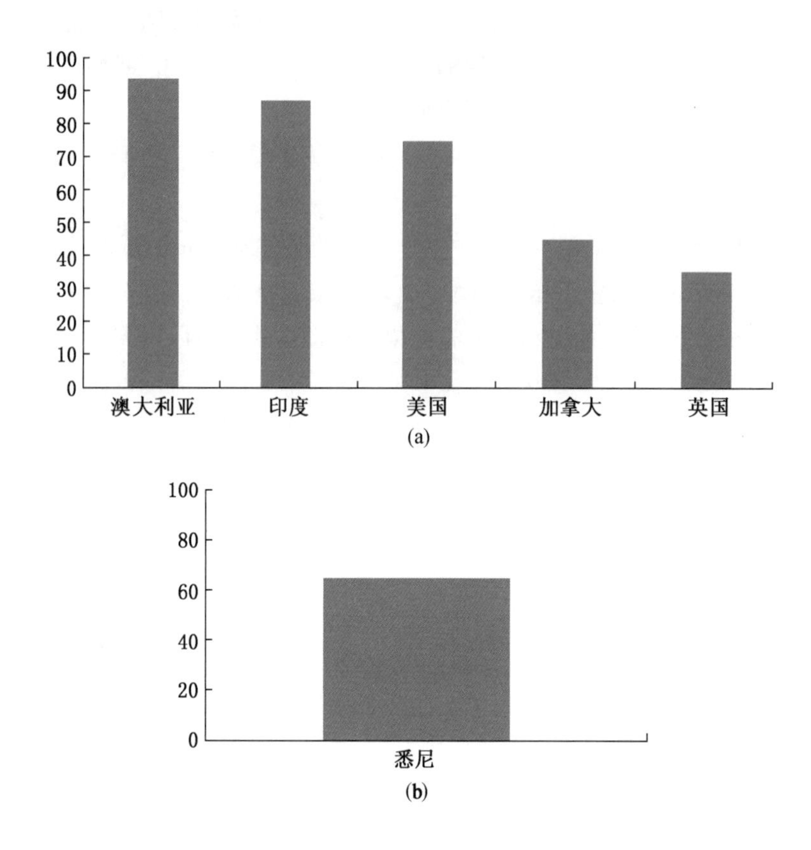

图4－4　全球对煤炭开采中“环境污染”影响因素的关注度分布图

图4－4a为全球对煤炭开采中环境污染问题最关注的国家调查结果，图4－4b为全球对煤炭开采中环境污染问题最关注的城市的调查结果，由此，我们发现，全球对煤炭开采中环境污染问题最关注的国家依次为澳大利亚、印度、美国、加拿大、英国；而全球对煤炭开采中环境污染问题最关注的城市主要为悉尼。

5. 温室气体

图4－5所示为全球对煤炭开采中温室气体的关注度分布情况的统计结果。图4－5a为全球对煤炭开采中温室气体问题最关注的国家调查结果，图4－5b为全球对煤炭开采中温室气体问题最关注的城市的调查结果，由此，我们发现，全球对煤炭开采中温室气体问题最关注的国家主要为澳大利亚、美国；而全球对煤炭开采中温室气体问题最关注的城市主要为悉尼。

对于人权、低碳技术以及社会参与3个影响因素，由于其各自受社会的关注度较低，均处于弱关注阶层，因此不具有统计意义。

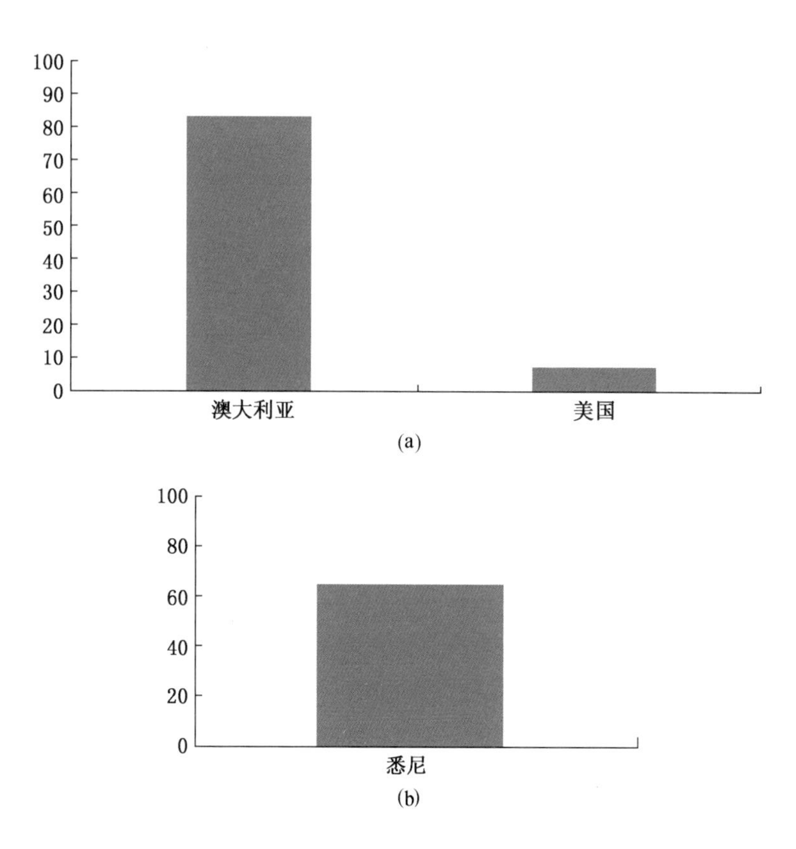

图4-5 全球对煤炭开采中“温室气体”影响因素的关注度分布图

5 研究结论及相关建议

通过对煤炭开采的社会营运许可影响因素进行研究，以及结合国外的研究成果，我们可以得出社会营运许可已经成为当今社会煤炭企业持续运营的必要条件，对于煤炭企业来讲，获得社会营运许可不仅是开展煤炭开采业务所必需的条件，也是企业节约成本、提升企业社会形象的有效保障。因此，世界煤炭行业应该重视社会营运许可的重要性，并加强在其行业企业单位中的推广。同时，在以上研究中通过对互联网数据的挖掘，我们还得到了影响煤炭开采社会营运许可因素的重要性排序、各个影响因素在全球的受关注度分布图以及几家全球知名媒体对于相关影响因素的关注度。通过研究我们发现，对于煤炭开采的社会营运许可影响因素来讲，煤炭开采对水资源造成的影响是现阶段全球最关注的问题，紧随其后的是土地资源、环境污染问题以及煤炭开采所带来的安全问题，之后是人权问题、温室气体和低碳技术以及社会参与问题。而且对于不同的影响因素在全球不同地方的受关注程度是不同的，如南非最关注的是煤炭开采对水资源的影响，而澳大利亚最关注的是煤炭开采对土地资源的影响。这一研究成果对于世界煤炭行业来说是有积极意义的，一方面世界煤炭行业可以根据影响因素的重要性排序确定未来战略研究的优先领域；另一方面基于对关注煤炭行业特定问题的全球互联网用户的国家和城市分布，世界煤炭行业可有针对性地采取公关策略，对特定的国家或城市投放资源以改善煤炭行业的形象，帮助煤炭企业获得广泛的社会营运许可，赢得全社会的理解和支持。同时，我们研究了不同媒体对于影响因素的报道量，我们发现不同媒体对于不同的影响因素有着不同的关注度，这对于世界煤炭行业选择相关媒体以及信息发布平台具有重要意义。针对以上研究成果，我们针对世界煤炭行业给予以下几方面的建议。

5.1 对于世界煤炭行业的相关建议

1. 加强对于社会营运许可的研究

社会营运许可对于煤炭企业的重要性已经不言而喻，在上文中我们也已经对此多次介绍，那么其对于整个煤炭行业以及世界煤炭协会有什么显著的影响呢？来看最近的一个案例：2013 联合国气候变化大会于 2013 年 11 月 11—22 日在波兰召开，与此同时，世界煤炭峰会也于 11 月 18—19 日在华沙召开，然而，世界煤炭协会和波兰经济部联手举办的这一场煤炭峰会却受到了绿色和平组织、乐施会以及地球之友等非政府组织的强烈批评，尤其是主办方波兰，被指责作为用煤大国却对遏制气候变化无所作为，且在召开联合国气候变化大会的同时召开煤炭峰会，显示了对治理气候问题的诚意不足（图 5 -1）。这一冲突对于世界煤炭协会以及波兰政府来讲肯定是没有预料到的，举办方本意是通过本次会议来讨论如何更好地去利用煤炭推动低碳技术，这对于消除能源贫困和降低碳排放都是有益的，然而由于前期沟通和宣传投放不足，在外界看来，煤炭会议与气候大会则是“格格不入”的。

图 5 -1 绿色和平组织在 WCA 开会的波兰经济部大楼前悬挂的标语

在这一社会事件中，我们能够看到非政府组织对于煤炭峰会的不理解直接导致了这一冲突。事实上，对于像绿色和平组织这类非政府组织，其对于煤炭行业的评价往往是片面的，通常只能看到煤炭行业带来的弊端却容易忽视煤炭为经济发展和就业带来的好处。他们一味地呼吁要节能减排，要减少煤炭使用量，反对核能和水电，却不去进一步思考：假如不用燃煤发电、核电和水电，社会如何提供充足电力满足人类的生产生活日益增长的能源需求。对于世界煤炭协会，作为世界煤炭行业的引领者，要主动去加强与这些非政府组织的沟通，去积极引导他们改变对于煤炭行业的片面认识。如在上述社会事件中，如果世界煤炭协会能够在会议召开之前或者之中，主动与相关的非政府组织沟通交流，这种冲突的影响是能够得到有效遏制甚至完全避免的。而在上述的研究中我们知道，非政府组织只是社会营运许可的一个组成部分，世界煤炭行业要想避免这一类社会冲突的再次发生，就要注重对社会营运许可各个组成部分的关注，因此，世界煤炭协会一方面要提升对社会营运许可这一新兴概念的认识，关注其对世界煤炭协会开展工作的影响，另一方面要积极加强对于社会营运许可各个方面的综合研究。社会营运许可已经不仅是单一煤炭企业面临的问题，更是整个行业面临的社会问题，世界煤炭行业必须加强对社会营运许可的研究，才能为世界煤炭行业自身及其成员企业甚至是煤炭行业的发展指明前进方向。

2. 改善煤炭行业社会形象的建议

作为世界上规模最大、最具权威地位的煤炭行业协会，世界煤炭协会有责任也有义务为改善煤炭行业的社会形象尽最大的努力。长久以来，煤炭一直在环境问题中充当着“罪人”的角色，在很多外界人士的眼中，煤炭与环保是不能共存的，只要有煤炭开采和使用就无法避免对环境的破坏，因此，在社会上大量存在着反煤炭主义者，他们试图通过倡导减少煤炭的开采和利用来降低对环境的污染。毫无疑问，没有煤炭开采，没有煤炭燃烧，就不会有污染，然而这种避免污染的极端方法是没有任何意义的，因为没有了煤炭，社会经济就无法稳定地运行，那么，煤炭开采与环境污染的冲突就无法避免了吗？事实上，对于煤炭开采和利用所带来的环境问题，这种冲突本身是被夸大和片面化的，外界由于关注度的不同，以及所获取的信息的片面性，往往容易对煤炭产生误解，而通过清洁煤技术和近零排放技术，煤炭开采与环境是完全可以实现和谐共处的。在上述煤炭峰会与绿色和平等非正式组织的冲突中，波兰煤矿的工人就对这些非政府组织的批评进行了反击，他们认为绿色和平组织等非政府组织的批评是不客观的，煤炭开采与生态环境是可以和谐共存的，并在华沙联合国气候大会会场前举行了游行（图5－2、图5－3）。

煤矿工人是煤炭开采与环境问题最直接的参与者，他们深知煤炭开采对环境带来的影响，相对于外界来讲，他们得到的信息更直接更全面，因此，我们认为图5－3中煤矿工人的立场更具有客观性。因此，世界煤炭协会要想提升煤炭行业的社会形象，一方面要对煤炭在社会发展中所起到的积极促进作用进行宣传，让社会公众尤其是绿色和平组织这样的非政府组织认识到煤炭的不可或缺性，尤其对于一些大的煤炭消费国，煤炭是他们经济发展的中流砥柱，如果没有煤炭，他们可能连最基本的生活需求都满足不了；另一方面要将煤矿工人的心声反映给社会公众，让全社会了解煤炭行业和煤矿工人，获得更高层次的心理认同。例如中国的神华集团

图5-2 波兰煤矿工人在联合国气候大会前示威声援煤炭工业

图5-3 煤矿工人游行队伍中一对波兰青年身着黑色（代表煤炭）和绿色（代表环保）服装以婚礼寓意煤炭和环保可以和谐共存

就通过投资拍摄电影《鸿雁》和《阵痛》，向全社会传达了煤矿工人做出的杰出贡献，以及煤炭在国民经济中的地位、作用和贡献。

煤矿工人作为煤炭生产以及利用过程中最直接的参与者，对煤炭的影响有着绝对的发言权，因此，他们的支持对于改善煤炭行业的社会形象是必不可少的。为了维护工人的各种权益，煤矿工人工会可以经常组织一些具有较强社会影响力的活动。能否合理利用好工会组织，将直接决定着煤炭行业在一些社会舆论或者批评中的反击力度。例如，在波兰华沙的煤炭峰会事件中，波兰煤矿工人工会组织的游行活动，对于一些非政府组织的不理性阻挠进行了有力的回应和反击。因此，世界煤炭协会要充分利用好各国的煤炭工会组织来合理表达煤矿工人的心声。

在努力改善行业社会形象的同时，也必须注意客观和公正，不能夸大煤炭带来的好处，更不能对煤炭带来的负面影响避而不谈，我们必须客观地承认煤炭在开采以及利用过程中给环境带来的损害。因此，为了更好地改善煤炭行业的社会形象，世界煤炭协会要加强与各成员单位的合作，努力探索煤炭开采与环境之间的相互影响关系，积极寻求煤炭开采与环境的和谐共存之道。

3. 制定煤炭行业未来发展策略的建议

煤炭企业要发展，首先要着重处理好影响煤炭开采最相关的问题，而作为世界煤炭协会来讲，为煤炭企业处理最显著问题提供指导方针就成了现阶段的重要使命。长久以来，社会上普遍认为煤炭的燃烧是导致温室气体的罪魁祸首，社会对于煤炭批评之声也是此起彼伏，社会各界纷纷将污染气候环境的矛头指向了煤炭，各个企业迫于压力也正在积极寻求减少温室气体排放的措施，甚至世界煤炭协会也在最新的战略规划上将开展低碳技术和减少碳排放作为主要战略目标。就如在煤炭峰会召开期间被强烈指责的波兰，外界指责它对于减少温室气体排放无所作为，要求其减少煤炭的使用量。而波兰认为，煤炭是一个国家发展最基本的需求。根据世界能源署（IEA）的预测，直到2035年，煤炭都将是世界各地电力生产的主要来源，波兰和一些国家都认为使用清洁煤技术和低碳技术来减少碳排放才是现阶段的第一要务。

为减少温室气体排放而开展的低碳技术、碳减排等措施对于改善现阶段的突出矛盾有重要的促进作用，我们必须认识到，煤炭的开采以及利用不可避免地会带来温室气体的排放。企业尽全力减少温室气体的排放既是企业当下不可忽略的社会责任，也是企业未来发展不可推脱的社会义务，所以减少温室气体排放的措施是可行的也是必不可少的。但是，通过以上调查研究我们发现，对于煤炭开采所造成的社会影响最主要的是对于水资源的影响，无论是社会媒体对于影响煤炭开采相关因素的报道量，还是社会公众对于影响煤炭开采相关因素的关注度，煤炭开采对于水资源的影响都是社会最受关注的，因此，煤炭开采对水资源造成的影响也必须被煤炭行业高度重视。气候问题可能是煤炭开采现阶段面临的比较突出的问题，但是从煤炭开采所造成的长远影响来看，水资源问题则应该是首要考虑的，对于改善长久以来人们对煤炭行业的认识，水资源问题必须作为重中之重的影响因素来考虑。

同时，由于土地资源、环境问题以及安全问题的重要性，也要引起世界煤炭协会的高度重视，并开展相应的研究，对于人权、社会参与等影响因素的研究也要结合其重要性层级逐渐开展。对于世界煤炭协会来讲，在制定煤炭行业未来发展策略的时候，不仅要考虑煤炭开采对气候变化带来的即时影响，更要考虑其他影响因素带来的长久的社会影响。因此，世界煤炭协会在制定未来发展战略的时候首先应该加强科研力度，成立专门的科研团队，对现阶段最显著的水资源问题以及需要后期陆续开展的环境问题、安全问题以及土地问题等进行进一步的研究，去发现煤炭开采与各影响因素更深层次的内在关系，努力找出其中具体存在的问题，并通过世界煤炭协会及其成员单位的力量来共同寻求解决问题的方法，通过制定一系列系统完善的标准制度以及具体措施来为煤炭企业解决上述问题提供指导方向。

5.2 对于世界煤炭协会（WCA）会员企业的相关建议

对于世界煤炭协会会员企业的建议，主要是建立在社会营运许可对于煤炭企业的重要性以及全球不同地区互联网用户对相关影响因素不同的关注度的调查基础上展开的。通过对社会营运许可定义以及作用的理解，结合煤炭行业的特殊性，我们认为，煤炭企业要获得社会营运许可，必须加强与当地社会的合作。煤炭企业要努力向社会营运许可 4 个层次中的最高层次即“心理认可”层次努力，才能最有效地获得社会营运许可，而为了达到这个层次，企业必须与当地社区形成一个共同的利益群体，企业参与社区事务，社区参与企业管理，这样才能促进企业与当地社区的关系积极健康地向前发展。

以海外项目的公关与运作过程为例，一些企业往往倾向于走上层路线，通过维持与当地政府的关系来试图规避投资的风险，一旦当地高层与企业的同盟陷入内在不稳定状态，项目运行就可能遭遇困境。英美资源、必和必拓、英国石油等国际资源巨头认为，资源类投资多属长期投资项目，项目的存续时间很可能长于冲突地区执政政府的任期，所以仅仅走上层路线是靠不住的。它们在项目投资意向确定后直至最终投资决定做出前，一般要花整整一年时间进行社区调研和冲突评估，作为投资决策的重要依据。其社区开发与风险控制理念体现在日常经营的方方面面，并不断创新一些新的措施。例如，英美资源公司实施的“社区持股”措施，将待开发的矿业投资项目至少 1% 的股权无偿转让给周边居民，该股权红利每年划入一个专门设立的“社区投资基金”账户。项目存续期间，公司派专业理财人员与村民代表一起共同管理该基金，投资于低风险的项目，使基金不断保值增值。项目开发结束后，公司完全退出基金的投资和管理，基金转而完全由社区支配和管理。这样，社区与公司就有了共同的根本利益，此举的成效正逐步显现。

其次，对于企业获得社会营运许可还要结合其所在地区的特异性，找出影响企业发展以及获得社会营运许可的主要影响因素。对于整个煤炭行业来讲，水资源问题是整个行业面临的首要问题，对于成员企业来说必然是需要重点考虑的，但是在对影响因素受关注度的全球互联网用户分布的研究中我们发现，全球不同地区对于各个影响因素的关注度是有区别的，有的地区主要关注煤炭开采对水资源的影响，而有的地区主要关注煤炭开采对土地资源的影响等，而这对于企业生存来说是至关重要的。不同地区的煤炭企业在某一地区最受关注的影响因素是企业在该地区面临的最显著的社会问题，这种因素可能对于别的企业来讲是无关轻重的，但对于该地区的煤炭企业来讲甚至可能是致命的。如果不能有效处理好该影响因素对于企业在该地区的影响，将会严重影响到企业自身的发展。因此，这就要求我们各煤炭企业在制定企业发展战略方向的时候要结合自身企业所在地区的实际情况，一方面继续展开更加详细的研究，发现自身所在地区面临的最显著的影响因素，制定相关对策；另一方面配合世界煤炭协会的工作，共同努力改善行业的形象。因此，结合以上研究成果，本报告给予相关会员企业以下建议。

1. 加强对水资源影响的重视

以上研究得出的水资源的重要性是站在全球整个行业的角度得出的结论，由于不同地区的独特性和差异性，对于某一特定地区的企业来说水资源可能不是其现阶段最关注的问题，但是，企业必须意识到，水资源对于整个行业的影响作用势必会给企业带来重大影响，如果不注重水资源问题的改善必将在未来的某个时刻给企业带来巨大的负面影响。因此，所有煤炭企业必须重视其煤炭开采及利用过程中对水资源的影响，及时处理对水资源造成的危害，这对于企业获得社会营运许可以及企业正常运营都是必不可少的。

2. 开展自身所在地区影响因素的详细研究

企业要发展，就必须获得社会营运许可，要获得社会营运许可，就必须处理好与周边各种环境（包括人文环境和生态环境）的关系，要处理好这种关系，就必须找出影响这些关系的各种因素，只有加强对相关影响因素的研究才能发现企业面临的最显著、最迫切的问题，然而，地区的差异性导致不同企业面临的环境问题千差万别，企业必须全面了解自身所在环境的特殊性，找出自身所在地区影响企业发展最显著的因素，才能有针对性地制定相关策略，从而有针对性地采取相应措施，这样才能以最有效的方式解决已经存在的问题，同时预防潜在威胁的发生，才能保证企业的正常运营。开展这样的研究必将给企业带来额外的成本，但是企业应该明确这样的投资一定会有更大的收益。

3. 配合世界煤炭协会的工作

世界煤炭协会的工作是为整个煤炭行业服务，也是为各个成员企业服务，企业只有对世界煤炭协会工作的有效配合，才能保证世界煤炭协会制定的相关策略和方针适合企业的发展，从而促进整个行业的进步。企业必须明确认识到行业的社会形象是建立在企业的社会形象的基础上的，只有在各个企业的社会形象不断提升的前提下，行业的社会形象才有可能好转。对于世界煤炭协会各成员企业来讲，一方面要积极配合世界煤炭协会的各项工作，另一方面也要及时向世界煤炭协会反馈信息，对于企业面临的新问题及时反映以寻求帮助，对于新的发现尤其是能促进行业发展的新举措或者新技术，要及时向世界煤炭协会反馈，通过世界煤炭协会向全球煤炭企业推广，从而促进行业的整体发展。

5.3 对于媒体选择的相关建议

在现代社会，媒体正在发挥着无可替代的巨大作用，无论是传统的平面媒体还是高速发展的网络媒体，都在逐渐地影响着政治、经济、社会、文化、科技等各个领域，甚至在影响着人们的各种观念意识以及好恶偏向。因此，各个行业都必须重视媒体对于行业发展的影响作用，尤其是受关注度较高的煤炭行业，其一举一动都有可能通过媒体而引发一系列的争论。如果能有效地利用好媒体，那么对于企业发展，对于行业进步都是有巨大促进作用的。

世界煤炭协会在“2013—2017 世界煤炭协会战略计划”中的第七个战略实施目标中明确指出：世界煤炭协会将运用新的沟通工具，包括大众媒体，来向全球传达世界煤炭协会的远景目标的信息。在以上研究报告中我们发现，虽然各家媒体对于水资源的报道量都处在较高的位置，但对于其他影响因素来讲，不同媒体的报道量有着一定的差异，因此，对于世界煤炭协会来讲，其制定的相关政策方针要有选择性地投放在对相关因素最关注的媒体上，才能达到最大的社会效应。因此，结合以上研究，对世界煤炭协会在媒体的关注以及选择上给予以下几点建议。

1. 要提升对媒体的关注度

网络传播的及时性，使得煤炭行业的各种信息都有可能在第一时间被公众所接收，尤其是对于一些负面新闻的报道，可能在还没经过相关部门证实的情况下，已经通过社交媒体（如 facebook，twitter，sina weibo）传播给了社会公众，随之而来的可能就是一系列的猜测与评论，这种评论报道可能是公正的，也可能是毫无根据的。这种现象对于煤炭行业来讲会带来两方面的影响：一方面，一些负面的不切实际的报道，会损坏企业甚至是行业的形象，为了遏制这种负面影响的扩张，企业必须加强对于媒体的关注度，在第一时间对于媒体的相关报道进行核实，并及时采取有效措施，维护企业利益的同时维护行业形象；另一方面，一些负面的真实的报道，可能是世界煤炭协会无法通过企业直接获得的，各煤炭协会的成员企业可能没有发现自身存在的问题，也可能是由于自身利益等原因不愿意主动去揭示企业现存的问题，而这些问题可能是整个行业普遍存在的现象，揭示这些问题对于行业的发展有着积极的意义，这种背景下，就要求世界煤炭协会也要加强对媒体的关注，对于媒体首先报道的问题要及时核实，第一时间采取应对措施，最大限度地减少对行业的负面影响，从而有效地促进行业的健康发展。

2. 注重对媒体的选择

网络媒体和平面媒体有着不同的特性，因此，在对于公关媒体的选择上要有针对性，选择一个最恰当的传播媒介能够达到事半功倍的效果。对于网络媒体来讲，其更注重时效性，信息来源最新，传播最迅速，因此，针对突发事件，世界煤炭协会可以选择网络媒体作为公关媒体，第一时间传达协会的立场以及应对措施，例如，最近社会上关注度最高的在华沙举行的世界煤炭峰会所引发的争论，世界煤炭协会就可以及时利用网络媒体来表明立场，解释举办峰会的缘由以及目的等来缓解这种冲突。

对于平面媒体来讲，平面媒体往往更加权威，更加可信。因此，世界煤炭协会可以将一些研究成果以及政策方针通过平面媒体传达给社会各界，以期待达到最佳效益。针对煤炭开采的社会营运许可影响因素来讲，通过以上对 6 家平面媒体的统计分析我们发现，对于同一因素，不同媒体的关注度是不同的，这些关注度的差异性，为世界煤炭协会的公关媒体选择在一定程度上指明了方向。例如对于水资源的关注度由高到低依次为：《泰晤士报》《纽约时报》《经济学人》《金融时报》《华尔街日报》，那么世界煤炭协会在对于水资源这一问题的相关研究成果以及政策建议等都可以首先选择《泰晤士报》和《纽约时报》来对外发布；又比如对于人权问题关注度由高到低依次为：《经济学人》《纽约时报》《金融时报》《泰晤士报》《华尔街日报》，那么世界煤炭协会就要着重关注《经济学人》以及《纽约时报》对于与煤炭开采相关的以人权为题的报道，并及时通过这两个媒体将相关的处理措施公之于众。而《时代周刊》由于受到期刊以及报道量的限制，应单独考虑。

本研究在对以上媒体的研究过程中选择的是比较有代表性的 6 家媒体，而对于世界煤炭协会以及成员单位来讲，需要对全球众多的有影响力的媒体进行综合研究分析，尤其对于不同地区的煤炭企业来讲，要加强对当地有影响力媒体的研究，才能在媒体选择上更有针对性，从而获得更大的社会效益。从研究内容与研究方法的角度出发，本书选择以上 6 家媒体作为研究对象仅仅起到借鉴作用，所选择的媒体无论是从数量上还是地区分布上还不能满足世界煤炭协会开展工作的要求，因此，下一步世界煤炭协会可以以此研究为例，加强对相关媒体的综合性研究分析。

基于 SLO 影响因素可操作性的相关建议

6.1 SLO 影响因素对于煤炭企业的实际可操作性

对于煤炭企业来讲，在了解了影响企业获得社会营运许可的影响因素之后，就需要采取相应的措施来改善企业现阶段所面对的状况。

在以上的众多影响因素中，有些因素对企业的影响是缓慢的，需要企业在未来的开采过程中逐步克服，而有些因素的影响是现时的，需要企业在近期采取措施应对，这些因素是现阶段阻碍企业获得社会营运许可的首要因素，对这些因素的有效应对能迅速缓解企业现阶段的社会营运许可现状。哪些因素是企业现阶段急需去应对的呢？一方面要看该影响因素的重要性程度，另一方面要看应对该影响因素的实际可操作性。

在以上影响因素中，对于安全问题、环境问题以及人权问题的改善，是可以通过现阶段的技术手段实现的。加强企业的安全意识，增加保障矿工生命财产安全的措施能有效缓解企业现阶段面临的安全问题；加强环境保护意识，改善矿区的环境污染也能迅速缓解企业面临的环境方面的指责；加强对职工以及周边社区人权问题的关注，注重利益相关者的合法权益，能有效减轻企业面对的人权问题的控诉。因此，这 3 个影响因素是通过企业现阶段的技术手段以及增强相关意识可以得到有效改善的。

在这 8 个影响因素中，各因素对于 SLO 的影响是相互作用的，例如处理环境问题的时候避免不了会涉及水资源和土地资源以及温室气体等问题，而在应对水资源问题和土地资源问题的时候又在某种程度上连带处理了相关环境问题的影响。具体到水资源和土地资源相关问题来说，一方面水资源和土地资源的存在形式是客观的，水资源的地下储存状况有时无法确切地预测，土地资源的占用等相关问题又是难以避免的，这些问题需要企业在长期的开采过程中逐步去探索去改善；另一方面矿业开采造成的水资源和土地资源污染等问题，可以通过对环境污染问题的应对与处理得到改善。

对于温室气体、低碳技术以及社会参与等问题，温室气体的减排和低碳技术都处在探索阶段，虽然有了一定的研究成果和实践经验，但尚未形成统一的行业标准。同时，由于不同企业面对不同的企业规模和技术条件，大规模的企业需要不断寻求新技术来减少企业应对温室气体及低碳技术的成本，小规模企业又因自身条件的限制无力开展相应措施，因此，这两个技术的推广还需要企业甚至整个行业去不断探索。而对于社会参与问题来讲，社会参与是企业与社区相互作用的结果，而不是企业硬性要求社会去参与就可以实现的，企业只有在逐渐改善自身条件，增强企业社会责任，提升企业社会形象的过程中来逐渐加强与社会的沟通，从而逐步来吸引社会的参与。

因此，综合以上考虑，安全问题、环境问题和人权问题是煤炭企业现阶段在处理社会营运许可获得问题中，最具有可操作性的。

6.2 对煤炭企业应对相关影响因素的综合建议

经过对相关影响因素重要性的分析以及对企业实际可操作性的分析，我们可以得出，从影响因素重要性的角度，需要企业加强对水资源、环境污染、安全以及土地资源等问题的关注，尤其是水资源，作为影响企业获得社会营运许可极端重要的因素，需要企业现阶段必须采取相应措施去应对，即使有实际操作方面的困难，也要优先考虑；而安全问题、环境问题和人权问题又是企业现阶段最具有可操作性的。

因此，本书建议相关煤炭企业从水资源、环境、安全以及人权 4 个影响因素的角度，来应对企业在获取社会营运许可过程中可能优先遇到的问题，从而采取相应措施来改善企业状况，以最优化的方式来实现煤炭开采的最佳工业实践。

参 考 文 献

[1] JENKINS H. Corporate social responsibility and the mining industry: Conflicts and constructs [J]. Corporate Social Responsibility and Environmental Management, 11: 2004, 23 - 34.

[2] 王公为，贺立．煤炭企业环境管理的利益相关者协调机制构建 [J]．科技与管理，2010 (9)．

[3] 许延明，吴丽梅．我国煤炭企业社会责任评价指标探析 [J]．山东工商学院学报，2008 (2)．

[4] 崔雅平．煤炭企业可持续发展战略探讨 [J]．辽宁工程技术大学学报（社会科学版），2004 (3)．

[5] JASON PRNO & D SCOTT SLOCOMBE. Exploring the origins of 'social license to operate' in the mining sector: Perspectives from governance and sustainability theories [J] . Resources Policy, Volume.

[6] GOLDSTUCK A, HUGHES T. Securinga Social Licenceto Operate? From Stone Age to New Age Mining in Tanzania. Research Report7: Governance of Africa's Resources Programme. South African Institute of International Affairs, 2010.

[7] NELSEN J, SCOBLE M. Social Licenceto Operate Mines: Issues of Situational Analysis and Process [J] . Department of Mining Engineering. University of British Columbia, 2006. http: // www. mining. ubc. ca/files/Social License/ Final% 20MPES% 20Paper. pdfS (accessed on: December9, 2011) .

[8] THOMSON I, BOUTILIER R G. The social licence to operate. In: Darling, P. (Ed.), SME Mining Engineering Handbook. Littleton, Co, 2011: 1984.

[9] LYNCH - WOOD G, WILLIAMSON D. The social licence as a form of regulation for small and medium enterprises. Journal of Lawand Society, 2007, 34: 321 - 341.

[10] International Institute for Environment and Development and World Business Council for Sustainable Development (IIEDandWBCSD). Breaking New Ground: The Report of the Mining, Minerals, and Sustainable Development Project [M] . Earthscan, London, UK. 2002.

[11] MACDONALD A, GIBSON G. The Rise of Sustainability: Changing Public Concerns and Governance Approaches Toward Exploration [M] . Society of Eco - nomic Geologists Special Publication, 2006.

[12] BRERETON D. Emerging forms of corporate and industry governance in the Australian mining industry. In: Johnstone M, Sarre M (Eds), Regulation: Enforcement and Compliance No. 57 [J]. Australian Institute of Criminology, 2004: 23 - 35.

[13] ALI S H. Treasures of the Earth: Need, Greed, and a Sustainable Future [M] . Yale University Press, 2009.

[14] BRUNCKHORST D J. Institutions to sustain ecological and social systems [J] . Ecological Man-

agement & Restoration, 2002, 3: 108 - 116.

[15] BALLARD C, BANKS G. Resourcewars: the anthropology of mining. Annual Review of Anthropology, 2003, 32: 287 - 313.

[16] KOOIMAN J. Governingas Governance [M]. SAGE, 2003.

[17] LEMOS M C, AGRAWAL A. Environmental governance [J]. Annual Review of Environment and Resources, 2006, 31: 297 - 325.

[18] MCALLISTER M L, FITZPATRICK P J. Canadian mineral resource development: asustainable enterprise? . In: Mitchell, B. (Ed.), Resource and Environmental Management in Canada: Addressing Conflict and Uncertainty, 4thedn. Oxford University Press: Toronto, Ontario, 2010: 356 - 381.

[19] HOFFMAN A. Competitive evolution and change: Environmentalism and the U. S. chemical industry [J]. Academy of Management Journal, 2000, 42: 351 - 371.

[20] GUNNINGHAM N, KAGAN R A, &THOMTON D. Social license and environmental protection: Why businesses go beyond compliance [J]. Law and Social Inquiry, 2004: 307 - 341.

[21] HOWARD - GRENVILE J. Explaining Shades of Green: Why do companies act differently on similar environment issues? [J]. Law&Social Inquiry, 2005, 30 (3): 551 - 581.

[22] SCHNITZER H. Environment and innovation: Introducing cleaner production [J]. Innovation, 1995, 8 (3): 309 - 317.

[23] HAILE S. Environmental management systems and cleaner production [J]. Journal of Environmental Planning & Management, 1998, 41 (2): 268 - 269.

[24] 杨俊军．煤炭开采对水资源的影响及对策探讨 [J]．山西水土保持科技, 2010 (2).

[25] 牛建丽, 徐水．论网络媒体相对传统媒体之优势 [EB. OL]．人民网, 2010 - 11 - 25.

[26] 黄绍辉．关于加强我国网络媒体建设的几点思考 [J]．时空教育, 2009 (169).

[27] 钱伟刚．网络媒体的发展与管制 [D]．浙江大学, 2004: 39 - 41.

[28] 吴晓军, 廖家艳．中外搜索引擎对比与研究热点分析 [J]．情报杂志, 2010 (12).

[29] CSDN www. csdn. net/article/2013 - 01 - 18/ 2813817 - internet - 2012 - in - numbers.

第 2 篇

水资源领域的最佳实践范例

水资源是世界上一切生命活动的基础。水资源的合理利用问题，受到全球的极大关注。世界上65%的水资源集中分布在10个国家里，而占世界人口40%的80个国家却严重缺水。由于水资源供给的持续性和需求不断增长，水资源具有越来越重要的战略地位。国外的一些专家指出，21世纪的水资源对人类的重要性将像20世纪石油对人类的重要性一样，成为一种决定国家富裕程度的珍贵商品。一个国家如何对待它的水资源将决定这个国家是继续发展还是衰落。由于煤炭资源在开采过程中，不可避免地对地表、地下水系及周围环境造成破坏，并带来一定的地表沉陷、水土流失、植被破坏等，对其恢复需要相当长的时间，而且耗资较大，因此水资源保护对于煤炭行业实现可持续发展也有着重要的意义。

水资源概况

7.1　水资源相关概念

水是人类及一切生物赖以生存的物质资源，也是人类工农业生产、经济发展和环境改善极为宝贵的不可替代性自然资源。广义的水资源是指水圈内水量的总体，覆盖范围包括江河、湖泊、井泉、潮汐、港湾等，以及经人类控制能够直接或间接使用的各种水和水中物质，例如用作发电、给水、灌溉、航运、养殖等用途的地表水和地下水。总之，对人类活动具有使用价值和经济价值的水均可称为水资源。狭义上的水资源是指在一定经济技术条件下，可以被人类直接利用的淡水资源。

与其他自然资源不同，水资源可以重复利用，属于可再生资源。由于气候条件变化、水资源分布不均、天然水量与可利用水量不等同等问题，往往会在实际中采用水库来调蓄水源，采用回收处理的办法利用工业和生活污水，以此扩大水资源的利用量及利用率。然而，目前在世界许多地方，水需求已经超过水资源所能负荷的程度，水资源利用不平衡、水资源破坏现象严重。水资源保护及治理亟待加强。

水资源的组成一般包括地下水和地表水。

1. 地下水

地下水泛指埋藏和运动于地表以下不同深度的土层和岩石空隙中的水，狭义上的地下水是地下 1000 m 范围内的水。地下水是水资源的重要组成部分，由于水量稳定、水质好，是农业灌溉、工矿和城市的重要水源之一。但在一定条件下，地下水的变化也会引起沼泽化、盐渍化、滑坡、地面沉降等不利的自然现象。

2. 地表水

地表水是存在于地壳表面，暴露于大气中的水，包括河流、冰川、湖泊、沼泽，是人类生活用水的重要来源之一，也是各国水资源的主要组成部分。

地表水系统的自然水多数来自于该集水区的降水，但仍有其他许多因素影响地表总水量的多寡，包括湖泊、湿地、水库的蓄水量，土壤的渗流性，集水区地表径流等，这些特性常常受到人类活动的重大影响。例如，兴建水库可以增加存水量，开垦与修建沟渠会增加径流水量，放光湿地水分会减少存水量等。同时，人类许多活动产生的用水需求具有弹性，如农场春季用水量大，冬季则不需要，水资源在春季短时间内释放。另外，如发电厂冷却用水对水资源的需求则是经常性的，需要表层的水系统储存水量不停地进行补充。

7.2 水资源现状

7.2.1 全球水资源现状

地球储水量十分丰富，表面72%被水覆盖，超过$14.5\times10^8\ km^3$，但淡水资源仅占所有水资源的2.5%，而在这极少的淡水资源中，又有近70%的淡水资源固定在南极和格陵兰的冰层中，其余多为土壤水分或深层地下水，不能被人类利用，人类真正能够利用的淡水资源是江河湖泊和地下水中的一部分，只约占地球总水量的0.26%。

同时，全球淡水资源不仅短缺而且地区分布极不平衡。巴西、俄罗斯、加拿大、中国、美国、印度尼西亚、印度、哥伦比亚和刚果等9个国家的淡水资源占了世界淡水资源的60%。约占世界人口总数40%的80个国家和地区面临淡水不足的局面，预计到2025年，世界上将会有30亿人面临缺水，40个国家和地区淡水严重不足。

1. 美国水资源现状

根据降水量的自然分布，美国水资源特点可以概括为，东多西少，人均丰富。全美多年平均降水量为760 mm。以西经95°为界，可将美国本土化分成两个不同区域：西部17个州为干旱和半干旱区，年降水量在500 mm以下，西部内陆地区只有250 mm左右，科罗拉多河下游地区不足90 mm，是全美水资源较为紧缺的地区；东部年降水量为800~1000 mm，是湿润与半湿润地区。美国水资源总量为$2.95\times10^{12}\ m^3$，人均水资源量接近12000 m^3，是水资源较为丰富的国家之一。美国淡水资源总量大，约为$2.95\times10^{12}\ m^3$，仅次于巴西、俄罗斯、加拿大，排名世界第四。

2. 澳大利亚水资源现状

澳大利亚水资源总量为$3430\times10^8\ m^3$，目前已开发利用的地表水和地下水资源量为$175\times10^8\ m^3$。澳大利亚水资源特点如下：

一是总量少，人均占有量多。按联合国可持续发展委员会对世界153个国家和地区的统计，澳大利亚以人均水资源量18743 m^3位居前50名，是水资源相对丰裕的国家。但以 $760 \times 10^4\ km^2$ 的国土面积计，其水资源总量并不多。

二是地区分布不均。澳大利亚国土面积的 2/3 地区属于干旱或半干旱地带，降水主要集中在东部山脉、台地和谷地相接的狭长地带，占国土面积的 1/3 的中部和西部沙漠地区年平均降水量不足 250 mm。总之，相对丰富的水资源与较少的人口使澳大利亚水问题并不突出，但是，随着人口的增加和经济社会的发展，局部地区对水资源的过度开发利用造成的潜在影响渐渐显现出来，新的水量分配问题、主要河流的水质问题、灌溉区域的次生盐碱化问题以及地下水的不合理开采问题越来越引起人们的关注。加强水资源管理已成为澳大利亚联邦和各州政府的紧迫任务。

3. 印度水资源现状

对于印度这样一个人口众多、以农业为主的国家，水无疑是关系国家命脉的根本大事。从水资源绝对数量来看，印度绝不是一个缺水的国家：它每年可利用的水资源总量达 11000 多亿立方米，即使是到了人口总数达峰值的 2050 年也绰绰有余。可是在现实中，这个有着 10 亿人口的南亚大国又常常遭受干旱缺水的困扰，面临着大规模水危机的威胁。这一矛盾的现象是由印度水资源分布的特点决定的。受季风性气候影响，印度全年总降水的 3/4 发生在每年 6—9 月短短 3 个月的雨季之中，大量地表水白白流走不说，还常常引发洪水；而在长达 9 个月的旱季里，印度全国又普遍处于干旱缺水的状态。根据印度中央水源委员会的数据，到了 2050 年，印度常年的总耗水量预计将倍增，从 $6340 \times 10^8\ m^3$ 增加到 $11800 \times 10^8\ m^3$。水源部则预测，40 年后，印度可供应饮用的人均水量将不到 2001 年的一半。

4. 俄罗斯水资源现状

俄罗斯河流平均年径流量，在河口处的总量约为 $4 \times 10^{12}\ m^3$，居世界第二位（在巴西之后），但径流量的分布很不均衡。在俄罗斯的欧洲部分，占俄罗斯人口的 80%，但河流径流量只有 8%。河川径流天然变幅：最枯水年的径流量，只有多年正常值的 20% ~40%，而在个别月份，河水流量降到多年平均值的 10%。为可靠地保证用水需要和居民用水，靠水库来完成河川径流调节，水库的总有效库容为 $3500 \times 10^8\ m^3$。这些库容中的一半都集中在伏尔加－卡马河梯级水电站水库中和安加拉－叶尼塞河梯级水电站水库中。居民供水的大部分水源是水库，在这些水库中有 100 多座水库库容超过 $1 \times 10^8\ m^3$，有 20000 多座水库库容小于 $1000 \times 10^4\ m^3$。靠干渠河流调水 $150 \times 10^8\ m^3$。工业用水占总需用水量的 55%。这一点与单位工业产品有很高的耗水量有关。俄罗斯的每单位国内生产总值耗水量为 $4.5 \times 10^4\ m^3$，而在德国仅为 $1.5 \times 10^4\ m^3$。

5. 印度尼西亚水资源现状

印尼为世界第五大水资源国，水资源丰富但分布不均，水利基础设施合作潜力巨大。印尼每年产水量约 $3.9 \times 10^{12}\ m^3$，仅次于巴西、俄罗斯、加拿大、美国，全球排名第五位。但是印尼水资源也存在分布不均的严重问题，如印尼爪哇岛人口占全国的57%，但该岛水供应量仅占全国的4.2%，而印尼水资源最丰富的加里曼丹岛和巴布亚岛，却因基础设施落后，导致大量水资源白白浪费。

7.2.2　中国水资源现状

中国水资源总量少于巴西、俄罗斯、加拿大、美国和印度尼西亚，居世界第六位。然而，中国是一个干旱缺水严重的国家，淡水资源总量为28000×10^8 m^3，占全球水资源的6%，但人均只有2300 m^3，仅为世界平均水平的1/4、美国的1/5，在世界上名列121位，是全球13个人均水资源最贫乏的国家之一。

但是，我国可利用的淡水资源量更少，仅为11000×10^8 m^3左右。中国水资源地区分布不均，水土资源组合不平衡，年际变化大，连丰连枯年份比较突出，河流的泥沙淤积严重等现象使得中国水资源开发利用、江河整治的任务十分艰巨。

当前全国多数城市地下水受到点状或面状污染，并且有逐年加重的趋势，这种趋势不仅会降低水体的使用功能，还会进一步加剧水资源短缺的矛盾，给我国正在实施的可持续发展战略带来严重影响，并且严重威胁到城市居民的饮水安全和人民群众的健康。

7.3　水资源破坏产生的危害

7.3.1　水资源破坏的危害

水污染既会破坏生态环境，也会加剧水资源的供需矛盾，同时威胁着人们的生活和健康，影响到工农业生产和农作物安全。针对水资源破坏与污染状况，各国政府及企业重视程度逐年增强，水资源的治理等问题受到越来越多国际社会的关注。以矿产企业为例，由于矿产开发的日益加剧，各地对水资源行业的破坏与影响令人惊愕，由于开采造成的缺水地区逐年上升，也加剧了农业、畜牧业、渔业、旅游业、制造业等其他行业的竞争。同时，人口增长造成的用水量上升、气候变化的不确定性均成为水资源合理利用的难题。

除此之外，水资源破坏引起的社会冲突不容小觑。全球各地，围绕水的问题而产生的社区影响，公民社会组织或国际非政府组织领导的号召与抗议时有发生，严重影响到企业及项目的声誉、业务、法律和财务风险。问题触发源主要是水资源稀缺、用水过量、水质破坏等。缺乏监管使各企业的社会认可度降低，以致与利益相关者产生不可避免的冲突与矛盾。水资源是否能够良好管理其实是企业价值的重要驱动因素。

7.3.2 煤炭开采对水资源破坏的危害

煤炭不恰当开采会对水资源造成很多污染及破坏性影响，主要表现在以下几个方面：

（1）煤炭开采对地下水资源的影响。煤矿开采使地下水资源遭到严重破坏，主要原因是煤矿开采对含水层结构的破坏以及煤矿开采对地下水环境的影响。采煤初期煤层较浅，规模较小，矿坑涌水主要来自煤系地层本身，因而涌水量较小且涌水量比较集中，水质较好。采煤中期，随着原煤产量的不断增加，采空区逐渐扩大，加之由于煤炭开采过程中回采放顶和爆破震动，造成了煤层顶板破碎，甚至塌陷。由于采空区上层区域性构造断裂相互沟通，造成相应煤层以上含水层相互渗透，加之地下水及坡面径流、河道中的地表水沿塌陷区及次生构造下渗补给，因此使矿坑涌水量越来越大，并且水质迅速恶化。与此相应，上层区域性含水层地下水储量不断疏干渗漏，地下水降落漏斗不断扩大，造成地下水的补排条件逐步被破坏。这一时期，矿坑涌水量主要来源于含水层中的疏干水量和地表水的补给。当采空区达到一定规模时，地下水降落漏斗具有很大的渗透能力。同时，采煤地层中造成的裂缝也在不断发展延伸，有的延伸到地表，与地表的裂缝相互串通，地表水经裂缝下渗到地下，形成矿坑水。因此，煤炭开采是影响开采区域水资源量减少的主要原因。这种环境演化的结果，最重要的就是引起煤矿地下水资源的枯竭及水体环境污染等环境水文地质问题，从而对煤矿工业城市的发展起到严重的阻碍作用。

（2）煤炭开采对地表水资源的影响。煤炭开采对地表水的影响主要反映在地表基流上。煤系地层区内的天然基流主要来源于基岩裂隙水的补给，并沿地层裂隙层理就近排泄至河道，并且是沿程增加趋势。采煤后，矿坑附近的基岩裂隙水不再排向河道，而排向矿坑，减少了河道基流来源。随着采空区的扩大，裂缝也随之加大加深，致使地下水垂直排向矿坑，加速了地表水向地下水的转化，导致地表基流大幅度减少。

（3）煤炭开采对水质的影响。煤炭开采改变了地下水的循环规律，使水质良好的地下水变成了矿坑水，经过采煤工作面的污染变成了矿坑废水。煤炭开采对水质的影响，主要是受了有机物的污染。矿坑水排入河道后，由于河道基流量小，自净能力差，致使河道水质迅速恶化。例如，当上游煤矿的矿坑水排入河道后，又通过采煤形成的裂缝渗入到下游矿井，形成了下游河道出口水质的恶化，同时会严重影响人畜饮水安全和农作物及林草植被正常生长。

（4）煤炭开采对地下水水位水量的影响。煤炭开采区聚煤盆地由于煤矿长年累月大量疏排地下水，造成水资源严重枯竭，煤矿工业城市出现了困扰人们的水荒，从而影响工矿企业及城市的发展。

7.4 世界主要煤炭开采与消费国家水资源保护相关法规及改革制度

由于水资源破坏影响范围巨大，水资源治理工作相对滞后，治理复杂且费用极高，因此，水资源保护很早就受到各国政府部门的重视，各国政府根据本国实际情况，开展了一系列关于水资源水质和环境的立法活动和改革措施，对企业行为加强管理和制约，对水资源保护起到了重要的监督促进作用。以下重点列举一些国家和地区的举措。

（1）美国。1973年起，美国开始实施清洁水法案，这项法案的实施使来自工厂、污物处理厂和土壤侵蚀的污染物大幅度减少，并防止其排入河川。克林顿总统在1998年国情咨文演说中宣布了新的清洁水行动计划，加强公共卫生保护、有限保护社区水源以及控制社区的污物排放。

另外，美国强调水资源的综合利用，对水资源的管理注重统一性和综合性，强调从流域甚至更大范围对水资源的统一管理，不仅重视水资源的开发利用对经济发展的影响，也重视对其他资源和生态环境的影响。

（2）欧盟及欧洲国家。1970年，欧盟开始制定保护水源和河川的政策，通过立法保护来自河川及其他水源的水质量，制定严格的水质标准，严格规范饮水品质、海水与河水的品质。1990年，欧盟开始对水源进行普遍管理，一是严格规范市区及郊区废水处理，二是严格规范农业硝酸钠的使用。目前欧盟对解决水源和河川污染的标准制定得更加严格，建立水污染防治制度，并将水源保护的范围扩张到地面水、地下水及河水、海水等所有水源涉及生物化学的使用层面上。

英国设立流域委员会集中管理水资源。针对供水和水污染等问题通过立法不断改进水资源取水许可权管理和水资源的开发利用与保护工作，逐步完善管理体制，由过去的多头分散管理基本上统一到以流域为单元的综合性集中管理，逐步实现水资源的良性循环。在较大河流的管理方面上均设立流域委员会、水务局或公司，向用户供水，进行污水回收与处理，对水资源的规划和水利工程的建设实行统一管理，使水资源在水量、水质、水工程、水处理上形成一体化的水资源管理服务体系与模式。为满足规定的水量水质要求，取水必须事先得到许可，污水必须经过处理达到法定的标准才能排入河流和湖泊。

德国实行依法治水的制度，采取水资源一体化的管理政策。水资源的管理主要由联邦环境部负责，该部门承担防洪、水资源利用、水污染控制等职能，联邦卫生部负责饮用水管理的法律制定，保证水质安全。另外，根据国家的统一规定，各州的法律也根据本州实际情况对水资源管理做出具体规定。

（3）加拿大。虽然加拿大拥有十分丰富的水资源，但政府仍然重视水资源的保护和永续利用，因此实行“可持续水管理”政策。水资源的管理分为水开发、水管理、可持续水管理3个阶段，水开发强调水资源开发的工程建设，水管理强调水资源的规划，可持续水管理强调水资源的可持续利用。可持续水管理阶段强调水的非消费性价值，着眼于构筑支撑社会可持续发展的水系统。联邦和省级政府成立了专门的水资源管理机构，以此加强水资源的集中与统一管理。政府部门将生态系统方法作为水资源管理方面的主导方法，该方法强调水资源系统的各组成要素及其与人、社会、经济和环境的关系，使得水资源管理决策涉及越来越多学科的综合。同时，政府部门还十分重视水资源管理决策信息的多元化，在开展水资源可持续利用公共教育的同时，引导社会各阶层成员参与水资源管理决策的讨论与建议，大力推行水管理决策信息的社会化。决策信息的多学科化和社会化，促使加拿大水资源管理决策能够越来越合理、公平并被高效地执行。

（4）中国。中国关于水资源保护的主要法律规定有：《中华人民共和国水法》《中华人民共和国水污染防治法》《国家地表水环境质量标准》《污水综合排放标准》等。其中《中华人民共和国水法》的目的是合理开发利用和保护水资源，防治水害，充分发挥水资源的综合效益，适应国民经济发展和人民生活的需要。法律中规定，在中华人民共和国领域内开发、利用、保护、管理水资源，防治水害，必须遵守本法。《中华人民共和国水污染防治法》是为了防治水污染，保护和改善环境，保障饮用水安全，促进经济社会全面协调可持续发展而制定的法律。适用于中华人民共和国领域内的江河、湖泊、运河、渠道、水库等地表水体以及地下水体的污染防治。水污染防治应当坚持预防为主、防治结合、综合治理的原则，优先保护饮用水水源，严格控制工业污染、城镇生活污染，防治农业面源污染，积极推进生态治理工程建设，预防、控制和减少水环境污染和生态破坏。

（5）澳大利亚。澳大利亚是世界上最干旱的大陆之一，如何应对水资源短缺一直是澳大利亚面临的严峻问题。为了实现水资源的可持续利用和管理，政府建立并运用流域综合水资源管理体制，并实施用水执照管理制度。澳大利亚政府在2008年针对煤炭企业发布了《矿产业水资源管理实践指导手册》，作为监督矿产行业及企业水资源管理与保护的具体规范。

（6）以色列。以色列对水污染控制不仅有严格的法律制度，而且十分重视废弃水资源的回收利用，是世界上废水利用率最高的国家，净化后的污水可以用于农业灌溉，对使用净化废水和污水灌溉的农户，降低一定的水费收费标准，此举措不但缓解了水资源短缺的矛盾，使更多的优质淡水可以被家庭用水和其他用水所利用，同时减少了水资源污染，保护了生态环境。另外，以色列政府于20世纪50年代开始实施水资源开发许可证制度，水资源开发许可证依据《水法》和《水井控制法》等法规制定，是保护水源的主要措施。许可证制度要求，任何水资源开发行为必须得到水委会的许可后进行，水的开采量、开采方式和生产条件等均由水委会根据水资源和周围环境的状况、开发计划等因素来确定。开发者必须按照水委会制定的各项要求来开发生产，否则水委会有权收回开发许可证。

（7）日本。在水环境管理方面，日本政府更加重视。早在1967年，日本就通过了《公害对策基本法》，确立了国家环境管理的基本原则。1970年制定了《水污染防治法》，1972年，中央政府设置了环境厅，2000年升格为环境省，下设水质保护局，对水资源和水环境进行统一领导和协调管理。日本水法体系中最基本的法律是《河川法》，其立法目的在于以流域为单元对河流进行综合管理，在防止河流受到洪水、高潮灾害影响的同时，维持流水的正常功能，并在国土整治和开发方面发挥应有作用，以利维持公共安全、增进公共福利。法律中规定，生活和工业污水或废水日排放量在50 m^3 以上的排污者必须向河川管理者申报，申报书应指明排污者姓名、住址，排污的河川种类及名称，排污占地，排污期间排污量，污水水质，污水处理方法等要素信息。为保护枯水季节河川的清洁，河川管理者可以要求排污者减少排污量或暂停污染。在河川区域内地面清洗含泥土、污物、染料等的物件和在该区域内土地上堆积土石、竹木及其他物件必须取得河川管理者的许可。

（8）俄罗斯。俄罗斯建立水资源使用者及排污者付费制度，其可持续水管理有以下几个要点：一是限制或规定用水额度以及污水的最大允许排放量。不论所排污水的危害程度如何，均要将其减至最低程度；二是当今水利工程设施规模宏大，建设投资巨大，水资源使用者及排污者应当偿付这些费用；三是恢复水源地，保持水源的储量和质量。既要保证生产生活用水，也要改善自然水源的生态环境。俄罗斯联邦政府要求各流域水源需要制定15~20年的长期水资源管理目标规划，并分若干阶段实施。规划要求提出有关径流、流量、水位等特定要求，对用水者提出用水量要求，通过降低直至停止排污来恢复自然水源的水质，建立流域水管理体系的经济数学系统管理模型，确定流域水管理体系的发展参数。在此基础之上制订年度或阶段性计划。

煤炭开采过程重视水资源的意义

8.1 重视水资源保护对煤炭行业发展的意义

水资源是世界上一切生命活动的基础。水资源的合理利用问题，受到全球的极大关注。但由于世界水资源的分配在时间和空间上很不平衡，所以很多国家和地区都存在缺水状况。世界上65%的水资源集中分布在10个国家里，而占世界人口40%的80个国家却严重缺水。由于水资源供给的持续性和需求不断增长，水资源具有了越来越重要的战略地位。国外的一些专家指出，21世纪的水资源对人类的重要性将像20世纪石油对人类的重要性一样，成为一种决定国家富裕程度的珍贵商品。一个国家如何对待它的水资源将决定这个国家是继续发展还是衰落。将水资源治理作为紧迫任务的国家将占有竞争优势。

如何解决水资源供应问题，防止水资源污染，保持水资源供给和需求之间的相对平衡，世界各缺水国家和地区长期以来都做了大量的探索，并已取得了很多成功的经验，主要通过以下3个方面：一是采取积极的措施，通过区域调水解决地区之间水资源分布不均问题；二是通过科学管理维护水资源的供需平衡；三是开发和采用各种节水技术。同时，水资源问题还与环境、经济、社会、文化等各个方面产生直接或间接的连锁效应，其资产价值不可估量。

煤炭是世界上最主要的能源之一，在一段相当长的时期内，煤炭的稳固地位还将持续，因此，在煤炭开采过程中，注重水资源的保护十分重要。水资源保护在煤炭行业的可持续健康发展中也起到举足轻重的作用。

由于煤炭资源在开采过程中，不可避免地对地表、地下水系及周围环境造成破坏，并带来一定的地表沉陷、水土流失、植被破坏等，对其恢复需要相当长的时间，而且耗资较大。水资源作为生态环境中最重要的组成部分之一，对生态环境平衡的保持影响巨大。

水资源管理是全球采矿关注的重点问题，需要不停地改善与沟通。许多情况下，采矿作业往往用到水，使得用水企业需要对供水自行管理。水资源保护问题近年来在煤炭行业的讨论越来越多，水资源使用企业的社会信任问题已经成为社会营运许可的保障之一。由于煤炭开采可能会造成水资源数量和质量的变化，因此需要政府制定政策来规范和管理，制订区域水资源综合规划，将监管条件变得更加严格，减少对生态环境和周围景观的影响与破坏，这对企业来说，也是一种巨大的挑战，对企业行为进行约束，也是为了提高公众和政府对煤炭企业水资源管理的信任与许可，从而促进矿业企业的进步。

另外，在生产方面，水资源节约、提高矿物质回收效率有利于区域性缺水问题的控制，增强对水资源管理与经济效率之间的认识。气候变化也需要企业引起关注，煤炭资源的长期利用排放出大量的二氧化碳等物质，加剧了全球变暖的趋势，从而可能改变某些地区的降雨量和蒸发量，进而对水资源总量产生影响，水是能源生产、运输与利用等各个环节必不可少的要素，与生物多样性也密不可分。当然，煤炭企业的每一种操作，都是在特定地区的情境条件下展开的，需要依据当地具体情况设置水资源管理优先级。

因此，煤炭企业应该在政府引导下，开展清洁生产，对开采利用过程实行污染预防和全过程控制，将以前环境换取增长的发展方式，转变为环境优化增长的发展方式，这样可以减少企业后期治理费用，降低企业成本，同时给企业带来不可估量的经济、社会和环境效益。对于企业来说，实现经济、社会和环境效益的统一，提高企业市场竞争力，是企业的根本要求和最终归宿。

8.2　重视水资源保护对煤炭企业获取 SLO 的意义

对于大多数企业来说，水资源是可持续发展的关键要素。特别是对于那些环境脆弱的地区，水资源的风险对于企业获得社会营运许可显得更加重要。水资源对企业获取社会营运许可的影响在地理区域和业务种类上有所不同。越来越多的人认识到有限的水资源对日常生产和生活的影响，企业水资源管理将面临越来越大的压力。企业应充分认识到水资源的战略性质，以及社会营运许可的重要性。水资源风险管理是企业发展过程中必须考虑的因素。

例如，有关机构评估了美国 105 家公司对水资源保护的重视程度，这些公司大多是对水特别敏感的用水大户，主要有食品饮料、鞋类及服装、矿产品生产商和公用事业。通过对可持续发展等指标整理和数据分析，约有 28% 的公司重视水资源的保护和利用，能够及时评估水资源风险，为改善水资源管理实施方案和设定目标。80% 以上的公司披露了一定程度的用水风险。然而，只有 15% 的矿业公司对水资源风险进行评估和披露，大多数电力公司疏于对水资源的管理。因此，加强矿业及煤炭公司的水资源保护与管理更加重要。

对于煤炭行业，水资源使用、水资源质量、地下水和水资源影响均是采矿作业的底线问题。近年来，全球范围内水资源问题的持续严重已经引起许多国家的关注。煤炭行业作为资源型企业，其生产作业均在自然环境中进行，对周围环境的影响不可避免，尤其是对与人类生活和健康息息相关的水资源冲击更是影响突出，不仅如此，水资源还直接影响到环境绩效的持续改进、生物多样性和综合性的保护、社会经济和体制的发展、社区认可与沟通的及时透明等多方面。

当前，矿业公司越来越关注水资源风险。水资源相比其他任何自然资源，对社会和环境的影响更加直接和广泛，因此在企业运营过程中，需要根据具体情况，对水资源从多角度进行评估，以判定在现有条件下，是否适合开展新的采矿项目或者对在建项目进行扩大。水资源除了经济价值，其社会和文化价值也往往难以估计，因为水资源往往牵涉多种利益相关者群体，直接或间接对企业的社会营运许可构成威胁。因此，保持和维护社会营运许可应该做到：公司内部一致性、公司和利益相关者的及时战略沟通、与其他决策者共同进行资源管理。

案例分析

9.1　国际矿业公司案例分析

9.1.1　重视水资源保护获得SLO的正面案例分析

【案例介绍】

危地马拉马林矿是温哥华黄金矿业公司的一个分公司，多年来，马林矿一直饱受当地政府和社区的争议，在一定程度上是基于水和环境退化的指控。这一行为也被社区环境监测协会所指责。公司领导的清醒认识、社会居民的舆论压力，促使公司建立一系列合理化整改措施。该矿建立了以社区为基础的环境监测程序，监测成员多以社区的居民为主，社区成员从2005年的7个社区增加到2006年的10个社区，在马林矿周围地区进行独立监测。该矿还向社区成员提供培训，并且在现场取样，其中包括相应的指令、校准领域的设备、样品瓶和标签的要求，并雇佣圣卡洛斯大学的两个专业顾问提供技术支持。

该矿建立了地表水、地下水、污水排放和监测站，水质参数测量领域包括温度、pH值、特定的电导率、溶解的氧气。制定了特定的电导率和pH值，衡量商业实验室碱度、氨、氯、氟、氮、硫酸盐、磷、氰化物、总溶解和悬浮物、石油化工、油脂、溶解金属和金属的标准。将监控程序的结果印发给社区，并有很多人在社区会议中参加讨论。另外，还有一些基金会进行资助，主要是圣卡洛斯大学的财务支持和加拿大大使馆的支持。

【案例分析】

该矿的监测计划已经赢得了社区居民的一系列信任和环境绩效。过去，矛盾来源不同，包括危地马拉政府、宗教机构和非政府组织，利益相关者对环境影响的抗议使社区成员担心他们的生活是否存在风险。自从建立独立的水质监测项目，企业获得了社区信任，缓解了社区居民的担忧。此外，培训活动收效显著，抽样结果可信度高。

拉美矿业组织授予该矿一等奖，成为矿业和社区在拉丁美洲合作的典范。马林矿在生产过程中，造成水环境的污染破坏，饱受政府、社区居民指责。在企业社会营运许可岌岌可危之时，企业建立了以水质检测程序为核心的一系列整改措施，包括建立不同的地表水、地下水、污水排放和监测站，而且检测指标十分详细。为了将矿井处理过程变得清晰透明，公司采用从社区居民中选拔代表作为检测员的方法，并定期将检测结果印发给其他居民予以监督和讨论，体现了企业勇于承担社会责任的决心。图 9－1 所示为危地马拉马林矿水资源保护工作示例。

图 9－1 危地马拉马林矿水资源保护工作示例

9.1.2 忽视水资源保护失去 SLO 的反面案例分析

【案例介绍】

加拿大不列颠哥伦比亚省 A 铜矿开采历史悠久，位于加拿大不列颠哥伦比亚省海岸，距离温哥华北部约 51.5 km。该矿场于 1904 年开始铜矿生产，1929 年成为大英帝国最大的铜矿生产商（英属）。该矿场在 1974 年被关闭之前，共开采矿石 53630983 t，其中铜矿 516743 t，锌矿 125291 t，铅矿 15563 t，镉矿 445 t，银矿 180 t 和黄金 15.3 t。1988 年，A 铜矿成为国家遗产，并于次年被指定为公元前历史地标。

A 铜矿的矿石主要是以金属硫化物的形式存在。然而，矿井隧道的大量开挖严重增大了对土地资源的占用，排出废弃物表面积大大增加。1930 年，经过检测，排出的矿井水呈强酸性，并含有金属有毒物，但企业缺乏矿井水对环境的影响这一方面的认识，问题并没有得到及时有效的解决，整个矿山寿命开采期间的污染问题一直没有受到足够重视，也没有加以解决。

当矿井关闭之时，矿山业主依据环保标准采取措施疏导矿井水，使其尽量远离当时已经敏感脆弱的环境。通过修建大坝防止未经处理的矿井水进入不列颠尼亚河。然而，此时的控制措施已经相对乏力，该地区不列颠尼亚河受到的严重污染使得多种水生生物面临生存威胁。

【案例分析】

大不列颠矿作为一座历史悠久的矿井，早在 20 世纪初已经开始进行矿井生产，开采一直延续到20世纪90年代。但是矿井开采公司单单局限于矿井所产生的经济效益，开采产生大量金属污染物堆积地表，不仅造成土地资源污染，更严重的是造成附近水源呈现强酸性，直接威胁到社区居民的用水安全。整个矿产开采期间，企业都没能够对这一现象引起重视，没有采取积极的治理措施，最终导致水资源污染成分流入大不列颠河，水资源环境相当脆弱，以环保标准为基础的疏导措施相当乏力，矿井不得不关闭。图9－2所示为A铜矿水资源污染对SLO的影响。

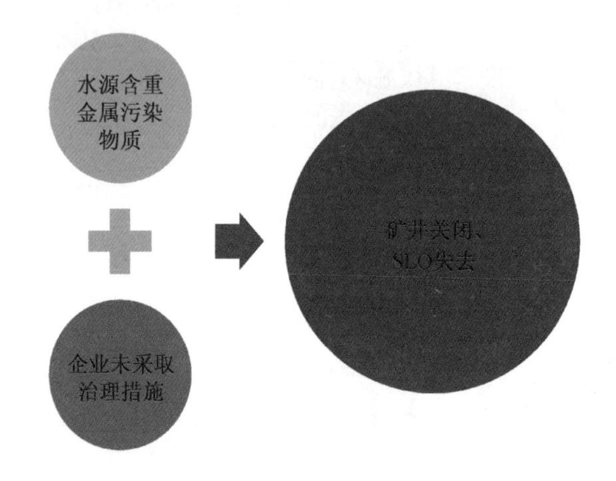

图9－2　A铜矿水资源污染对SLO的影响

9.2　国际煤炭公司案例分析

9.2.1　重视水资源保护获得SLO的正面案例分析

【案例介绍】

斯特拉塔煤炭公司乌兰煤矿位于澳大利亚新南威尔士州西部，在煤炭开采过程当中，产生大量的矿井水无从处置。在一定程度上对当地社区产生影响。公司针对过量的矿井水问题，提出水资源创新战略计划，即对矿井水进行处理后用于灌溉。该计划是公司与当地社区和政府机构共同商议组建的为期两年的一个磋商程序，采用水处理技术将矿井水进行处理，并定时评估处理结果，防止对环境的二次污染，对于研发与利用过程，政府给予相应支持。

经过处理的矿井水被用于灌溉多年生牧草的草场，并通过优化植物生长最大限度地提高水资源的利用率。该计划的矿井水处理与灌溉过程中存在一些独特的环境挑战，但公司领导的决心，以及政府的大力提倡与支持，使得该计划紧张有序地开展，并取得良好的效果。

【案例分析】

煤炭开发对煤炭开采地的水环境造成了一定程度的影响。为保证煤炭工业持续、稳定、协调发展，一方面，斯特拉塔煤炭公司乌兰煤矿合理高效地利用水资源，加强节水、防污，实现了矿井水和其他污水的资源化。同时，该公司通过对污水的处理，不仅实现了污水的资源利用，还与当地政府和社区形成了良好的关系，体现了企业的社会责任感。图 9 –3 所示为斯特拉塔煤炭公司乌兰煤矿水资源创新战略计划工作图示。

图 9 –3 乌兰煤矿水资源创新计划

9.2.2 忽视水资源保护失去 SLO 的反面案例分析

【案例介绍】

美国 B 公司是著名的煤炭开采公司，同时发展多种副产品，对当地的水资源也产生或多或少的影响。该公司在煤炭开采、农业部门和迅速扩大的煤层气（CSG）行业间有关水资源方面产生的问题和冲突也不断发生。主要冲突是在水资源和土地使用权之间发生，这种冲突已经加剧了当地社区、农民与 B 公司之间的紧张关系。再加上有关多个项目的累积影响的不确定性，企业因此面临社会营运许可风险。B 公司的发展通常会产生大量的副产品，例如典型的盐碱，对水资源可持续管理提出了严峻挑战。未来，B 公司对水资源的影响将主要集中在康达敏和菲茨罗伊流域。煤炭开采所用水资源的消耗可能出现在布尔德和菲茨罗伊流域。随着放牧业的开发，土地利用问题主要集中在菲茨罗伊和西部地区康达敏，与存在显著潜在需求的 B 公司用水将产生矛盾，特别是康达敏需要大量的灌溉水。

【案例分析】

自然条件下，煤炭资源与水资源共生在地下的岩层中，因此煤炭资源的开采必然会对水资源造成一定的破坏，这是难以避免的。但是，由于 B 公司的环境保护意识不足等一些其他原因，加剧了煤炭开采对水资源的破坏，导致矿区及其周边地区的地下水水位明显下降。除此之外，矿区排出的洗煤水、生活污水也不同程度地对当地水资源造成了污染，而煤矸石和尾矿的不合理放置也会对水资源造成污染。

地下水的下降已经严重影响到矿区及其周边地区居民的日常生活用水，而地下水水质的下降对他们而言更是雪上加霜。随着煤炭开采深度的逐步延深，煤炭资源的开发条件将进一步恶化。因此，虽然在短期内会给公司节省成本，但是长期来看，公司的发展阻力无疑会更大。图9－4所示为B公司水资源破坏对企业的威胁。

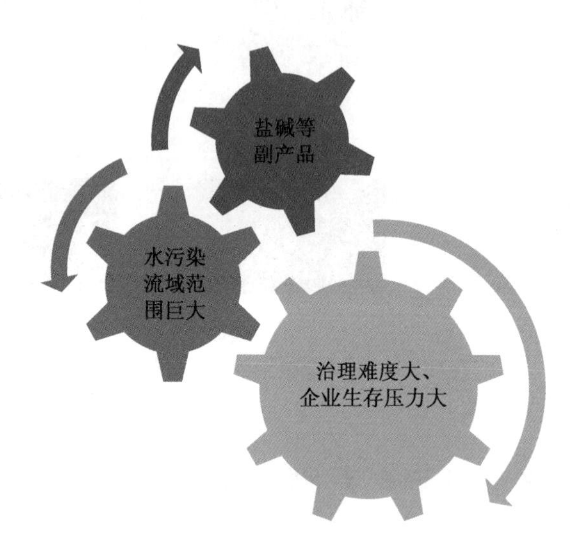

图9－4　B公司水资源破坏对企业的威胁

重视水资源保护获取 SLO 的路径

10.1 重视水资源保护对煤炭行业的借鉴意义

社会营运许可具有积极的社会影响，企业社会责任标准需要与社会营运许可的要求相一致，任何企业都无法在社区反对其存在的地方正常运行。尤其是在影响范围较广的自然资源领域，操作区域受到地质环境影响，该许可更加必要。

企业作业开始之前，获得社区的实际许可是必需的，企业必须将社会中更广泛的关系当作项目开发的合作伙伴，而不是一个个需要克服的障碍。这也意味着，公司必须与社区进行更全面沟通，为社区提供关键信息，并使社区有足够的时间在做出是否接受公司存在的决定前评估社区的需要和利益。从公司的角度来看，接受社会许可的明确标准能帮助企业避免地方产生反对操作。否则往往会导致成本超支的公司被迫投入更多的时间和金钱回应群众抗议。在某些情况下，公司业务可能会被关闭，对企业收入和盈利能力产生直接影响。

正如上面举例提到，很多企业对水资源问题感到恐惧，担心失去企业当地营运许可，影响企业收益与规模。企业生存的前提是为社会提供一个基础的健康生活环境，需要社会广泛参与讨论意见，以此做出的决策才会产生实质性的积极意义。作为煤炭企业，开采过程中需要考虑的水资源保护问题更加严峻，因此需要与社区及利益相关者进行实时对话，从而使公司得到准确的发展形势。

企业风险与企业收益是双向的。然而超越社会许可，无法取得社区同意和尊重的决策原则，必将成为企业发展的阻碍。正确面对资源保护问题才是为公司和社区创造共同利益的有效途径。

10.2 水资源保护技术及治理措施

10.2.1 水资源保护技术

1. 清洁生产

清洁生产是西方发达国家在20世纪70年代提出的。它是指采取改进设计、使用清洁能源和原料、采用先进工艺技术与设备、改善管理、综合利用等措施，从源头削减污染，提高资源利用效率，减少或者避免生产、服务和产品使用过程中污染物的产生和排放，以减轻或者消除对人类健康和环境的危害。清洁生产的实质是预防污染、最大限度地减少污染。

2. 保水采煤技术

保水采煤技术就是在开采的过程中对地下水资源进行保护并对矿井排水进行资源化利用。转变传统矿井水害防治理念，将治水变保水，排水变采水，强调对矿区水资源的保护和利用。对于地面水体、松散层底部和基岩中的强、中含水层水体、要求保护的水源等水体,不容许导水断裂带波及;对于松散层底部的弱含水层水体,允许导水断裂带波及;对于厚松散层底部为极弱含水层或可以疏干的含水层,允许导水断裂带进入,同时允许垮落带波及。这种技术在生态脆弱区的实施更加重要。

3. 建立煤矿分布式地下水库技术体系

煤炭开发水资源保护利用是煤炭绿色开采的核心技术，是煤炭开采的重点研究内容。该技术是煤炭保水开采研究理念和思路的拓展，在《能源“金三角”煤炭开发水资源保护与利用》中首次提出并进行相应示范，对丰富和完善煤炭开采过程中的水资源保护利用理论、技术和方法具有重要意义。目前神东煤炭集团通过完善和推广煤矿分布式地下水库技术，已在15个矿井建成32座地下水库，储水3100多万立方米，提供了95%的矿区生产和生活用水，大幅减少了外购水和排水的费用，实现了矿区水资源良性立体循环。此外，神东煤炭集团还利用地下水库蓄积的水资源，向周边的电厂、工业区、生活区和生态修复区等地供水，用水大户摇身一变，成了当地重要的供水基地。

4. 排供与矿井水防治相结合

矿区企业水资源利用不能简单停留在矿井水利用上，尤其是水资源量大的矿区，不能仅仅依靠强排，而应以疏水降压到矿井能完全安全开采为止。因此，采用高扬程、大流量的潜水泵，选择对矿井疏水降压有利的位置，建立供水水源地或截流帷幕，降低矿井水位，减少排水量，避免地下水受到污染。同时应该大力发展预测预报矿井突水技术,避免矿井水害事故,使煤矿地下水能够长期稳定、可靠地利用。

5. 水资源利用与矿山生命周期相迎合

水资源是矿山生命周期的每个阶段不可或缺的物质。在勘探过程中，水被用于钻井和物流，包括降尘和营地使用。快节奏的施工阶段，废物的泄漏、沉淀等化学物质必须进行严格检测，该阶段主要工作是选矿、降尘和用水损失。可管理的风险包括废水排放、渗漏和矿坑排水对地下水系统的影响。在矿山关闭之后，依然会存在长期污染的风险，要求严格进行水质监测，同时尽量避免对土地资源的侵蚀。

10.2.2 水资源治理措施

地球上的水资源并不是取之不尽、用之不竭的，水资源受到破坏性影响时，需要建立相应的水资源治理措施加以防范。

1. 树立水资源保护意识，开展水资源警示教育

大多数人们在水资源使用过程中挥霍浪费，再加上工业生产和制造造成水资源污染严重，水资源紧缺状况更加严重。因此，无论是企业生产还是居民生活，都要建立起水资源危机意识，把节约水资源作为自觉的行为准则，采取多种形式进行水资源警示教育。

2. 合理开发利用水资源，避免水资源破坏

水资源的开发包括地表水资源开发和地下水资源开发。在开采地下水的时候，由于各含水层的水质差异较大，应当分层开采；对已受污染的潜水和承压水不得混合开采；对揭露和穿透水层的勘探工程，必须按照有关规定严格做好分层止水和封孔工作，有效防止水资源污染，保证水体自身持续发展。

3. 进行水资源污染防治，实现水资源综合利用

水体污染包括地表水污染和地下水污染两部分，生产过程中产生的工业废水、工业垃圾、工业废气、生活污水和生活垃圾都能通过不同渗透方式造成水资源的污染，长期以来，由于工业生产污水直接外排而引起的环境事件屡见不鲜,它给人类生产、生活带来极坏影响,因此,应当对生产、生活污水进行有效防治。坚决执行水污染防治的监督管理制度,促进企业污水治理工作开展,最终实现水资源综合利用。

4. 维护地下水环境平衡

随着煤矿排水的延续，地下水环境发生演化。这种演化对地下水资源及生态环境造成了极为不利的影响。因此对聚煤盆地中地下水环境的演化进行综合研究，并深入分析演变带来的地下水资源破坏的模式，进而解决煤矿开采条件下地下水环境演化与地下水环境平衡的重要问题。

5. 矿井水的综合利用

最大限度地利用矿井水，是保护地下水资源的有效方法之一。在进行矿井水综合利用研究时，首先要确定矿井水在水体系中的地位，了解矿井水中元素含量的极限，有目的地选择与矿井水利用有关的污染成分，评价矿井水中这些成分的含量；

进而研究其形成原因及在时间、空间和剖面上的变化规律。在此基础上，对污染成分含量与水体排放标准和工业标准进行对比。

10.3　重视水资源保护获取 SLO 的技术路线图

企业通过改善水资源问题获取 SLO 路线图如图 10－1 所示。

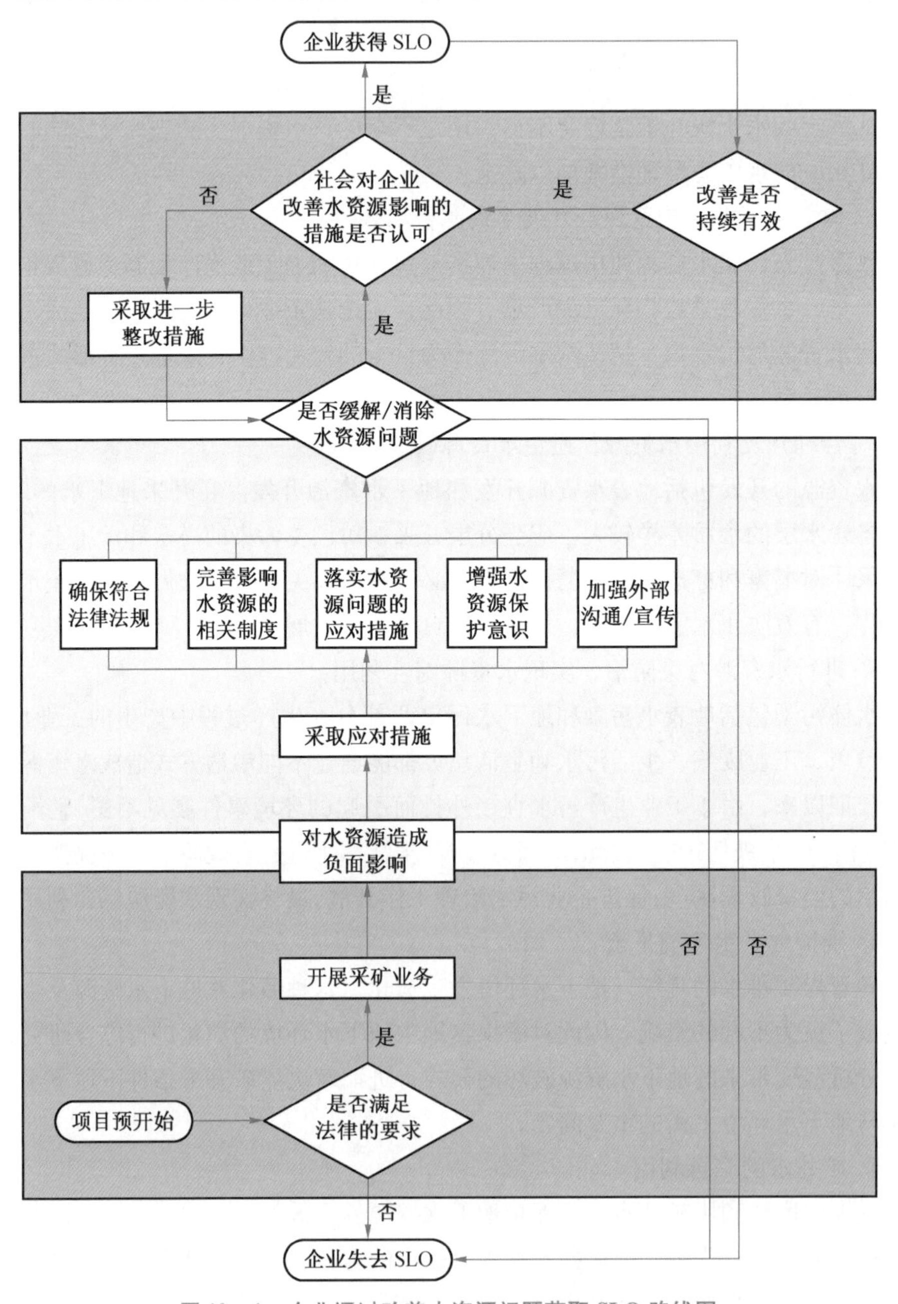

图 10－1　企业通过改善水资源问题获取 SLO 路线图

参考文献

[1] http://baike. baidu. com/link? url = kGVQuD0jEdnFSW5uABH8xubckyDkeicgr8dsriikSdz4sBC-ZnA4EXdxAns5388Vf.

[2] http://baike. baidu. com/link? url = i4YmAf87z6DPOkHbA7YHG0gmxVklxegd0WFS25r6wy40zI_YjPyoESXKM_ IXYoVR.

[3] http://baike. baidu. com/link? url = B1R5kVPKboAIz9s2FZd - wvMOr6Wm9k1W5oUYXRT-xubt59dX9Qc8aC6AaouUy4dJA.

[4] http://baike. baidu. com/link? url = zF0ZeVkJia5aQheY - JiOamWhR3iwlqMYFt_SGw - J6QchMZWk6T5wzXTJIjeJRlmfsJ1bXGKnGFYotoC6e7eMTq.

[5] 梁洪有，陈俊杰. 煤矿开采对土地资源的破坏及对策研究 [J]. 煤炭技术，2006 (6): 1-3.

[6] 李岚. 煤炭保水开采技术探究 [J]. 露天采矿技术，2009 (5): 14-17.

[7] 郭玮. 国外水资源开发利用战略综述 [J]. 农业经济问题，2001 (1): 58-62.

[8] 缪子梅. 城市水资源开发利用对策研究 [D]. 河海大学，2005.

[9] 左英勇. 英国的水资源管理 [J]. 河南水利与南水北调，2011 (9): 30-31.

[10] 张明生. 德国水资源管理的启示 [J]. 科技通报，2008 (3): 192-197.

[11] http://wenku. baidu. com/link? url = yUuz0_ 6XeOBH1V00KUFipo4xuXGO6aH336bnKOzKcF-Fo8_ F_ hRDZA5t_ LvNpgrr6H5HLfrk7G7f_ SRX0zdqRrxUFj4wa8kqB3WUEUobqIvi.

[12] http://baike. baidu. com/link? url = qLx8THbwbASP2882rnEdVlDmn5pYHj4nJoz24xQR8gsNu-5fNwEEw41eh5WiZHi8JZd3qyLiI2H_ 7A6SKsHtfWq.

[13] 周刚炎. 以色列的水资源管理实践及其对中国的启示 [J]. 中国水利，2008 (7).

[14] 日本水资源管理的法律. http://www. mwr. gov. cn/zwzc/zcfg/gwsfgf/200912/t20091209_153035. html.

[15] 水资源管理. http://www. baike. com/wiki/% E6% B0% B4% E8% B5% 84% E6% BA% 90% E7% AE% A1% E7% 90% 86.

第 3 篇

环境领域的最佳实践范例

环境是生物生存不可缺少的载体，环境破坏必然引发一系列的问题，为生物的生存带来困境甚至灭绝危险，同时对国民经济也将产生严重影响。保护和改善生态环境，实现人类社会的持续发展是全人类紧迫而艰巨的任务。保护环境是实现可持续发展的前提，也只有实现了可持续发展，生态环境才能真正得到有效的保护，经济才能够得到真正的进步，人类文明才能得以延续。煤炭开采会造成土地塌陷、地下水污染、水土流失、固体废弃物污染等。同时，煤炭开采过程中会释放出大量的二氧化碳、甲烷、硫化物等污染气体，不仅对开采过程的安全构成威胁，而且释放到大气中还会形成温室效应。在煤炭利用过程中，还会排放二氧化硫、氮氧化物、粉尘、二氧化碳等污染物，开采之后，又会造成大量煤炭伴生资源的浪费。作为煤炭企业，应该尽最大努力去改善煤矿安全基础条件，使矿区生态环境恶化的趋势得到控制，提高并保持企业公信度，促进煤炭行业的可持续发展。

环境因素概况

11.1 环境因素分析

一般而言，环境因素包括以下组成部分。

1. 水资源

水资源是人类及一切生物生存不可缺少的物质，也是工农业生产、经济发展和环境改善不可替代的极其宝贵的自然资源。水是人类长期生存的生产和生活活动的前提，包括水的数量和质量，也包括利用价值和经济价值。人类直接或是间接都会对水进行利用。随着科学技术的发展，人类使用水资源的方式也逐步增加，如海水淡化、人工催化降水、南极大陆冰利用等。由于气候条件变化，各种水资源时空分布不均匀，天然水资源量与可利用水量不相等，往往通过使用修筑水库和地下水库来调节水量储存，回收或处置使用工业和生活污水的方式来扩大水资源利用方式。与其他天然资源不同，水属于可再生资源，可以反复多次使用；水资源能够表现出具有一定的周期和规律的年度变化；存储形式和运动过程受到自然地理因素和人类活动的影响。

煤炭开采可以引发水资源危机，尤其是煤炭的无序开发将导致过度开采，进而破坏地表及地下水资源，造成水质型缺水，污染和过度占用重要河流水资源，并对草原、森林等生态系统造成深远的破坏性影响，从而使得农业、居民生活面临水质困境。露天堆放的矸石、粉煤灰等工业废渣在雨水冲淋下可形成酸性水及其他有害物质，渗入地下，造成地下水污染。煤炭—煤电—煤化工基地上下游产业链包括煤炭开采产业、火力发电产业和煤化工产业等，从煤炭开采、洗选、火力发电到煤化工的整个过程都存在高度耗水行为。

水资源是人类日常生活及工业、农业维持正常运转的关键。随着人类生活对水资源需求量的不断增长，水资源具有越来越重要的战略地位。目前，水资源的缺乏问题已经成为制约社会经济发展的瓶颈之一。21 世纪水资源将成为一种决定国家富裕程度的珍贵商品。一个国家对待水资源的态度将决定这个国家是继续发展还是出现衰落。因此，将水资源保护与治理作为国家战略任务的国家将更具竞争优势。如果水资源消耗殆尽，人类的生存健康、经济发展以及生态系统将受到严重威胁。

2. 土地资源

土地资源是指已经被人类所利用或者在可预见的未来能够被人类所利用的土地，被誉为财富之母。可利用的土地资源是指可供农业、林业、畜牧业或作其他用途的土地，包括土地数量和质量。土地资源在使用过程中，可能需要采取不同类别和不同程度的改造措施。土地资源具有一定的时间性和空间性，也就是在不同的地区和不同的历史时期，在不同的技术和经济条件下，所包含的价值和效用可能不一致。例如，难以治理的大面积沼泽地区，不进行农业生产，不能被认为是农业土地资源，但是已经拥有技术条件治理和发展的今天，也可以被视为农业土地资源。因此，土地资源是一种天然的复杂的资源，也是人类生产劳动的产物。

露天煤矿开采占用大量的耕地、林地、草地，会造成植被受损、水土流失、土地荒漠化加重。矿山肆意扩张还将导致河流水位下降、流量减少，甚至断流。采煤、燃煤发电、煤化工等大规模工业开发已成为草原沙漠化的重要原因之一，煤电基地在草原上的大规模扩张，发展建设水利工程，水库截流切断了下游草原、森林、湿地等生态系统的生命线，导致草原退化、湿地干涸甚至成为沙尘暴发源地，农牧业受到严重影响。

土地资源是国民经济发展的基础，无论是企业、社会的发展，还是人类的生活，都需要对土地资源保持尊重。从经济学角度来讲，社会经济的合理发展需要对资源进行有效的优化配置。土地资源由于气候条件、肥沃程度、地下矿藏等因素的不同可能导致其价值千差万别，在土地日趋紧张的城市中，对土地资源的利用更是到了寸土必争的程度。妥善规划有限的土地资源，实现土地集约化利用，提高土地利用率，使多种多样的土地资源得到充分合理利用，才能更好地满足社会对土地的需要，提高土地资源的经济和社会价值。同时，保护土地资源对保持土地生态系统平衡有着重要意义，维护和提高土地生产力，充分与综合发挥水土资源的生态效益、经济效益和社会效益，也为多种多样的生物提供安全的生存空间与保障，稳定与调节当地气候条件。

3. 空气

空气作为一种混合型气体，其恒定组成部分为氧气、氮气、氩和氖等稀有气体，可变组成部分为二氧化碳和水蒸气，这些组成成分在空气中的含量随地球上的位置和温度不同在很小限度的范围内会产生微小变动。一般情况下，空气的组分相对固定，这对于人类和其他动物的生存十分重要。然而，随着现代工业的发展，排放到空气中的有害气体和灰尘，改变了空气成分的平衡组合，造成空气污染。受到污染的空气，会严重损害人体健康，影响作物生长，造成自然资源和建筑物的破坏等。

排放到空气中气态污染物主要是二氧化硫、一氧化碳和二氧化氮，这些气态污染物主要来自矿物燃料（煤和石油）的燃烧和工厂废气排放。随着工业的发展，排放的有害物质导致空气中的有害成分增加，当空气中的有害物质达到一定浓度，就会严重损害人体健康和农作物的生长，道路能见度降低，产生雾霾，增加交通安全隐患等。例如，煤矿开采过程中的大气污染源主要来自矿井排出的煤层瓦斯和煤矿矸石山的自燃。煤矸石升井以后，发热自燃产生大量二氧化硫、二氧化碳、一氧化碳等有毒气体，严重污染大气环境，也损害了居民的身体健康。矿井瓦斯中的主要成分甲烷，处理不当容易造成生命财产损失，同时甲烷产生的温室效应是二氧化碳的 21 倍，是引起全球变暖的凶手之一。

空气污染程度在特定时间和地点受到许多因素影响，可以通过空气质量指标的好坏反映，空气质量的好坏依据空气中污染物浓度的高低来判断。来自固定和流动污染源的人认为污染物排放大小是影响空气质量的最主要因素之一，城市的发展密度、地形地貌和气象等也是影响空气质量的重要因素。空气质量能够直接并真实反映人们生活空间环境质量情况，空气污染是一个渐变的过程，如果不能有效地加以控制、任其发展，后果是可怕的，每个人都是受害者。而且，空气污染对人体所造成的危害在不知不觉中形成，危害一旦形成，往往积重难返，对于人类来说，健康的损害是对每个人最大的利益损害。因此，环境保护是全社会的事业，环境保护需要全体民众的监督，需要企业的自觉，更需要全社会的共同努力。

4. 固体废弃物

固体废弃物是指人类在生产、消费、生活和其他活动中产生的固态、半固态废弃物质，通俗地说，就是“垃圾”。主要包括固体颗粒、白色及有色垃圾、炉渣、污泥、废弃产品、损坏容器、残次品、动物尸体、腐烂变质的食物、人类和动物粪便等，一些国家将废酸、废碱、废机油、废有机溶剂、高浓度的液体也列为固体废物。在工业、交通等生产活动中产生的废石开采、选矿尾矿、燃料废渣、冶炼废渣、化工生产等固体废弃物被称为工业废料。未经处理的废水和生活垃圾露天堆放，占用耕地，破坏自然景观，有害成分通过空气进行传播，通过雨水穿透土壤和地下水，污染河流，产生固体废弃物污染。

煤炭生产产生的固体废弃物主要是指煤矸石以及洗选过程中的煤矸石、煤泥，矸石含较强的酸性水渗入地下，污染周围土壤和地表水系及地下水，侵占耕地良田，因暴雨导致矸石山滑坡、泥石流甚至矸石山爆炸，危害人们的生命财产安全，造成环境污染，矿区生态破坏严重。首先，固体废弃物随意堆放，随天然降雨或径流进入河流、湖泊，经过长期沉积，使水面缩小，有害成分数量与浓度增加，以溶液形式排入地下，污染土壤，破坏地下水系，流入水井、河流以至附近海域，被植物摄入，再通过食物链进入人体，影响人体健康。其次，固体废弃物的干物质随风飘扬，废物焚烧处理时会产生大量的有害气体和粉尘，有机固体废物长期堆积，在适宜的温度和湿度下被微生物分解，释放有害气体。再次，土壤是多种细菌、真菌和其他微生物居住的地方，这些微生物在土壤循环系统起着重要的作用，与土壤本身共同构成了平衡的生态系统，而未经处理的有害固体废弃物，经过风化、雨淋、地表径流等作用，其有毒液体会渗入土壤，从而杀死土壤中的微生物，破坏生态平衡，甚至导致大量土地寸草不生。最后，固体废弃物产生量增加较快，许多城市使用郊区边缘大片的农田将固体废弃物进行堆叠。

固体废弃物属于生态环境中的主要污染源，种类繁多，组成成分比较复杂。不同固体废弃物的成分不同，对环境所造成的危害也有所不同，有的废弃物会直接影响水源，有的会直接影响地表植被，有的会直接影响到土壤和大气。因此，固体废弃物处理得好与坏对生态环境有着长期的、潜在的、间接的、综合性的影响。固体废弃物一般由多种物质结合而成，含有复杂的污染分子，在自然条件下很难分解，而且极易溶解于水、大气和土壤，直接参与到生态系统循环之中，势必会对生态环境产生潜在性、长期性的危害，直接渗透和迁移到植物和人体之中，严重地影响生态环境以及人类健康。因此，不仅是企业，包括全社会各个部门都要把固体废弃物的处理看作大事，只有从源头上抓起才能很好地控制和处理日常生产所带来的固体废弃物污染，保护人类生产和生活安全。

5. 噪声

从物理学角度讲，噪声是指发声体做无规则振动时发出的声音。从生物学角度讲，凡是影响和妨碍人们正常休息、学习和工作的声音，对人们要听的声音产生干扰的声音均属于噪声。噪声容易引起人烦躁，或者由于噪声音量过强而危害人体健康。噪声污染主要来源于车辆鸣笛、交通运输、建筑施工工业噪声、社会噪声等。如今，噪声污染与水污染、大气污染、固体废弃物污染被看成是世界范围内4个主要环境问题。

由于矿井工业场地内产噪设备的噪声级大、声源集中，在矿井建设期和生产过程中产生的噪声会影响周围居民正常生活工作，影响周围农作物正常生长，使生物生产力降低。根据调查，噪声对环境产生的短期影响大于废水、废气的影响，必须进行综合治理。例如，尽量选用低噪声机电设备，尽量减少车间门窗的开启时间，有针对性地进行环境绿化，从而减少噪声对外界环境的影响。

为了减少噪声的影响，各国各地区都参照国际标准化组织推荐的基数，结合本国和地方的具体情况制定环境噪声标准，目的是为了保护人群健康和生存环境，控制噪声对人的影响。例如户外噪声标准和室内噪声标准，对人类正常生活所容许的噪声范围做出规定，为合理采用噪声控制技术和实施噪声控制立法提供依据。同时，环境噪声标准的制定应以保护人的听力、睡眠休息、交谈思考为依据，具备先进性、科学性和现实性。

6. 扬尘

扬尘是指粉粒体在输送及加工过程中受到诱导空气流、室内通风造成的流动空气及设备运动部件转动生成的气流影响，将粉粒体中的微细粉尘由粉粒体中分离而飞扬，然后由于空气流动而引起粉尘的扩散。扬尘分为一次扬尘和二次扬尘。一次扬尘是指在处理散状物料时，受到空气流动的影响，将粉尘从处理物料中带出，造成局部地带的污染。二次扬尘是指沉落在地面、设备、建筑物等地方粉尘再次扬起。

开采出来的煤炭很大一部分是靠运输，运煤车辆开动时，煤层表面被气流吹起，会车时的气流扬起了粒径较细小的煤粉；列车经过时，过去沉积的煤粉重新扬动；列车经过隧道时产生的“活塞风”加之列车的颠簸震动，使直径较大的煤粒被吹离车体，细小的煤粉吸附在隧道洞壁、洞顶及接触网、绝缘子等设备上，形成污染；路基上的沉积煤粒如果高于铁轨，受到再次碾压，就会形成二次污染。在煤炭的储存、运输过程中，由于风力等原因，煤尘会随风流失、抛洒扬尘，不仅浪费了大量宝贵的资源，而且抛洒后附着在沿线的车站等建筑、民用设施等物体及农作物上，严重影响了铁路沿线人民群众的身体健康，同时对沿线农作物的生长造成破坏。煤尘还严重污染了隧道内线路的道床，并加剧了其板结程度，给工务部门日常的养护维修带来了相当大的困难，也带来了安全隐患。

扬尘污染主要由人为活动引起，包括物料运输、物料堆放、房屋建设施工、道路与管线施工、房屋拆除、道路保洁等人为活动中产生粉尘颗粒物，对大气造成污染。易产生扬尘污染的物料主要有煤炭、建筑垃圾、砂石、灰土、工程渣土等。扬尘污染会使空气污浊，影响环境，对人体也有危害。扬尘污染不可避免，因此，采取综合措施尽最大努力减少扬尘污染也是对社会发展、人类生存负责任的行为。

7. 移民搬迁

移民搬迁是某地区居民由于某种需要，从原址迁移到其他地方居住。搬迁分为两种情况：一是受到国家修建工程的要求，需要占用某地区居民的生活居住地而进行的搬迁；二是由于企业开采或建设导致生态环境受到破坏，已经不适宜居住而被迫进行的搬迁，例如资源开采给当地环境造成巨大压力，不能得到及时改善，从而制约社会经济的发展，给资源环境造成巨大压力。两种搬迁都会不同程度地影响当地居民的生活，需要一段时间的适应期。

移民搬迁改造可行性研究主要是对某项目搬迁改造的主要内容和配套条件，从技术、经济、工程等方面进行调查研究和分析比较，并对项目搬迁改造以后可能取得的财务、经济效益及社会影响进行预测，从而提出该搬迁改造项目是否值得搬迁改造以及搬迁改造中职工安置方案等的咨询意见，为搬迁改造项目决策提供依据的一种综合性的分析方法。搬迁改造可行性研究报告的内容主要包括市场需求、资源供应、建设规模、设备选型、工艺路线、环境影响、资金筹措、盈利能力等方面，运用专业的分析模型和方法，对搬迁改造项目进行调查研究和分析比较，从而对搬迁后的经济效益和社会影响做出预测。

移民搬迁是影响煤矿区生态环境景观的直接因素之一，通过直接改变景观状态而影响到土地利用类型、植被覆盖率、生态多样性及景观破坏度等多个生态环境因素。在相同的生态环境中，移民面积的大小直接影响到生态环境容量，移民面积大的对生态环境容量的贡献率大。在相同的移民数量下，移民方式的不同对生态环境的影响也不尽相同，搬迁的批量越小，对生态环境的影响也越小，相反，对生态环境的影响越大。在生态容量小的地区，可采用分批搬迁；相反，在生态容量大的地区，考虑到成本，可以一次性搬迁。搬迁后原土地上的产业状况对矿区生态环境产生直接影响，与潜在的生态问题和敏感因素共同作用到一定程度后，对生态环境产生质的影响，潜在生态问题和敏感因素是移民搬迁时重点考虑的因素，可能是破坏原生态环境的源头。

11.2　世界主要产煤国家环境保护相关法律政策

11.2.1　主要产煤国家环境保护法律政策列举

煤炭资源与其他化石能源相比，更为丰富，但是粗放的生产与利用会对环境产生严重的污染。据预测,煤炭直接燃烧产生的二氧化碳排放量将从2006年的11.7 Gt增长到2030年的18.6 Gt，占全世界排放量的比重也将从42%增长到46%。

煤炭是世界主要产煤国家经济发展的保证，但同时也是全球温室气体排放的主要因素。为了保护环境，各国都制定不同的限制和规划措施。以下列举各主要煤炭能源大国针对煤矿开采与环境治理颁布的一些相关政策与计划。

1. 美国

1920年，美国出台《矿产土地租赁法》，该法案是煤炭资源勘探与开采遵循的核心法律，将包括煤炭在内的一些价值较高的矿产进行分离，通过租赁方式对企业进行采矿权授权。在执行过程中经历40多次修改并不断完善，其中心思想为：企业在公共土地上开采矿产，必须经过政府批准；企业勘探与开采活动必须严格按照租赁期限，并向政府提供相应租金；在企业勘探与开采过程中必须符合土地资源和环境保护计划。

1976 年，美国政府颁布《联邦土地政策和管理法》，对美国公用土地的利用制定了使用指南与土地利用规划，要求公用土地需要为公共利益服务，在使用过程中重视湿地、风景区、野生动物区、大气、水质、河流等资源的特别保护。

1977 年，政府出台《露天采矿控制复垦法》，法案的出台建立在煤炭开采引起的日益严重的环境破坏，对公共福利产生了巨大的负面影响，民众的呼声日益高涨，在此背景下，政府通过此法案规定企业获得采矿许可证的必要性，要求矿山经营者必须将占用土地恢复到开采以前的状态，并向土地所有权人赔偿因采矿等原因造成的经济损失。

1990 年，美国颁布《洁净空气法案》，此法案是对美国 1970 年颁布的《清洁空气法》的修订，该法案的颁布对美国的煤炭生产与消费产生了巨大影响。例如，对空气产生高污染的高硫煤生产，市场份额不断减少，同时低硫煤的生产量不断扩大。1981—1990 年之间，美国煤炭产量总体呈上升趋势[①]，从 1981 年的 743.3 Mt 提高到 1990 年的 933.6 Mt，增长率达到 25%。1990 年实行该法案之后，煤炭产量下降的势头一直持续到 1993 年。短短 3 年之间，煤炭产量减少了 75.9 Mt，下降幅度达到 8%[②]。

2002 年，为了减轻对国外能源的依赖，同时为了减少温室气体排放和其他污染物质对环境的破坏，美国政府制订了“美国洁净煤发电计划”，决定在 10 年间投资 20 亿美元推进洁净煤技术的开发与应用，该计划制定的目标为：到 2018 年，美国燃煤发电厂排放的硫、氮、汞等废气减少 70%[③]。这一举措为煤炭工业的发展提供了更为广阔的空间。

2005 年，《能源政策法》成为对煤炭企业影响最大的政策，该政策将能源开采与保护提高到法律层次，将能源战略法制化，条款具体，操作性强，同时依据此法律的要求，对之前不完善的政策法规进行修订和完善。

2011 年 3 月 30 日，美国政府发布《能源安全未来蓝图》，全面勾画了国家能源政策，提出确保美国未来能源供应和安全的三大战略，分别为开发和保证美国的能源供应；为消费者提供降低成本和节约能源的选择方式；以创新方法实现清洁能源未来。

2012 年，美国环保署对电厂排放限制草拟限排新规则，要求新电厂的二氧化碳排放不得超过 1000 磅/(MW·h)，这一规则于 2013 年正式发布，由此，新的燃

---

① 数据来源于 http://www.sxcoal.com/coal/758195/articlenew.html。

② 数据来源于王显政《当代世界煤炭工业》，2011 年。

③ 数据来源于 http://news.xinhuanet.com/world/2004-10/18/content_2104590.htm。

煤发电厂必须配备碳捕捉设备，否则将被禁止修建，这一规则的详细制定预计将在2014年9月全部完成。据专家预测，届时，该规则将导致目前占美国供电总量39%的燃煤发电厂受到影响，因为如果不能按照规则中的要求花费昂贵费用配置碳捕捉装备，燃煤电厂将面临停产危险。同时，美国哥伦比亚特区上诉法庭在2014年4月15日宣布，将于2015年4月起淘汰部分燃煤发电，以响应对美国环保署发电厂限排新规则的支持。

2. 澳大利亚

澳大利亚是以露天采煤为主的国家，因此，其对环境的治理控制十分严格。

1992年，澳大利亚新南威尔士州政府颁布了《1992年矿业法》，对各类矿山的环境保护及环境治理提出了具体的要求，要求各州设立复田保证金，向民众做出承诺，保证大量开采后的土地能够恢复到开采前的土地能力或恢复成与周围土壤构造相同的状态。

2004年，澳大利亚政府出台《澳大利亚未来能源安全》白皮书，该书中阐述了未来能源安全的重要性，同时指出，环境管理是实现能源行业可持续发展的重要保障。

2007年，政府颁布《国家温室气体和能源申报法》，针对澳大利亚能源企业的生产制定温室气体排放标准，对能源生产与消费建立强制执行制度，并在2008年对此法案进行完善，发布《国家温室气体和能源申报实施细则》。

2008年，《碳排放权交易计划》中指出，到2020年，澳大利亚温室气体排放量要在2000年的基础上无条件降低5%。降低企业获得免费排放许可证的条件，政府将对相关企业进行大力资助，以共同实现减排目标。

2012年7月，澳大利亚国会通过斥资100亿美元的清洁能源融资公司（CEFC）决议。清洁能源局表示，CEFC的建立是对澳大利亚清洁能源部施压的机会。CEFC将会在清洁能源技术早期研发与商业化间发挥桥梁作用。澳大利亚拥有世界上最好的可再生能源资源，再加上CEFC的融资，其清洁能源将吸引大量私营投资。这还有助于确保传统化石燃料技术相关风险防范，清洁能源成本下降，而清洁能源技术费用将增长。这是澳大利亚首次制定出支持从研究到全面推出的新能源技术的政策。

2014年2月，澳大利亚政府表示，将重新对先前制定的可再生能源目标进行评估。此前，为了削减澳大利亚电力行业的碳排放量，澳大利亚设立2020年20%的电力生产来自可再生能源的目标，这一举措推高了电力价格，对能源市场造成很大影响，因而备受指责，但具体更改方案尚未确定。

3. 俄罗斯

为了在生产过程中不断改善矿业投资环境，俄罗斯政府在环境治理与保护方面不断做出各种努力。

1992 年，政府颁布《地下资源法》，该法律主要用于调节地下水资源开发与利用，涵盖了在地质研究、勘探、矿产开发利用、废料处理利用等方面的具体细则，规定俄罗斯所有地下资源归联邦政府所有，不允许私人所有，并针对该法案制定了一系列配套条例，例如《地下资源使用许可证条例》《水法》《环境保护法》《大陆架法》等。对企业获取矿产使用许可证的程序也进行了详细规定。

2002 年，政府颁布《联邦环境保护法》。主要对煤矿矿区环境和生态环境保护领域进行规定。法案中规定，对排放污染物质、废弃物以及其他污染的企业征收自然环境污染税，缴纳的税款纳入国家生态基金，用于自然环境的保护。

2009 年，俄罗斯颁布《俄罗斯联邦关于节约能源和提高能源效率法》，目的是通过法律、经济和组织措施促进能源节约和能源利用效率的提高，同时加强对环境的保护工作，并分阶段分步骤有序实施。

2010 年，俄罗斯政府建立了节能和提高能源效率国家信息系统，该系统涵盖了从中央到地方各级行政单位，由俄罗斯能源部具体负责系统的筹备、建立、运营和管理工作，以促进节能新技术的推广和应用。

2013 年 4 月，俄罗斯政府通过了由俄罗斯能源部制定的《2013—2020 年能源效率和能源发展规划》，将提高能源效率作为俄罗斯的重大经济战略，降低对传统能源的过度依赖。规划中规定，到 2020 年，俄罗斯单位国内生产总值能源消耗将比 2007 年降低 13. 5%，原油加工深度平均提高至 85%，并加强对各地方的节能财政补贴。

4. 德国

德国政府十分重视矿区生态环境保护，在煤炭开采环境保护与治理方面建立了完善的法律体系，使得资源开采补偿与生态环境保护工作有法可依。

1969 年，政府发表《环境保护政策宣言》。

1971 年，颁布《联邦政府环境纲要》，1972 年又颁布了一系列有关环境保护的法规。

1990 年，联邦政府制定温室气体减排方案，并提出减排目标，从此，气候保护被建立在国家、地区和地方各个层面上，成为德国国家政治的重要组成部分。

2005 年，政府通过的环境保护决议将政府在 2000 年通过的“国家环保方案”进一步推进，建立了一系列联系紧密的环保措施，用于保证德国政府在 2008—2012 年间力求将温室企业排放量降低 21% 的目标得以实现。

2007 年，政府通过《梅泽伯格决议》，决议中对“能源与气候方案”进行了统一规定，并以具体的法律形式正式出台，政府基于 2020 年环保目标对原有环保法案进行更新，这是德国气候保护措施的重大转折，同时提出了对清洁能源等更多环保能源的决定与支持。

2014 年 1 月，德国政府对能源转型改革方案达成一致，其中包括降低对新建可再生能源设施补贴、减少高耗电工业企业特权等内容，该方案的主要目的是为了控制能源成本，保障能源供应安全。同时，德国政府计划到 2022 年，全面废除核能发电，2050 年可再生能源发电比例达到 80% 的目标保持不变，这也意味着，依靠煤炭等传统能源的发电形式将在未来大幅缩减。

5. 加拿大

加拿大作为能源大国，对开采环境的治理与保护一直十分重视，严格控制矿区活动对环境的影响，维护经济的可持续发展。在加拿大矿业发展的历史上，相继颁布了多部关于环境和煤炭行业的法律法规。

1971 年，加拿大环境部门设立了环境保护法律体系，由加拿大环境部主持负责维持和改善自然环境的质量等工作，制定政策和相关方案，以实现环境与经济投资组合的相融。

1985 年，加拿大制定《加拿大水法》，将水资源保护的研究、规划、实施和利用以法案的形式进行管理，使水污染防治问题有章可循，确保水资源分配更加合理，维护加拿大人的利益，实现水资源最佳利用。

1989 年，加拿大出台《矿山法》，法案中规定，矿山是一种暂时的土地利用方式，要求所有矿山公司执行环保和复垦计划。当矿山终止时，必须把土地和水系恢复到安全的状态。

1990 年，政府出台《矿山健康、安全和复垦法》，要求经营者必须提交矿山复垦计划，包括矿山闭坑阶段将要采取的恢复治理措施和步骤。

1999 年，加拿大政府颁布《加拿大环境保护法》，这是加拿大环境立法的基石，旨在设立防止污染、保护环境和人类健康协调发展的立法框架，并为其他细节环保法律规范的制定提供参考。

2007 年，加拿大政府将清洁能源作为政府保护环境的三大工作重点（提高能效、开发可再生能源以及开发清洁传统能源技术）之一，并力争成为清洁能源超级大国。为此，政府制定了大量的相关政策，包括税收政策、项目支持政策、可再生能源生产政策，并给予相应补贴、激励和支持。

2012 年，政府颁布《加拿大环境评估法》，成为环境评估的良好参考，由加拿大环境评估机构、加拿大核安全委员会、国家能源局、加拿大环境部共同管理，支持法案的实施与执行。

2012 年 9 月，加拿大正式出台关于减少煤炭发电行业二氧化碳气体排放的法规，以推进减排努力。新法规规定，煤炭发电行业二氧化碳气体排放的标准与天然气和可再生能源行业一致，同为 420 t/(GW · h)。新法规在 2015 年 7 月 1 日开始执行。

此外，加拿大政府还颁布了《人工影响天气信息法》《环境执法法案》《废水处理系统出水条例》《环境质量法》《煤炭法》等与环境保护息息相关的法律法规。随着煤炭行业的不断发展，各个行业法规也不断进行相应的补充与修改，使得行业管理有法可依，有章可循，权责透明。

6. 南非

2005 年 10 月，南非召开第一次全国气候变化会议。会议指出南非需要建立一个详细的气候变化远景方案和政策，以适应国际气候环境的变化。

2006 年初，南非政府指示成立一个远景规划团队，利用最新最好的科学研究成果和信息，制定《南非减缓气候变化长期情景》。

2008 年 7 月，南非政府决定采取环境治理综合措施，力争使南非的温室气体总排放量在 2020—2025 年达到峰值，然后经过 10 年左右的平顶期，在 2030—2035 年开始下降。

2009 年 3 月，南非举行应对气候变化政策高峰会，讨论制定国家应对气候变化政策。

2011 年 10 月，《南非应对气候变化政策》终于在千呼万唤中发布出来，为南非如何应对气候变化带来的全球挑战描绘了清晰的路线图。

此外，南非针对煤炭产业环境制定的政策主要涉及以下几个方面：

大力发展洁净煤技术。该政策旨在通过先进洁净煤技术的发展，最大范围地降低城市用煤、燃煤发电、工业锅炉等对环境造成的严重污染，并积极与发达国家进行合作，制定相关标准，对洁净煤技术进行检测、评估和示范。

提高燃煤利用率。通过对煤炭生产工业设备的改造升级，提高煤炭利用率，减少燃煤污染，减少二氧化碳等温室气体排放。

对煤矸石资源进行有效利用。政府预测，2020 年，南非煤矸石数量将达到 2 Gt，尽管煤矸石质量较差，但是通过合理利用，仍然能够形成有价值的资源，同时也能够切实有效地减少固体废弃物的土地占用与污染问题，政府鼓励企业进行煤矸石利用技术的研发，并提供经济投资。

7. 中国

中国作为能源生产和消费大国，在环境保护方面自然严加控制与管理，在实际操作的同时，颁布了一系列相关法律和政策进行全面制约。

1985 年，政府颁布《大气污染防治法》，重视采用法律手段来防治大气污染，1995 年对法律进行了修订，2000 年再次进行修订，以法律形式反映了国家要实现经济和社会可持续发展战略，着力控制大气污染，谋求良好自然环境的恢复，为人民造福所做的决策和所采取的积极行动。

1989 年，政府开始实施《土地复垦规定》，对政府部门、煤矿和个人在复垦受损土地方面要承担的责任和义务进行了详细说明，规定中国煤矿用地的复垦工作由负责土地、水、能源和环境保护的各级政府部门负责。中国的土地复垦工作起步较晚，由于受到地域广阔、矿种繁多、破坏面积巨大等方面的影响和制约，中国政府采取“谁污染谁治理”的原则，对环境保护加强管制。

1989 年，政府颁布《中华人民共和国环境保护法》，这是新中国成立后的第一部环境方面的立法，将环境保护作为国家的基本国策，采取节约和循环利用资源、保护和改善环境、促进人与自然和谐的经济、技术政策和措施，使经济社会发展与环境保护相协调。该法律在 2014 年 4 月进行了重新修订，新修订的环保法加大惩治力度，被称为“史上最严的环保法”。企业事业单位和其他生产经营者违法排放污染物，受到罚款处罚，被责令改正，拒不改正的，依法做出处罚决定的行政机关可以自责令更改之日的次日起，按照原处罚数额按日连续处罚。该法于 2015 年 1 月 1 日起实施。

2013 年 9 月，政府发布《大气污染防治行动计划》，该行动计划在我国工业化、城镇化的深入推进，能源资源消耗持续增加，大气污染防治压力继续加大的背景之下制定，誓在切实改善空气质量。行动计划制定以下目标：到 2017 年，全国地级及以上城市可吸入颗粒物浓度比 2012 年下降 10% 以上。

总体来讲，中国环境保护法律体系分为环境保护基本法、环境保护单行法、环境保护相关法、行政法规、部门规章、地方性法规、环境标准等，整个体系详细而全面。其中涉及能源的环境保护法律主要有《环境保护法》《大气污染防治法》《水污染防治法》《固体废弃物污染防治法》《噪声污染防治法》等，对矿业生产和开采的环境保护问题作了规定。另外，中国建立环保收费措施，建立矿区开发环境承载能力评估制度和评价指标体系等政策，形成对企业督促的一种动力，对矿区环境进行综合治理，降低环境破坏程度。

11.2.2　环境保护法律归纳分析

纵观各国环保法律及政策措施，除立足自身国家独有的发展基础之外，也不乏相通的共性。

1. 将环境保护问题上升到国家层面

在人类寻求可持续发展，寻求健康安全的舒适环境的背景下，环境保护已经成为各国刻不容缓的国家性战略任务。能源是人类发展的基础性保障，世界可开采煤炭储量远远超过石油、天然气的储量，全球煤炭需求量在近几十年内依然将呈不断上升趋势。然而，由于大量化石能源的使用，造成的全球变暖等问题也更加突出。环境保护与治理刻不容缓，各国在这一问题上已经达成一致。

2. 环保法律政策分工细致明确

环保基础性法律有环境保护法，其他政策主要涉及矿业、土地、能源、空气等方面。其中矿业法是以煤炭为主的矿业生产的专门性法律，例如美国《矿产土地租赁法》《露天采矿控制复垦法》，澳大利亚《矿业法》，加拿大《矿山法》《矿山健康、安全与复垦法》，印度尼西亚《矿业法》《矿山复垦和关闭矿井条例》等，这些法律从正面对矿业开采及煤炭开采的过程进行监督与规范。土地、空气、能源、碳排放等方面从综合角度对环境保护进行限制与约束，并制定相应的奖惩制度。

3. 多样性环境保护约束工作从未间断

环境保护是一个长期持续性话题，是一个不断坚持的工作。因此，各国环保工作从未间断，制定的法律多次修改与完善，并顺应时势出台新的政策。除了制定法律规范以外，环保工作呈现多样性，例如美国制定洁净煤发电计划，设立未来的工作预期目标；澳大利亚制定碳排放交易计划，对企业进行资助与补贴，以求共同实现减排；俄罗斯将企业缴纳的环境污染税款纳入国家生态基金，为环境保护提供资金支持；德国在环保取得成效的基础上不断更新法案，制定目标，提高要求；南非注重燃煤效率，政府牵头进行投资；中国采取“谁污染谁治理”的原则，建立环保收费措施。多样性的措施与规范从不同角度显示了国家对于环保工作的重视，也依据具体情况加强了企业的规范运行，鼓舞了环保工作顺利开展的士气。

4. 美国是环境保护领域的领跑者

美国作为世界最发达国家，其环境保护工作也走在世界前列，起到了带头作用。早在1920年，美国就出台了关于矿产的土地租赁法，并明确标明企业勘探和开采过程中必须符合土地资源和环境保护规划。在接下来的几十年中，各种环境保护相关法律依次颁布，不断完善了美国环境保护法律体系，目标的制定也更为严谨。在美国的带动下，西方及欧洲国家也紧随其后，中国作为世界上最大的发展中国家，也在20世纪80年代开始通过法律和政策对环境问题进行全面制约。

11.3 环境变化对社会发展的影响

环境是生物生存不可缺少的载体，环境破坏必然引发一系列的问题，为生物的生存带来困境甚至灭绝危险，同时对国民经济也将产生严重影响。人类经过漫长的奋斗历程后，在改造自然和发展社会经济方面取得了辉煌的业绩，与此同时，生态破坏与环境污染，对人类的生存和发展已构成了现实威胁，经济得到快速发展，但也给环境造成无法弥补的损失。保护和改善生态环境，实现人类社会的持续发展是全人类紧迫而艰巨的任务。保护环境是实现可持续发展的前提，也只有实现了可持续发展，生态环境才能真正得到有效的保护，经济才能够得到真正的进步，人类文明才得以延续，环境的好坏直接影响着社会发展进程的加速或延缓。

随着科学技术的发展，人类对环境的作用越来越大，影响程度越来越深，对环境的污染和生态的破坏也日益突出。环境的反作用已使全球的环境问题渗透到我们日常生活的方方面面。对自然资源的大规模开发利用，带来了一系列诸如全球气候变暖、臭氧层的破坏、大气污染、酸雨等环境问题。从现实情况来看，存在明显的环境破坏受益者和受害者，企业为了自身利益最大化成为所谓的受益者，社区和居民的生活安全和质量受到影响，成为被迫的受害者。然而，从长远角度来讲，所有人类将是环境破坏的受害者，世界上没有环境破坏的受益者，社会协调发展，人类的一切活动都离不开环境。环境保护与社会进步相互作用、相互影响。没有社会经济发展，环境保护无法实施，只顾社会发展，不注意环保，对人类来说只是一种自杀行为，社会的进步也是短暂的，所以二者不可分离。

随着人们生活水平的提高，环境变化与社会发展所存在的问题也变得十分严峻，人类已清醒地意识到环境是人们赖以生存的条件与发展的基础，不能再为了人类自身的利益而不顾环境，要把环境保护作为一项重大的工程推进。人有权利利用自然，通过改变自然资源的物质形态，满足自身的生存需要，但这种权利必须以不改变自然界的基本秩序为限度；人有义务尊重自然的存在事实，保持自然规律的稳定性，在开发自然的同时向自然提供相应的补偿。人对自然的开发方式、开发深度应当受到严格的限制；人在改变自然资源的物质形态的同时，应当更多地向自然提供补偿，以恢复其正常状态。人与环境协调发展，实现可持续发展的目标。

煤炭开采过程重视环境保护的意义

12.1 重视环境保护对煤炭行业发展的意义

1. 煤炭行业经营开采对环境构成威胁

随着能源需求的日益增长，煤炭粗放无节制地开发与利用引发全球能源生产供应与环境污染等一系列问题。例如，二氧化碳排放的问题日益凸显，将导致全球气候变暖，全球能源系统受到可持续性发展的威胁。煤炭在为人们提供能量，推动社会经济发展的同时，也从生产、加工到利用各个环节的全过程都对环境产生极大的影响与破坏。煤炭开采会造成土地塌陷、地下水污染、水土流失、固体废弃物污染等。同时，煤炭开采过程中会释放出煤层中自然赋存的大量甲烷、硫化物等污染气体，不仅对开采过程的安全构成威胁，而且释放到大气中还会形成温室效应。在煤炭利用过程中，还会排放二氧化硫、氮氧化物、粉尘、二氧化碳等污染物，开采之后，又会造成大量煤炭伴生资源的浪费。煤炭企业开采与生产过程对环境的影响与破坏对大自然本身的平衡生态系统构成严重威胁，进而潜移默化地影响着人类日常生活和整个社会发展的进程。

2. 环境保护有助于煤炭行业的真正盈利

煤炭行业的发展离不开社会的认可，但是，不合理的开发与利用将产生不可扭转的环境破坏，降低社会认同，影响煤炭行业的发展。发达国家从20世纪70年代就着手于矿山生态环境的治理与防治，国外矿井以产业发展、资源利用和环境保护为目标，以市场为导向，以企业为主体，以经济效益为中心，以法律为保障，保持政策的可行性、一致性和连续性，形成了一整套比较完善的管理措施和法律法规。企业在矿山项目运营前，提交环境影响评价报告、环境管理和监测计划、矿地复垦计划和保证金、补偿费等，取得勘查和采矿许可证、排污许可证等；企业在矿山项目运营中，执行环境管理与监测计划，开展边生产边治理的管理模式；企业在矿山关闭后，实施矿地复垦和生态重建。同时，将生态系统的理念融入产业设计过程中，形成生态工业园，通常涉及矿山、发电厂、生物工程、建材等多个生产企业，最终形成一个完整的工业共生体系。把经济增长建立在环境保护和资源高效利用的基础上，其作用将直接影响到循环经济的宏观发展及微观渗透。而且，矿山生态工业园是现代工业文明发展的重要标志，有利于工业发展从高投入、高消耗、高污染的粗放发展阶段向低污染、低消耗、高效益的现代集约型经济的转型，对缓解经济增长与环境保护、资源短缺之间的突出矛盾具有重要的引导作用，对提高矿井经济效益、提升矿井竞争能力具有重要作用。

3. 环境保护是煤炭行业可持续发展的必然要求

随着煤炭开发规模的不断扩大和开发强度的增加，特别是煤炭洗选、加工、焦化、气化比重的提高，煤炭利用对环境污染越来越突出，它不仅给生态环境和人们健康带来严重影响，而且会制约煤炭工业自身发展。因此，必须对煤炭工业的环境问题给予高度重视，才能使煤炭工业的经济效益和环境效益相一致，保证煤炭经济与环境协调发展。经济的增长依托于行业或企业制定的合理发展规划，以及在生产实践中做出的努力，而对行业或企业的可持续发展的价值评估不仅仅针对其经济效益，还要参考其是否具有良好的外部生态环境效益，环境的好坏将直接决定行业发展是否能获得良性的外部支持。环境破坏后的治理是一项长期而艰巨的工程，会耗费更多企业精力，包括人力、技术、资金等方面。如若在开采利用过程中能够保持时刻警醒，将在企业健康发展的同时节约大量不必要的资源。因此，处理好煤炭开发利用与环境保护之间的关系，事关企业、行业及全人类的可持续发展，尤其对煤炭生产大国的煤炭企业，重视环境保护的可持续性至关重要。

12.2 重视环境保护对煤炭企业获取 SLO 的意义

1. 环境是社会关注的焦点

环境是人类赖以生存和发展的场所，也是支撑和维持整个生命系统的物质基础。环境保护意识建立在社会全面发展的基础上，是反映人与自然环境和谐与可持续发展的一种新的价值观念，是人类对人与环境关系认识的一次伟大的觉醒，传统的以损害和牺牲环境的方式去实现人类需要的社会发展形式已经不能够适应人类对优质发展、绿色发展、可持续发展的要求。人类置身于环境之中，环境的好坏会直接影响到人类生产及生活，因此社会各个行业对环境质量都具有较高的期望与要求，对产生环境破坏的行业和企业给予抗议和谴责。在煤炭开采与利用过程中，当人们从自然界索取资源的速度和强度超过资源本身及其替代品的再生增值能力即生态承载力时，就会造成生态破坏和资源枯竭；当排放到环境中的废物超过生态环境的自净能力即环境容量时，就会造成大气污染、水污染、固体废弃物污染等。资源枯竭、生态破坏与环境污染这一系列的环境问题相互影响、相互渗透，产生连锁及复合效应，从而对环境资源、人体健康、经济发展造成更大危害，直接影响到煤炭行业的整体形象及企业的自身形象。从历史看，煤炭行业的信誉记录并不是很好，当它涉及环境时，总会产生大大小小的问题，制约企业的良性发展。今天，煤炭企业作为一种容易产生灾害的行业，消除潜在危险因素已经成为行业发展规则。由于环境的好坏直接影响人类的生产与生活，越来越多的企业和社区意识到环境保护的重要性，越来越多地参与到亲身保护环境的实践中，这是一个庞大的持续性系统工程。

2. 环境保护维系煤炭企业正常运营

环境保护是影响 SLO 获取与维持的众多关键因素之一。同时，环境保护是企业、行业及社会可持续发展进程的一个整体组成部分，环境保护是企业、行业可持续最优化发展的最基本目标之一，也是衡量发展质量、发展水平和发展程度的宏观标准之一。对于煤炭企业来讲，从项目建设之初，煤炭地质勘探开始，环境保护工作就应该及时有效地展开。早发现、早治理可以减轻许多不必要的破坏与浪费。稳定健康的环境是保证企业持续发展的关键。煤炭作为人类的共有资源，其不可再生性更加显示出其弥足珍贵的社会地位。企业只是行使了煤矿开采与使用权，当地利益相关者及社区民众尚有权利决定一个企业是否具备煤炭开采、加工的资格与能力。若企业不能够很好地执行其在矿产使用中做出的环境保护承诺，则会引起政府与社区的抗议，就无法获得所有利益相关者的满意与认可，企业也不可能获得 SLO，更无法维持其通过煤炭开采的盈利方式，企业生存将受到威胁。因此，作为企业，环境保护要提到企业发展的战略层面，从根源抓起，建立严格的环境保护及治理机制，不仅是为了获取和维持 SLO，更是为了企业的生存运营及社会的可持续发展，同时，不仅带动经济水平的提高，也带动生活、文化等全方位的发展。

案例分析

13.1　国际矿业公司案例分析

13.1.1　重视环境保护获得SLO的正面案例分析

【案例介绍】

澳大利亚西部矿业有限公司是一个以矿业和化肥为主的多元性资源公司，在澳洲证券交易所上市。公司最初以黄金矿业的形式成立于1933年，在2005年6月29日被必和必拓公司收购，成为其附属公司。公司主要从事矿业产品的商业开发，同时还是主要的铜、铀、黄金、化肥、滑石粉生产公司。公司以多领域、低成本、雄厚的资产参与全球竞争，坚信长期的成功依赖于高标准的产品质量、可信赖的环境管理和强大的团队精神。澳大利亚西部矿业有限公司一直把经济发展和环境保护双赢发展作为发展宗旨。在公司所有的采矿和矿产品生产过程中，最大程度地确保公司员工和承包商注重动植物、空气、土地和水资源保护，并把重视业务对社区群众健康和生活可能造成的影响作为公司的重要工作来抓。为此，公司竭力遵守国家和地区所有环保法规，在符合可持续发展的原则下，建立独有的以公司发展为背景的环境标准指导方针，并将这些标准作为评价考核公司所有营业单位表现的准则。公司所设环境标准共分为14项，包括制定环境管理制度，遵守环境保护规定，坚持环境评估，矿山关闭及修复措施，受污染土地和尾矿及大量滤取物的处理，水质，环境污染物质，废物和残渣的处理，空气质量，能源的使用，噪声和振动管制，生物多样性及土地使用等，并将每项标准进一步制定细化准则，以便更加有效地加以落实。

澳大利亚西部矿业公司开展环境管理的基础是环境法律、法规的保障与规范。采矿地区如果没有相应的环境保护法律、法规，那么环境标准则起着与环境法律、法规相当的作用。公司在当时制定的先进的环境标准充分展现了公司对环境保护的重视。从公司制定的环境方针可以看出，当公司在不同文化和自然的环境中进行矿产开采时，即使不考虑当地的环境法律，仅执行这些标准，仍能兑现公司对环境保护的承诺，因此公司的采矿行为经得起任何国家和国际的环境评价。

【案例分析】

环境保护工作的开展首先需要公司领导从公司发展的大战略层面予以重视，从而能够以环境标准来要求自己，将环境保护工作切实有效地落实到工作当中。澳大利亚西部矿业公司将环境保护作为企业发展的宗旨之一，其工作主要呈现以下几个关键点：①遵守环境法规，建立公司独有的环境标准；②将环境保护概念灌输到公司每个员工；③环境保护涉及动植物、空气、土地和水资源保护，重要的是随时关注社区群众健康安全及其反应；④社会认可是其提升国际竞争力的关键。西部矿业公司职工环境保护工作示例如图 13 - 1 所示。

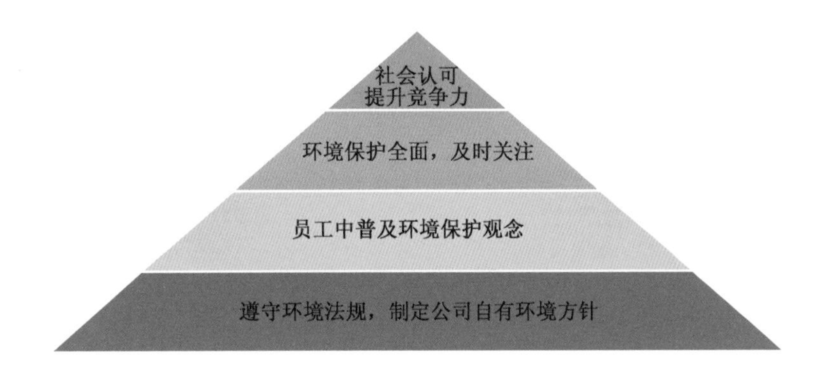

图 13 - 1　西部矿业公司环境保护工作示例

13. 1. 2　忽视环境保护失去 SLO 的反面案例分析

【案例介绍】

C 矿业公司始建于 1921 年，股票在纽约证券交易所上市，也在瑞士和布鲁塞尔证券交易所进行买卖，总部设在丹佛，是世界第二大和北美最大的黄金生产公司。公司另外收购了澳大利亚最大的黄金公司诺曼底矿业有限公司和总部位于多伦多的弗兰科 - 内华达矿业有限公司。合并后的公司更加强大，每年生产黄金 800 万盎司，公司实力不容小觑。同时，公司在世界 8 个国家开展业务，分别是美国、加拿大、墨西哥、秘鲁、玻利维亚、乌兹别克斯坦、印度尼西亚和澳大利亚。在国际上，诺曼底矿业公司是第七大上市的黄金生产商，在澳大利亚、美国、新西兰、土耳其、智利、巴西、加拿大和科特迪瓦拥有业务。弗兰科 - 内华达公司是一家投资其他采矿公司的公司，依靠特许权使用费作为回报。

虽然拥有优越的发展实力，但是C矿业公司未能良好地利用其资源等雄厚的实力优势，在矿产开采与生产过程中污染物排放超标，对水资源、土地资源造成严重污染，引起社区居民的抵制和抗议，社区关系一直紧张，企业未能采取及时有效的补救措施，企业效益直线下滑。在当地居民的示威活动中，示威者面对企业的缓慢冷漠的反应行动，情绪激动者纵火焚烧企业生产设备，对企业造成了不可估量的损失，导致企业停产，最终失去企业社会营运许可。公司因其不能够承担社会责任，造成的危害主要有以下两个方面：

1. 环境方面

公司矿业开采泄漏未经处理的水银等污染物，未遵守环境保护标准及法规，造成水体污染，而当地水源也是居民日常饮用水的来源，诸如水银等有毒物质不能够去除，即使经过过滤净化等处理，仍然存在毒害危险，居民饮用后容易对身体健康造成直接威胁。然而，在社区居民初始阶段的抗议中，企业不能够认识到问题的严重性，并不接受民众的指责，没有建立相应的应对处理和咨询机制，导致社区关系更加紧张，企业生产遭到抵制。同时，利益相关者及当地社区认为企业矿业污染事故涉及范围过广，情形过于严重，企业不能正视经济效益提高与环境保护之间的共进关系，不能正视企业价值评估，缺乏持续发展的能力，建议停产。

2. 其他方面

公司在当地矿山开采初期，与社区签订的共同发展协议没能够守约，社区人民的需求得不到满足，企业对于民众的要求缺乏耐心、注意力与判断力，不能够向社区提供和创造就业机会；企业发展过度重视自身盈利，不能考虑为社会发展创造其他效益，没有考虑社区真正的需求，没有有效承担企业社会责任，企业经营未能做到公开透明。

【案例分析】

企业的失败案例恰恰说明社会营运许可的维护与保持与社区居民、政府及其他利益相关者是紧密相关、不可分割的。C矿业公司停产的关键在于，发现环境污染之后并没有进行整改，即使受到社会指责和抗议时，依然以企业经济效益提高为中心，对环境保护工作反应迟缓。事实证明，这样的发展思路是与社会发展相违背的。社会各个机构和居民的切身利益受到侵犯时，必将形成一股团结的力量，惩罚和消除危害生存环境的任何行为。因此，这个例子突出社会经营许可虽然是无形的，但是失去它可以导致非常现实及严重的经济后果。C矿业公司从发展到停产的过程如图13－2所示。

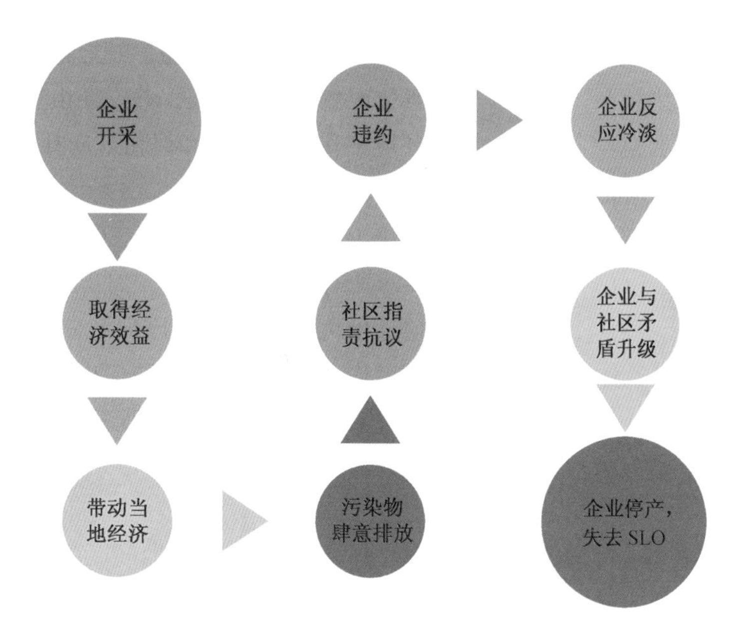

图 13-2　纽蒙特矿业公司从发展到停产的过程

13.2　国际煤炭公司案例分析

13.2.1　重视环境保护获得 SLO 的正面案例分析

【案例介绍】

皮博迪能源集团是世界上最大的私营煤炭公司，成立于 1883 年，总部位于美国密苏里州圣路易斯，经过多次大规模收购和重组，成为美国最大的煤炭公司。为美国 300 多家发电厂和工业基地以及遍及六大洲 15 个国家的客户提供产品和服务。公司主要产品为煤炭，提供的煤炭分别为美国和世界发电用量的 10% 和 20%，拥有控股煤矿 30 座，集团公司致力于以高效、安全、低成本的煤炭开采向用户提供优质可靠的产品供应与服务。凭借杰出的业绩，多次获“美国年度最佳煤炭公司”的称号，并被《财富》杂志评为最有价值投资的 50 名企业之一。

作为世界性的煤炭公司，环境保护工作也代表了企业的社会形象和社会责任承担能力。因此，皮博迪能源集团公司在其 131 年的经营历史中建立了一套完整成熟的环境保护方案，在进行矿山开采的同时，不断改善企业所在采矿区的生态环境和社会环境，开采后的土地仍然可以较高地被作为农业耕地、动植物栖息地使用。集团公司的治理原则是，当开采活动完成时，土地质量相当于甚至好于开采前的土地生产能力。依据此原则，公司制定的具体措施如下：

（1）遵守国家环保政策，保持公开透明。作为美国最大的煤炭公司，公司在环保领域一直起着模范带头作用，严格遵守国家法律、法规，组织专业人员定期监控矿区周围空气、土地、水资源等生态环境相关因素的质量，使之在符合标准的基础之上进一步得到控制，尽最大能力避免产生破坏性污染，并定期由集团公司内部机构和第三方中介机构合作对公司的环境工作进行检查和评估，向社会发布公告，保持公司信息的对外透明度。

（2）集团内部设立专门环保机构。集团设立环境委员会，由环境经理、技术主管和执行经理等部门负责人组成，要求所有生产现场每月定时上报环境测试结果和存在问题，发现问题及时治理。公司环保机构对全公司上下员工进行合理引导，形成环保工作全民参与的气候，全体员工均享有协助和参与环保机构制定环保工作指导规范的权利。例如提供政策法规实践和指导、保证土地环境复垦工作的实施和政策更新、对环境保护检查提出合理性改进建议、完善公司环境管理程序等。

【案例分析】

环境保护是企业可持续发展的重要保证,尤其对于世界性的大型公司来讲,需要承担起更多的社会责任,社会认可度对企业信誉和声誉更加重要,直接影响到企业的社会形象。皮博迪能源公司对环境保护工作的正确认识、严格控制与发展,受到了社会的拥护,得到了良好回报。例如,2008 年,皮博迪能源集团公司被美国《财富》杂志评选为全球最受赞赏的公司之一,在采矿和石油公司中列首位;2009 年,集团公司环保工作成果显著,回收金属、油、燃料等材料达 16000 t,复垦土地 3695 亩,种植树木 243381 棵,荣获美国内政部颁发的"复垦工作优秀奖"5 项,为集团公司的可持续发展增光添彩。对于国际化的大企业来说,效益和企业形象是其两个重要的因素。对环境保护具有高度的责任感,能够充分显示公司珍惜自然生态和强调经济发展与生态环境和谐统一的现代理念,企业产业层次的提升与环保贸易措施的运用已经成为国际评估竞争力的关键。靠卓著的环境管理赢得市场,已成为众多国际跨国公司的新的竞争策略。

公司的环境保护工作示例如图 13－3 所示。

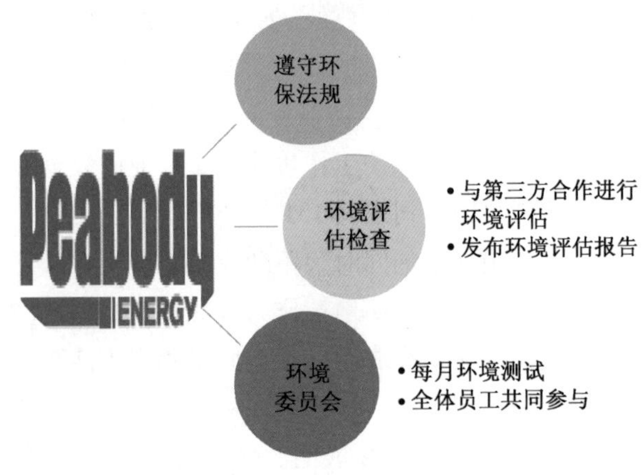

图 13－3　皮博迪能源公司环保工作示例

13.2.2 忽视环境保护失去SLO的反面案例分析

【案例介绍】

美国D矿业公司1935年在亚拉巴马州Sipsey成立，主要进行煤炭生产。如今，D矿业公司已经成为全球煤炭生产的领导者之一，为广大客户提供最优秀的品质和服务。除了煤炭，D公司还是美国最大的焦炭生产商，以及铸造行业的卓越供应商，并在公司发展过程中保持着较为良好的声誉。2013年，D公司在福布斯美国最大的私营公司名单上位列第160位。

2014年1月,美国D矿业公司在哥伦比亚运营的某港口煤炭出口因未能遵守新的环保法案,造成环境污染,哥伦比亚政府依据此环境污染争议,暂停了该港口的煤炭出口业务,此消息一经发布,震惊了哥伦比亚整个国家的采矿业。业务暂停而蒙受惨重损失的不仅仅是D矿业公司,哥伦比亚国库也少了一笔进账,即由该公司运营所产生的每月6600万美元矿区土地使用费和税费。产生这一后果的原因是多方面的。

（1）哥伦比亚政府环境管理松散，监管不足。哥伦比亚对于环境保护法律的实施以及环境保护工作的开展一直以来维持得过且过的松散状态，对国内煤炭或其他矿业企业的开采污染行为不能够下定决心坚决治理，处罚较轻，与其政治环境不可分割。哥伦比亚政府一向对国外矿山持欢迎态度，宽松的管理政策和环境同样减轻了企业的开采和生存压力，吸引了大批国外矿商入驻。然而，如今的哥伦比亚政府不得不对其长年的松懈态度买单，公众长年对矿业的强烈抵触，对环境污染和矿产资源分配方式的不满终于引起了哥伦比亚政府的政治动荡，政府为了维护社会稳定，需要转变态度，矿业开采引起的环境污染问题和舆论压力已经无法忽视，居民的抗议已经使得一些大型项目延期，采矿作业区附近的城镇生活水平低于其他地区。政府亟待对矿业企业的开采重新进行授权许可。如今，矿业公司必须接受现实：除了拿到官方许可外，他们还需努力获取地方社区的接纳，只有赢得社会营运许可才能更好地运营项目，没有社会的认同，项目本身也是不可行的。

（2）企业自身依靠管理漏洞投机。D矿业公司在哥伦比亚拥有雄厚的实力和重要的经济地位，来自美国的D矿业公司是哥伦比亚第二大煤炭企业，其煤炭产量约占哥伦比亚全国总产量的1/3，虽然对哥伦比亚的矿业资源开发做出了贡献，但是依靠公司优势和政府柔软的管理作风，产生环境治理漏洞，出现投机行为。2013年3月，D矿业公司为阻止一艘驳船下沉，将500多吨煤倒进了加勒比海Santa Marta湾，引起了严重的污染，有环保主义者拍摄到了这一画面，图13－4所示为环境保护主义者拍摄的倾倒画面。

此次污染致公司被哥伦比亚政府环保部门停业罚款360万美元，并要求其做好善后工作。D矿业公司自6月底开始的长达7周的罢工，对2013年总产量造成了

图 13-4　德拉蒙德矿业公司倾倒煤炭行为

重大影响。此后的企业和哥伦比亚政府倍受压力。因为此次事件，该港口有 6 名员工遭到指控，并可能被判入狱。然而，企业并没有真正吸取教训，仍然对政府和自己抱有侥幸，哥伦比亚政府要求 D 矿业公司在 2014 年 1 月 1 日前停止运用起重机或驳船等污染型装运方式而改用传送带装运，因 D 矿业公司未能按要求执行，而勒令其停业整顿。

【案例分析】

D 矿业公司在哥伦比亚的此次停产业务产生的原因主要有两个：一是政府原因；二是企业原因（图 13-5）。

首先，哥伦比亚政府长年以来对环境得过且过的管理态度为企业提供了投机机会和渠道，例如企业上缴罚款的金额可能远远小于环境保护投入的成本，同时罚款之外也不会对企业产生其他形式的行政处罚。其次，企业利用政府管理漏洞，自我放松，不能够以良好企业的形象约束生产经营行为，存有侥幸心理，最终为污染行为付出代价。再次，无论是政府还是企业都忽略了民众的重要作用，长年积累的抵触情绪终于爆发，对政府管理造成冲击，使得政府必须正确对待环境污染的后果，对企业污染行为进行强制性治理，甚至使企业失去社会营运认可，在整顿之后重新定夺。经过 1 个多月的停业整改，D 矿业公司在该港口的煤炭业务于 2014 年 3 月底重新开放。

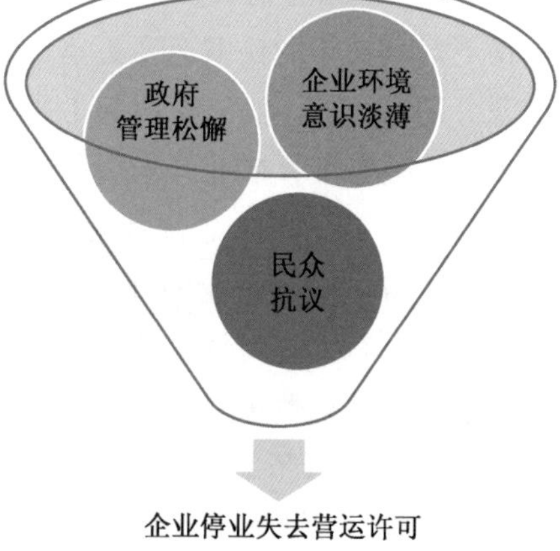

政府管理松懈

企业环境意识淡薄

民众抗议

企业停业失去营运许可

图 13-5　D 矿业公司环境污染对 SLO 的影响

13.3　综合案例分析

【案例介绍】

圣克里斯托瓦尔（San Cristobal）矿业公司位于墨西哥玻利维亚高原南部，拥有大型锌矿、铅矿及银矿，是当地屈指可数的大型矿业公司，掌握当地矿产的开采权，该公司65%的股份属于Apex银矿有限公司,35%的股份属于Sumitomo公司。圣克里斯托瓦尔矿业公司获取SLO的演变过程很好地阐释了SLO对于企业发展的重要性。

【案例分析】

在该公司的发展过程中，受到公司主观行为及外部客观反映，经历了获取SLO、维持SLO、失去SLO等不同阶段。图13－6显示了从1994—2008年圣克里斯托瓦尔公司SLO的演变过程。

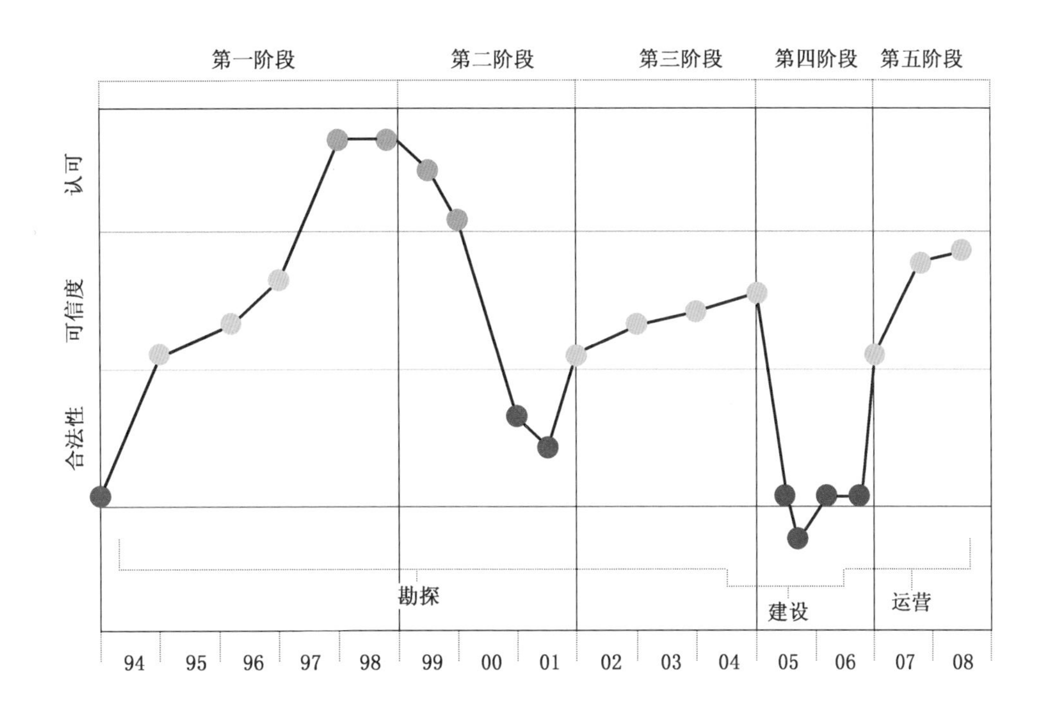

图13－6　圣克里斯托瓦尔公司SLO的演变过程

正如图13－6所示，公司的经营质量随时间是动态变化的，主要分为以下几个起伏阶段。

1. 第一阶段（1994—1998年）：获得社会许可

1994年初，Mintec公司是一家玻利维亚的矿业咨询公司，该公司获得采矿权以及收购矿产的权利，通过技术部门的不断壮大，对社区的交谈访问，确立正式合法的法律地位，开始地面工作。这家公司通过给当地社区提供信息和就业机会而迅速得到了他们的认可。

1995年3月，Mintec公司明确了一些与开采有关的地质学因素，确定广泛的地质矿化指标。随后，ASC玻利维亚土地发展公司加入了该项目，这是Apex银矿有限公司下的一个子公司。两家公司不断与社区进行对话，并提供更多额外的好处。同时主动启动社会环境影响评估系统与环境基线研究。

1997年初，通过实际操作练习，公司制定了一座大规模矿井的操作准则。公司通过矿物系统探明矿产迹象，不久将可以进行矿山开发。因此，公司开始与当地社区协商对圣克里斯托瓦尔人口进行迁移，将居民迁往远离矿床的地方。因此，增加许多社区工作，如选择新镇站点搬迁，房屋和基础设施建设，增加居民福利待遇。这些举动让社区群众觉得他们也参与了该项目——他们在帮助ASC公司实现矿产开发的项目。随后，ASC公司还与周边的另一个社区Culpina K就尾矿事宜进行了协商，也是一个双方共同合作的项目。

1998年6月，企业与圣克里斯托瓦尔社区签订安置协议。他们又和Culpina K社区签订了土地购买协议。信任此时达到了最高峰。

1998年11月，圣克里斯托瓦尔居民开始逐步搬迁到新镇站点，包括当地教堂和墓地。

第一阶段是企业获取社会许可的阶段，企业刚刚被批准拥有采矿权，处于采矿事业的萌芽期，企业拥有积极的开拓热情，整个阶段都呈现出维护利益相关者、造福当地社区的社会精神和企业责任。一方面，企业利用其合法地位进行勘探工作和环境的评估；另一方面，积极与社区进行沟通，为居民提供就业，着手搬迁事宜。

2. 第二阶段（1999—2001年）：关系沟通中出现问题

1999年，居民顺利搬迁完毕，但是搬迁之后的居民发现新建住房并不符合需求，在协商搬迁的过程中一直被忽略的妇女对房子表达出不满，企业并没有按照承诺的协议执行，居民开始认为企业违反了签订协议。

1999年底，ASC公司把项目移交给了MSC公司。而MSC公司没有实现搬迁协议当中给出的承诺，于是信任开始瓦解。虽然公司在建设之初已经取得社会营运许可，并已经兴建和经营煤矿，但是现在出现的问题使得当地社区开始怀疑其项目的可行性，而公司恰巧在这时大规模地裁员。

2001年，由于金属价格持续低迷，项目可行性研究失败。MSC关闭所有野外作业。社区居民对此感到沮丧，公司逐步失去信任。公司和社区之间的接触大幅减少，而公司也不再遵守搬迁协议。于是，公司丧失了信用。即便如此，企业开采资格在社区成员心目中依然合法，他们希望通过企业整改，能够为他们提供就业，带来更好的生活。

在第二阶段中，企业在采矿初期的良好表现未能得到保持，出现失信行为，不能够严格按照协议中的规定履行应尽的责任，因此在该阶段中与社区关系出现问题。企业违反搬迁协议，居民没有享受到企业应允的安置政策，形成抗议。另外，受市场环境影响，企业项目执行受阻，这一切使得社区的质疑声日渐升高，但值得庆幸的是，社区成员依然愿意相信通过企业的努力，能够带给当地更好的发展。

3. 第三阶段（2001—2004 年）：恢复信誉

企业认识到公司要想稳定经营就要加强与社区的关系，于是在 2001 年底发起高度创新的援助计划和方案，旨在协助当地农业和旅游业的发展，为居民充分提供就业。诚信是交付方案的关键，随着计划的展开，公司再次建立起了自己的信用。

2003 年，公司开展了一项推动当地旅游的活动。Culpina K 社区从中受益较多，而 San Cristobal 社区较少受益，因为这个社区希望更多地参与到开采项目中。

2004 年，在市场状况好转的情况下，公司和 MSC 宣布项目开始重建，重新恢复的信誉，使企业更加努力地发掘施工建设时期的潜力。社区群众十分乐于看到“他们的”矿井重新开工，也希望采矿能够给他们提供更多的就业机会。于是，公司的信用又提高了。

第三阶段的 3 年多，企业接受教训，提供出令人欣慰的发展和援助方案，明白企业发展最关键的是诚信，不讲诚信的企业是没有未来的。同时市场状况有所好转，激励着企业去发掘自身更大的经营潜力。

4. 第四阶段（2004—2006 年）：建设混沌

2004 年的工程建设中，新公司的管理没有按照安全常识对施工过程进行监督管理，打破了企业与政府及当地社区的协议。同时由于公司方面拒绝让社区参与到高级管理中来，公司和社区间的接触停止了。社区群众觉得自己被公司抛弃了，社区居民感觉没有被尊重，被剥夺了公民的权利，包括就业和培训等承诺均没有兑现。诚信瞬间即逝。早在 1999 年的承诺至今仍然没有兑现，即使当时社区居民如此相信与企业的合作关系。尽管公司几乎雇用了所有的当地人，但是只要社区群众觉得在施工过程中公司忽视了他们，或者公司没有遵守之前给出的承诺，那么公司的信用就会下降。当地居民仍然相信矿井是“他们的”，并且缅怀遗失的伙伴关系。

2005 年 10 月，一个承包商开辟了一条从住宅区到采矿区的道路，使用了约定以外的土地进行施工作业，居民认为这是一种非法行为。社区关系骤然紧张，居民开始大量抵制与对抗。MSC 公司希望能够通过洽谈，允许其继续工作，因此开始旷日持久的谈判，并希望收购额外的土地建设矿山基础设施，同时防止影响到社区利益。Culpina K 社区不太愿意和公司进行协商，因为他们担心尾矿设施会给他们的生活带来不利影响。

不幸的是，又重新成立的新公司没能按部就班、循序渐进地工作，工程建设出现混沌状况，缺乏有效的监督管理，社区居民的权利再次失去应有的尊重，企业再次出现诚信危机，不仅不能履行旧协议中的承诺，反而占用约定之外的土地进行作业，追求公司利益，遭到严厉的抵制与抗议。

5. 第五阶段（2006 年末—2008 年）：重建关系

2006 年 10 月，公司管理层逐渐认识到公司从创建到发展过程中的问题，社区利益损失，与社会风险直接相关，并采取行动改善情况。该公司提出了以社区为基础的社区发展计划等设计和管理过程，此行动重新将公司行为合法化，尊重公司自身和社区的未来，出现问题及时控制。与此同时，MSC 公司开始加快工作进度，以达成先前的所有承诺，社区对公司的行为开始感到放心。施工结束后，企业对社区居民提供教育培训和全职工作，并就尾矿的管理问题进行了对话。于是，MSC 公司再次获得了信用。

2007 年，公司进一步发展壮大，企业被委以开发重任，从而改革施工队伍，迅速建立了负责与社区对话的管理团队。以前所有的违约行为均已被纠正，达到或满足了社区愿景，维护了社会稳定。本地就业计划加速启动，以社区为基础的社会和经济发展规划紧张有序地开展。MSC 公司恢复了它的信用。

MSC 公司为了及时回应社会关注，成立了社区联合监督管理委员会。加强基础设施的建设与改善。作为矿山开采的业主，公司积极与国家政府沟通，为当地税收的增加做出贡献。

到 2008 年，矿山经营与社区关系处理妥当，初步显示出社区对企业的信任度增加。

2009 年 11 月，通过调查，圣克里斯托瓦尔矿业公司的发展对当地环境等各方面造成破坏与损失极小，社区居民生活水平显著提高，社区关系稳定。企业具备持续健康运营的能力，政府和社区以及所有利益相关者认为圣克里斯托瓦尔矿业公司可以重新拥有 SLO。

公司发展受到损失、社区利益受到损害就必然会引起新一轮的沟通与谈判。企业管理层对企业发展过程进行了重新审视，真正从根源上解决问题，兑现承诺，不仅保证公司盈利，同时满足社区居民需求，除此之外还积极为当地创造更多的税收，社区与企业关系变得十分融洽。

6. 总结（1994 年至今）

自企业获得采矿权以来，经营发展可谓一波三折。发展初期满腔热情，企业营运的决心，造福当地的决心，社会的认可，使得整个企业焕发生机，社区居民也期待着企业为他们创造更好的生活。然而，好景不长，市场的冲击，企业经营管理的放松，擅自违背协议中的承诺，使得政府和居民对企业生产发出质疑，企业社会营运许可岌岌可危。随后，企业虽然进行了补救，但仍然没能够达到当地要求，也没能坚持履行应尽的社会责任，社会的质疑和抗议使得企业终于还是不能正常经营，不得不将大量的精力放在不停的谈判之中。诚信是企业生存的关键，企业的发展导向需要管理层的清晰认知，对员工进行积极引导。企业发展的起起伏伏，影响了企业，也影响了当地发展。企业管理者制定了详细的补偿和改进方案，真正认识了企业发展的问题，从根本上解决了与当地社区的矛盾，社区关系重新稳定，最终重新赢得社会认可。因此，任何企业的产生、发展，都与当地社会具有紧密的联系，企业经营的好坏，企业行为是否严谨，是所有利益相关者的关注点，任何松懈、投机的管理行为都不能对企业的长久发展带来收益，唯有诚实、规范的社会营运，才能使企业健康发展。注重社区的利益，加强与社区的沟通，有效处理好与社区的关系，争取社区的认可，企业才能拥有光明的未来。

14 重视环境保护获取 SLO 的路径

14.1　重视环境保护对煤炭行业的借鉴意义

煤炭行业的可持续发展需要 SLO 的约束，煤炭和矿业开采对社会结构和环境的衡量具有直接相关的关系。随着开采过程中的矛盾不断突出，环境问题已经成为企业应对反对、冲突等多重挑战，增强国内或国际竞争力的条件，收获效果取决于企业盈利和利益相关者信任双重方面。利益相关者包括员工、客户、政府、社区、供应商、非政府机构、贷款人、投资者以及其他对企业产生业务影响的群体组织。企业环境问题的处理需要与利益相关者进行沟通，增强持续反馈的沟通渠道，同时制定股东真正关注的企业社会责任计划。

环境保护是一项庞大的系统工程，需要社会各方面的积极参与，企业更是在这项工程中扮演着至关重要的角色。煤炭企业加强环保工作，对于改善环境质量，维护群众环境权益，以及煤炭企业自身发展，都有着重要意义。SLO 是企业生存与发展的无形约束，从上面实践例子可以看出，在环境保护中，矿业及煤炭企业能够严格遵循可持续发展战略，不以牺牲环境为代价谋求发展，历年来不断坚持环境保护计划及执行工作的企业，都具备长远的战略眼光，企业发展也向良好方向发展。反之，企业破坏自然环境的行为，将不断受到政府及当地社区居民的谴责、抗议及施压，影响企业正常运转，严重者甚至关闭。尤其对于煤炭企业来讲，属于高能、高污染企业，其生产作业具有高度敏感性，企业必须具备比其他行业更严谨、更负责任的态度，担当更多的社会责任，才能在造福社会的同时获取利润。环境保护事关企业的生命线，作为有战略眼光的现代煤炭企业，要保证企业的生存和发展，就要依法做好企业环保工作。一个地区环境质量下降，主要是由于这个地区的各类污染源向环境中排放了过多的污染物，超过环境自身的吸纳消解能力，导致污染物在环境中长期存在并逐渐富集，任何一个经济体的发展，都要受到资源的制约，长期破坏性的影响，小则影响企业竞争发展，大则影响矿业企业所在整个地区的进步。

煤炭资源是世世代代人们赖以生存和发展的资源，是自然造福人类的丰富财产，在人类生产、生活等各方面有着不可替代的作用。由于煤炭资源财富创造能力强，导致了煤炭行业内部企业之间的竞争加剧，往往会出现过度竞争和无序竞争现象，企业在资源获取、人才引进、市场销售等方面争夺混乱，运输设备、开采设备和技术开发引进等存在许多浪费，这些都限制了煤炭行业整体竞争力的提升。SLO 的出现将煤炭企业与当地社区良好地结合在一起，相互沟通，相互透明，相互尊重，通过了解市场及时对社会变化做出反应，评估其社会发展潜力，有效地进行资源的合理配置，在企业盈利的同时注重社区生活品质的提高，SLO 的推广与应用势在必行。作为煤炭企业，应该尽最大努力去改善煤矿安全基础条件，使矿区生态环境恶化的趋势得到控制，提高并保持企业公信度，促进煤炭行业的可持续发展。

14.2 环境保护和治理措施

为了保证能源安全、稳定、可持续利用，保证能源利用与经济发展相互协调，世界主要煤炭生产与消费国家、国际性矿业公司和煤炭公司纷纷大力研究环境保护相关措施。世界上主要的煤炭生产和消费大国，如美国、中国、日本、澳大利亚、德国、英国、南非等在环境保护措施和技术领域的发展已经达到世界领先水平。具有代表性的国际性矿业公司和煤炭公司，如博地能源公司、力拓集团、必和必拓集团、神华集团、斯特拉塔煤炭公司等，在这一领域的发展也积累了很多经验与教训，主要集中于水资源、土地资源、空气、动植物资源等几个方面，每个方面的治理、保护与研究工作无一不经历了漫长的过程，凭借先进的指导理念、科学技术和雄厚的经济实力，投入大量资金，不断完善法律法规，追求高效的能源利用效率和低污染物排放，积极制止煤炭开采和利用过程中对环境的破坏，促进煤炭工业的可持续发展。

环境保护是对煤炭行业可持续发展最显著的挑战，长期的采矿活动对土地、水和空气等产生污染，采取相应方法和措施可以有助于减轻长期对环境的影响，最大限度地减少在矿业开采全生命周期中对环境的负面影响，维护当地居民的利益，环保责任必须融入企业业务运营的战略规划中。

14.2.1 宏观层面

1. 建立健全环境保护法律体系

环境污染防治立法的方向应该是重视和体现全过程污染控制，首先完善现有的制度规范，制定尚缺漏的环境污染防治法，对现有环境污染防治单项法进行法律整合，形成环境污染防治法典。综合性污染防治法典应反映整体环境观，并将可持续发展的理念作为法典的立法统帅思想，提高其法律效力，使其仅次于宪法和基本法律，是各个环境污染防治单行法等子法之上的母法。

制定一系列可操作性强的法律法规，完善环境经济政策，对污染标准进行严格、详细的限制，配套相关强制措施。环境经济政策在制定方面应当加强对环境税、差别税收政策、排污收费政策、生态环境补偿政策、资源核算政策、排污交易政策、环保投入政策、符合环境保护可持续发展要求的信贷政策等环境经济政策的研究。

另外，要扩大环境民主，落实公众参与机制。环境法律、法规对于公众参与的具体方式、程序、参与效力等保障手段也应该逐步加强，以提高公众对环境污染监督的积极性。公众参与对环境治理有着重要的作用，环境影响评价制度中的公众参与是法定的重要程序之一，公众不仅享有充分的知情权，而且在环境影响评价的各个阶段都可以参与其中。

2. 制定污染物排放标准

煤炭燃烧利用造成环境的严重污染，严重影响到人们的日常生活，环境必须与经济发展协调发展，才能够长远发展。因此，制定污染排放标准，从硬性指标方面对企业进行行为约束十分重要。

污染物排放标准是国家对人为污染源排入环境的污染物的浓度或总量所做的限量规定。其目的是通过控制污染源排污量的途径来实现环境质量标准或环境目标，污染物排放标准按污染物形态分为气态、液态、固态以及物理性污染物（如噪声）排放标准。

美国环保局为每个排放源规定了排放许可限定值，“存储”在银行供将来使用或与其他企业进行互换交易。日本的东京、大阪等城市均实施了“排放总量规定”，新建工厂执行比现有工厂更严格的污染物排放标准。德国建立健全了一系列燃煤污染控制措施，对测得的数据进行连续监测，定期向环保监管部门报送存档。中国建立多种环境污染排放标准，规定全面详细，例如大气质量标准、水质量标准、土壤质量标准、生物质量标准、固体废弃物标准以及噪声、辐射、振动、放射性物质等的质量标准。

制定污染物排放标准的基本原则是：尽量满足环境质量标准的要求；必须考虑容许排放量在控制技术上的可行性和经济上的合理性；必须考虑污染源所在地区的环境条件和区域范围内污染源的分布特点等。主要制定方法有按照污染物扩散规律制定、按照最佳可行技术制定、按总量控制制定3种。

3. 政府引导与企业运作相结合

政府引导企业行为趋于规范，为有经营困难的矿山企业提供支持，由政府和企业一道设立环境监事会，由政府代表及企业领导代表组成，中央和地方政府财政预算中每年留置出一定量的公共资金，用于环境治理工程建设。例如德国许多原始露天煤矿经过长期开采，对自然环境造成了严重破坏，对全体居民福利和地区经济发展影响很大。因此，政府主动与企业共同承担起老矿区治理的全部责任，主要目的是恢复生态，提供适合生活居住和经济发展的环境，为了缓解当地失业压力，促进地区经济发展，政府开发出一些区域，有偿出让，吸纳新的投资项目。同时，政府注重整体规划，按步骤逐年落实，常抓不懈，不因执政党和领导人的更迭而变化。

以资源型产业为主导的地区在工业化初期和中期阶段集中了很多企业和人口，一度繁荣辉煌。当经济发展到高级阶段或资源减少时，资源型产业生产成本上升，产业竞争力下降，失去了持续发展的动力。这时企业就应该具备战略性的长远眼光，及时向政府汇报企业或产业发展情况，辅助政府进行政策的制定或修订，例如必要情况下对产业进行结构调整，发展接续替代产业，如高新技术产业、现代服务业等。

4. 加强政府对企业的支持监管力度和全民教育

政府和能源相关部门应该充分利用行政和法律手段，坚决制止和监督企业任意破坏环境的行为，加强政府与地方组织在管理资源方面的合作，强化政府的宏观管理能力；增加环境保护投资比例，为保护环境提供资金保证；为使煤炭环境与经济协调发展必须保证环保投资规模，要强化全民环境保护意识，加强全民环境教育，进一步加强煤炭资源的合理开发利用，对环境保护起到积极的促进作用。

14.2.2 微观层面

1. 发展清洁煤技术

清洁煤技术是指以煤炭洗选为源头、以煤炭高效洁净燃烧为先导、以煤炭气化为核心、以煤炭转化和污染控制为重要内容的技术体系，主要包括煤炭加工、煤炭高效洁净燃烧、煤炭转化等技术手段。

清洁煤技术主要包括两个方面：一是直接烧煤洁净技术。这是在直接烧煤的情况下，需要采用相应的技术措施：燃烧前的净化加工技术，主要是洗选、煤加工和水煤浆技术；燃烧中的净化燃烧技术，主要是流化床燃烧技术和先进燃烧器技术；燃烧后的净化处理技术，主要是消烟除尘和脱硫脱氮技术。二是煤转化为洁净燃料技术。主要是煤的气化以及液化技术、煤气化联合循环发电技术和燃煤磁流体发电技术。

例如通过煤炭洗选减少煤炭固体废弃物和浪费；采用选择性催化还原烟道气处理技术以脱出氮氧化物，采用低氮氧化物燃烧器和燃烧器分段送风，降低废弃物的直接排放；通过示范应用超临界燃煤电厂以及煤气化发电技术，提高电厂发电和输送效率；通过煤炭液化技术，从煤炭中提炼汽油、柴油、煤油等普通石油制品，以及航空燃油和润滑油等高品质石油制品，从而解决煤炭清洁转化利用问题。

清洁煤技术是当前国际上解决环境问题的主导技术之一，也是高技术国际竞争的重要技术领域之一。

2. 发展二氧化碳捕集与封存技术

二氧化碳捕集与封存是指利用吸附、吸收、分离等成熟技术将二氧化碳从废气中捕集出来，通过运输至埋藏地点，长期或永久地储存起来，从而减少二氧化碳直接排放到大气当中。这种技术被认为是未来大规模减少温室气体排放、减缓全球变暖最经济、最可行的方法。

二氧化碳的捕集方式主要有燃烧前捕集、富氧燃烧和燃烧后捕集 3 种。燃烧前捕集技术的捕集系统小,能耗低,在效率以及对污染物的控制方面有很大的潜力,富氧燃烧面临的最大难题是制氧技术的投资和能耗太高,尚未找到廉价低耗的能动技术,燃烧后捕集理论上适用于任何一种火力发电厂,但是系统庞大,耗费大量的能源。总体来讲,目前国际上二氧化碳封存技术还处于应用基础研究和项目示范阶段,这项技术的发展仍然存在一些不确定因素,并且受到越来越多科学界和企业界的关注。

3. 发展煤炭开采循环经济

循环经济即物质闭环流动型经济，是指在人、自然资源和科学技术的大系统内，在资源投入、企业生产、产品消费及其废弃的全过程中，把传统的依赖资源消耗的线性增长的经济，转变为依靠生态型资源循环来发展的经济。

对于煤炭企业来讲，循环经济主要体现在：在资源开采环节，大力提高资源综合开发和回收利用率；在资源消耗环节，大力提高资源利用效率；在废弃物产生环节，大力开展资源综合利用；在再生资源产生环节，大力回收和循环利用各种废旧资源；在社会消费环节，大力提倡绿色消费。

例如：利用煤炭开采或燃烧后的废弃物生产石油、甲醇、柴油、烯烃等化学物品；煤炭精细开采，提高采出率；各个企业生产单位建立污水处理系统，通过净化实现井下用水自给自足，或者适当用于环境绿化和景观用水；对有价值的煤矸石、煤泥等通过技术改造实现循环利用。

矿区大力发展循环经济，其一可以充分提高资源和能源的利用效率，最大限度地减少废物排放，保护生态环境；其二可以实现经济、社会和环境的“共赢”；其三可以拉长产业链，推动环保产业和其他新型产业的发展，增加就业机会。

4. 土地复垦

土地复垦，是指对生产建设活动和自然灾害损毁的土地，采取整治措施，使其达到可供利用状态的活动。例如，在生产建设过程中，因挖损、塌陷、压占等原因造成的土地破坏，采取整治措施，使其恢复到可供利用状态的活动。其广义定义是指对被破坏或退化土地的再生利用及其生态系统恢复的综合性技术过程；狭义定义是专指对工矿业用地的再生利用和生态系统的恢复。

决定土地复垦的标准主要取决于4 个方面的因素：一是待复垦土地被破坏的类型及其程度；二是待复垦土地在被破坏前的自然适宜性和生产潜力；三是复垦土地的工程地质条件和应用机械的可能性；四是社会环境条件和经济因素。根据上述4个因素的综合影响，一般有 3 类不同的复垦标准，分别为接近破坏前的自然适宜性和土地生产力水平，通过复垦改造为具有新适宜性的另一种土地资源，恢复植被、保持其环境功能。

针对矿区开采后遗留的土地资源破坏问题，土地复垦工作是当地正常生活得以延续的保证，也是企业可持续发展的要求。因此，如今煤矿开采之前，当地政府一般要求煤炭或矿业公司与土地所有者进行谈判，评估其是否具备获得采矿许可的资格，同时，开采矿山的公司必须提出土地复垦的用途和计划措施，在进行环境评估和社会经济评估后，经与土地权利人谈判之后确定复垦后的土地用途。

5. 煤炭企业发展环保，加强矿区生态建设

矿区生态环境治理为煤炭企业发展环保产业提供了广阔的市场空间。矿区以煤炭生产为主体，有的还兼有电力、化工、机械等工业。这些工业在生产、贮存、运输过程中会对生态环境造成一定程度的破坏和污染。对土地资源的破坏和占用，以井工开采造成的地表塌陷、矸石山堆积和电力工业产生的粉煤灰排灰场占地为主；对水资源的破坏和污染，主要是煤炭开采对地下水资源的破坏和污染，煤炭开采、洗选和电力、化工、机械等工业对地表径流的污染；对大气环境的污染，主要来自矿井排风、煤层瓦斯抽放、煤矿矸石山的自燃，煤炭的贮、装、运过程中向大气排放的大量粉尘以及电力、化工、建材、机械等工业生产过程中向大气排放的污染物；煤炭开采和煤炭生产在矿山的整个寿命周期内对周围的土地、植物和动物产生直接影响。由此可见，煤炭开采及综合利用带来的生态环境压力将越来越严重。当然，煤炭开采过程中的扬尘和噪声污染也不可忽视。煤炭企业发展环保产业，可为矿区防治环境污染、改善生态环境、保护自然资源提供有效的设施和服务，从而提高环境保护投资效益。可见，煤炭企业发展环保产业是矿区生态环境治理的需要，同时，矿区生态环境治理又为煤炭企业发展环保产业提供了广阔的市场空间。

6. 企业建立环境保护管理系统

环境保护管理系统是一个组织内全面管理体系的组成部分，它包括为制定、实施、实现、评审和保持环境方针所需的组织机构、规划活动、机构职责、惯例、程序、过程和资源，还包括环境方针、目标和指标等管理方面的内容。

不同企业的环境保护管理系统应该依据企业地理、资源、运营能力等多重方面综合考虑制定。首先，环境保护政策是企业所有环境管理的核心，政策能够为环境管理活动、环境管理计划、采矿计划、环境监测以及对当地居民的生活计划产生有

效约束。环境保护管理系统也是企业风险管理的一部分，涉及企业业务的方方面面。其次，制定详细周密的环境规划，组织团结一流的环境管理团队，设立环境控组，组内必须包括企业高级管理人员，技术人员需要具备专业管理知识和现场环境风险评估能力。再次，制定环境管理工具书和培训手册，内容主要涵盖环境保护技术处理、企业活动实施和监督管理措施、矿山作业指导操作标准等内容，培训手册需要包括技术人员以及全体员工对环境的认知、培训内容。最后，环境保护技术的研发也是系统不可或缺的组成部分，需要企业的大力重视和投资。图14－1所示为新西兰固体能源公司建立的环境保护管理系统示例。

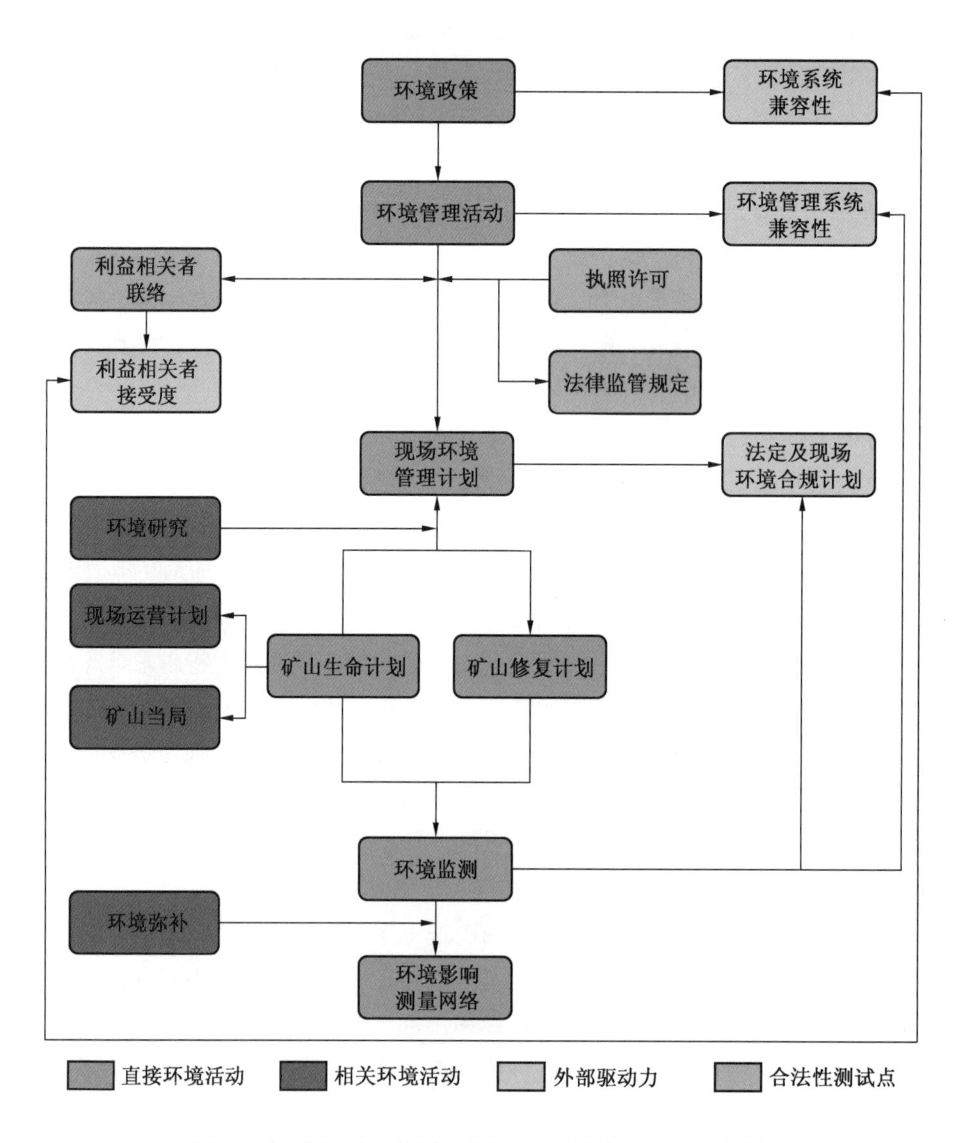

图14－1 新西兰固体能源公司环境保护管理系统示例图

14.3 重视环境保护获取 SLO 的技术路线/实施路径

企业通过改善环境问题获取 SLO 路线图如图 14－2 所示。

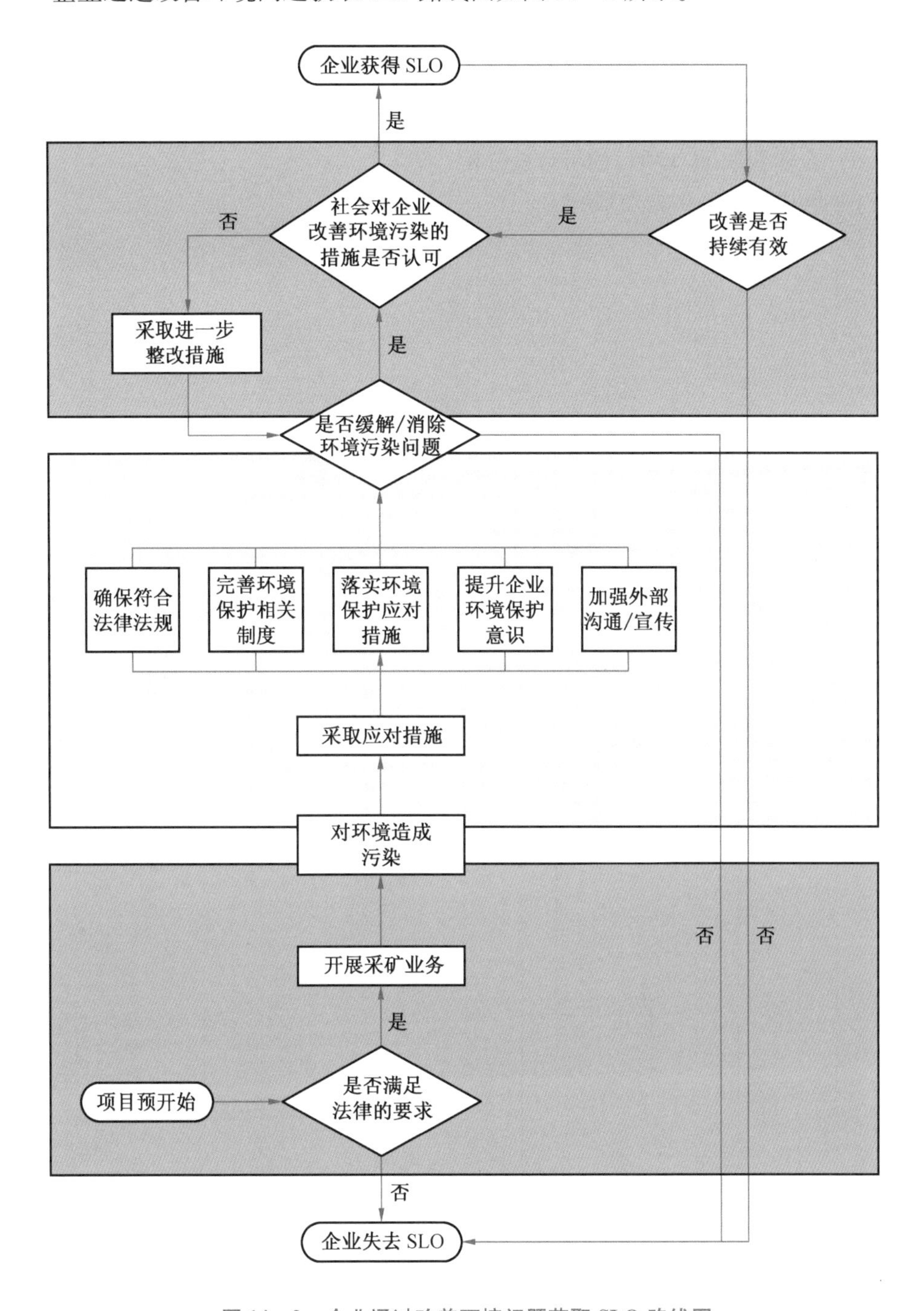

图 14－2　企业通过改善环境问题获取 SLO 路线图

重视环境保护获取SLO的实施途径主要可以从以下几个方面进行：

（1）企业发现由于生产造成的环境问题。

（2）认清环境保护在SLO获取过程中的重要性。

（3）重新评估企业生产经营价值。

（4）企业完善在环境保护方面的做法和措施。

（5）社会对企业的环保行为认可度。

（6）企业获取SLO项目的可行性分析。

（7）判定企业有资格获取SLO。

参 考 文 献

[1] 张明燕. 借鉴澳大利亚西部矿业有限公司的环境标准谈我国矿山环境保护. 国土资源，2001 (05)：53 – 53.

[2] Newmont Mining: The social license to operate. http: //www. ucdenver. edu/academics/InternationalPrograms/CIBER/GlobalForumReports/Documents/Newmont_ Mining_ Social_ License. pdf.

[3] http: //www. peabodyenergy. com/content/152/Environmental – Responsibility.

[4] http: //www. economist. com/news/business/21599011 – government – struggles – contain – public – backlash – against – miners – digging – itself – out.

[5] http://www. reuters. com/article/2014/04/13/colombia – drummond – idUSL2N0N50AT-20140413.

[6] http: //socialicense. com/action. html.

[7] 史建华. 煤炭企业加强环境保护的重要意义及其对策. 现代经济信息，2013 (18)：140.

第 4 篇

安全领域的最佳实践范例

在全球经济一体化的趋势下，安全生产在国家安全、经济和社会发展中占据越来越重要的地位。虽然从整体上来看，煤矿企业的安全生产状况趋于好转的态势，事故率和死亡率都有所下降，但与其他行业相比，目前煤矿企业的安全生产状况仍然非常严峻且已引起社会的广泛关注。企业对安全问题的重视程度以及在整个安全事件中的具体表现将直接影响企业社会营运许可的获得。要想扭转当前的煤矿企业安全生产形势需要多方入手，把安全生产真正视为一个系统工程，针对每一个可能导致伤亡事故发生的不安全因素采取有针对性的措施，减少煤炭开采过程中安全事件的发生，有效消除由此而带来的对企业获得社会营运许可的影响，从而实现煤矿企业的持续健康发展。

安全因素概况

15.1 安全因素分类

在绝大多数时候，矿业公司以及其他监管机构等组织对事故调查的主要目的是为了确定事故发生的原因，从而针对这些原因来防止同类事件的再次发生。这不仅要求针对事故的调查能够识别重要的直接和间接原因，也必须确定事故真实的根本原因。当潜在的安全隐患来源被确认并且对隐患进行消除的时候，很可能也会根除未来可能的不安全的工作流程，避免出现不安全操作的相关环境。

随着调查的进行，调查人员将不可避免地对事故发生的原因形成一系列观点。然而，为了从根本上减少或消除事故的发生，事故调查必须设计得全面而彻底，能够起到正确和适当地鉴别、发掘以及深入了解根本原因的作用。

事故调查人员必须对和事故相关以及潜在的条件、行为和环境做出全盘考虑，而不是根据个人的标准对这些相关因素进行认知。同时，事故调查人员必须不断地提出质疑，搞清楚为什么这些情况发生了；如果避免了这些情况，事故的发生可能性是不是会降低甚至消除。事故发生的根本原因的决策和执行内容究竟是什么，这是事故调查需要尝试发现和解决的。

1. 直接原因

所有事故都可以归咎于一个引发事故的直接原因，而这个直接原因常常是能量源或危险材料造成的伤害或导致的意外事件。事故分类信息通常会暗示事故的直接原因，例如：冒顶事故就意味着顶板压力过大，支护设施没能有效保护顶板。然而，事故的直接原因应该进一步深入了解，以确定到底在细节上具体发生了什么（例如冒顶的规模和冒落岩石的组成，或一个特定性质的岩石组成结构的破坏）。必须确定环境和物理因素来进行识别、量化，并与直接原因紧密联系起来。

（1）环境因素。事故调查应该包括评估诸多可能已经在事故中起了作用的环境因素。天气情况作为最基本的环境因素，不可避免地需要被认定是可能的事故引发原因之一。降水、温度、风或闪电等可能影响到控制或工作设备，可能降低能见度，或导致漏检工作设备的危险。然而，并不能因为相关因素存在就定为可能导致事故的原因，该因素对事故的致因必须得到切实验证。

（2）物理因素。事故所涉及的物理因素由于对事故的成因有重要的影响，必须对其进行评估。物理因素包括采矿设计、采矿设施或设备等一系列的因素。例如：支柱的尺寸和形状可以影响顶板稳定性；通风系统的不足可能是矿井设计而导致的等。如果矿井的设备是不适应矿山或采矿系统，设备选型可能是一个事故因素。设备或工具的维护不足很可能成为引发事故的因素之一。工具和设备的工作状况及其作用必须进行评估。使用保护服装或设备同样必须进行评估，工作服或工作设备使用不当可能是导致事故的因素。

2. 间接原因

间接原因一般是人员的行动或不作为通过直接原因的发生而导致了危险或发生计划外的事件。安全计划和规程要求矿工和矿井运营商采取具体措施来消除、减轻或减少矿工所面临的危害。这些具体措施包括：进行相关检查，提供设备安装协助，在危害发生之前及时纠正或消除。

3. 根本原因

根本原因是用来鉴别矿井运营商的规则、政策、流程或程序的事故相关原因。这些因素未能确保员工采取适当的行动来防止间接原因导致危险或意外事件的发生。还包括运营商的规则、政策、程序和方案的实例包括顶层设计、安全方案、矿井通风计划、培训计划，以及其他公司的安全文档。

企业和员工、承包商、企业伙伴的和谐关系可以提高对根本原因的持续关注度。同时可以积极和产业专家、学术专家、同业者以及产业协会交流提高安全的途径和方法。这是提高安全水平、防止事故发生的有力措施。

15.2 事故预防与应对

1. 事故预防

要对安全事故的发生进行预防，需要自始至终在各个方面遵守相关规程，并根据相关安全因素事故理论的指导采取措施进行防范。此外，自发建立有效的安全和健康计划可以防止员工发生受伤和疾病的情况，降低对员工补偿等成本，也在一定意义上使公司的声望有了较大的提升。在矿井建立安全系统十分必要，安全系统可以有目的地关注多个特定工作场所的潜在危险并在其未发生时消除安全隐患。同样很重要的是将矿井所有者和每一位员工都调动起来，使其对安全方面予以重视。每个人都有权利工作在安全和健康的环境中。当然，建立相关安全和健康计划或同等类型系统，应该根据具体情况进行内容调整，以便适应矿井所在公司，融入其独有的经营文化。

要建立、维护一个安全健康系统，从而不断消除工作场所的危险，需要考虑诸多因素。安全健康系统的有效运行离不开以下5个要素：领导管理与员工配合、工作环境分析、潜在危险预防与控制、安全和健康培训，以及程序评估过程。

2. 事故处理

（1）事故调查。事故调查主要内容是鉴别和认识引起事故的安全因素。安全因素分为直接原因、间接原因和根本原因，而确定根本原因是未来防止事故发生的基本前提。只有确定了根本原因，才可以针对这些原因对管理方式、信息系统和工程施工工序等部分进行完善优化。

美国联邦矿业安全与健康监督局（MSHA）的矿业事故调查报告主要包括概要、基本情况、事故描述、事故调查、事故讨论、相关人员培训和经验、根本原因分析、总结以及强制措施这9个部分。通过对这9个部分的搜集、分析和总结，可以对事故的根本原因进行判定，从而对未来的生产运营过程进行指导。

（2）安全体系完善。为了将可能的矿山事故损失降低，在详尽的事故调查进行之后，需要建立健全员工安全培训制度、矿山安全预警体系及应急救援体系，修改和完善不适应矿井具体条件、不符合实际情况的规章制度。一方面致力于降低事故发生的可能性；另一方面同时制定相关安全预案，尝试降低事故发生所产生的危害和损失。

15.3 重视安全因素的意义

1. 应对社会关注

安全因素所引起的社会关注可以对公司有直接的影响。根据议程设置媒体理论（Media Agenda Setting Theory），媒体关注的提升会引起社会对特定问题的关注。一旦社区对特定问题的关注提升，组织的合法性可能会遭到威胁，因此需要采取补救措施。

在安全事故发生之前就降低其发生可能性，可以有效地避免社会对可能的安全因素问题的关注。而在保持安全作业的过程中，可以主动或被动地对媒体、社会发出积极的信号，证实企业对社会责任的关注和担负。

2. 企业形象素质

保护工人具有现实的商业意义，并不只是道义上的付出和责任。这是由于引发伤亡的事故代价实际比许多人想象得还要昂贵，不仅生产进度会受到事故影响，而且事故处理相关花费在事故发生之后会迅速攀升。在事故、伤亡减少的情况下，不仅可以节省大量的资金，而且可以对SLO的获取产生积极的影响。

安全因素的重视可以降低或杜绝由于事故而引发的不必要花费，从而降低成本。而具有良好安全记录的项目会给公司的声望提供良好的证据支撑，从而在未来可能的政府、地方、社区和人民在考虑公司所选项目的过程中具有积极影响。

15.4　企业社会责任

矿业企业不仅需要提供社会发展的必要资源，在生产经营过程中还要担负一个企业必需的社会责任。虽然企业社会责任并没有形成公认的框架，但全球社会对于企业社会责任的认识逐步完整并且对其意义也更加重视。企业在激烈的市场竞争中不仅不能忽视企业社会责任，反而要加以重视。

社会责任标准（Social Accountability 8000，缩写 SA8000）作为全球首个企业道德规范标准，旨在督促企业符合社会责任要求，保护企业内部劳工的权利。社会责任标准明文对企业的健康与安全方面提出了要求，要求提供安全工作环境，建立危害侦测、规避与回应机制等对安全的一系列规定。安全作为社会责任的一部分，需要企业严格要求，承担起对个人和社会的责任。

16 煤炭开采过程重视安全问题的意义

煤矿开采，尤其是井下开采是非常危险的，矿工们暴露在其他职业所不会面对的许多灾害之下，具有作业场所分散、空间狭窄、光线黑暗、空气不足、温度比较高、湿度比较大、矿尘比较多、工作地点移动频繁、多工种交叉作业、管理复杂等特点，这些因素随时可能对员工的生命安全带来危害，并且随时可能受到矿压、瓦斯、煤尘、水、火等多种灾害的威胁，严重影响着矿工的生命财产安全。因此，对于煤炭企业获取社会营运许可来说，职工的生命财产安全是否能得到有效保障是社会最为关注的。一个煤炭企业如果无法有效地保障职工的生命财产安全，尤其是生命安全的时候，即使能带来巨大的经济利益，它也很难得到社会的认可，即便项目在初期阶段尚未发生安全危害的时候，得到了开采许可权，如果其安全隐患无法有效控制，企业就无法获得社会营运许可，从而影响煤炭的后续开采及利用。

16.1 重视安全问题对煤炭行业发展的意义

安全管理的目的主要有3个：首先是必须保证好工人的安全和健康；其次是保证物质财产不受任何损失；最后是保护好人类的生存环境。

在当今市场经济体制下，恶性竞争对矿山企业产生巨大冲击，导致安全生产事故频发，加上对资源开发单纯的索取观念，矿山片面追求经济效益，使得很多矿山企业的安全投资严重不足，导致安全管理和环境保护意识淡化、开采技术和设备不对等、现场管理混乱、职工安全培训不到位、违章作业时有发生等。而企业开展良好的安全管理模式，方可以保证企业生产平稳、顺利地运行，而落后的安全管理模式，必会影响企业的发展，给企业生产造成严重的危害。因此，用好安全管理模式，建立科学的安全管理模式，是现代化企业必须具备的。

有效的安全生产管理体系的建设可以让企业了解并跟进当今市场的形势，这是企业在安全生产中不断改进具体工作的重要组成部分。为确保所建立与实施的安全先进管理机构能够达到控制矿山安全风险和持续改进安全绩效的目的，安全政策应包括以下的要求和承诺：认识工作生产安全与工人身体健康是企业发展的关键，是整个管理体系的优先事项；企业发展必须遵守国家安全法律、法规，争取达到一个高水平的职业安全与健康表现，提供足够及适当的资源去实施该政策；应将安全与健康管理列为由高级行政人员到一线管理阶层的一项主要职责；同时，政策应表达矿山企业的整体意向、方法、目标及行动反应所依据的标准和原则。

煤矿企业事故多发是很多因素共同作用的结果，为了实现煤矿企业的安全生产目标，减少更多伤亡事故，只有多方入手采取措施，努力建立煤矿企业安全生产的长效机制，才能尽快扭转煤炭行业事故高发的局面，确保煤矿企业安全生产形势根本好转，从而促进煤矿企业的健康可持续发展。

16.2　重视安全问题对煤炭行业获得 SLO 的意义

在全球经济一体化的趋势下，安全生产在国家安全、经济和社会发展中占据越来越重要的地位。虽然从整体上来看，煤矿企业的安全生产状况趋于好转的态势，事故率和死亡率都有所下降，但与其他行业相比，目前煤矿企业的安全生产状况仍然非常严峻且已引起社会的广泛关注，煤矿企业伤亡事故的消极影响远远超过了经济范畴，严重影响了煤矿企业的健康持续发展，亟待扭转。而由于安全状况所引发的社会关注，并且由此而给煤炭开采带来的消极影响使煤炭企业因为安全问题无法获得社会营运许可或者由此而失去社会营运许可。

因此，企业对安全问题的重视程度以及在整个安全事件中的具体表现将直接影响企业社会营运许可的获得。而煤矿企业伤亡事故频发既有煤炭赋存和开采条件差、整体生产技术状况落后等因素，又有安全欠账多、安全投入严重不足、从业人员素质低、企业安全管理薄弱以及政府管制不力等因素；既有煤矿企业自身可控的因素，也有煤矿企业自身无法左右的因素，应该说是很多因素综合作用的结果，因此要想扭转当前的煤矿企业安全生产形势就需要多方入手，把安全生产真正视为一个系统工程，针对每一个可能导致伤亡事故发生的不安全因素采取有针对性的措施，才能既减少煤炭开采过程中安全事件的发生，又能有效消除由此而带来的对企业获得社会营运许可的影响，从而实现煤矿企业的持续健康发展。

案例分析

17.1 国际非煤矿业公司案例分析

17.1.1 重视安全因素获得SLO的正面案例

【案例介绍】

嘉能可集团（Glencore Xstrata）是由嘉能可国际公司（Glencore International plc）和斯特拉塔公司（Xstrata plc）于2013年5月合并成立的全球第四大矿业集团。合并后的集团公司业务涉及五大洲，销售额超过2000亿美元，市值约900亿美元。

Kidd铜矿工程位于安大略州蒂明斯（Timmins，Ontario，Canada），它每年生产的235×10^4 t矿石中，可以平均生产40000 t铜，并且具有可观的锌和银的副产品。Kidd矿井的采矿活动在地下2926 m进行，这个数据令Kidd矿井成为世界上最深的基本金属矿。矿井的投产时间以及深度上的条件形成了一个艰难的运行环境，要保持正常生产需要独特的技术解决方案和很高的安全管理水平。Xstrata铜业及其前身自1966年以来掌控着对Kidd溪铜/锌矿床的开采权。

2013年，位于加拿大、隶属于Glencore Xstrata集团的Kidd铜矿工程赢得了加拿大John T. Ryan国家安全奖杯。John T. Ryan奖杯用来奖励上一年安全表现最佳、20万工时伤亡率最低的优秀矿井。而Kidd铜矿工程在2012年的超过250万工时中仅有两例需上报伤员，伤亡上报率为0.16，达到了加拿大金属矿最佳水平。而这意味着Kidd铜矿工程自1975年来第11次获得此安全奖。这座位于Timmins的铜矿由于其在2012年的安全表现得到了金属矿产业界的普遍认可。Kidd铜矿多年来持续为提高安全绩效而努力，这是对该企业零伤害承诺的兑现，Kidd铜矿的所有员工以及合同方员工都可以为他们自身家庭的幸福和社区的发展做出贡献。Kidd铜矿非常引以为豪的是其员工对于追求零伤亡、追求卓越安全目标的承诺和付出，而这种安全文化的高标准是自上而下的（图17-1）。很多安全方面的努力都是为了帮助大家了解工程现场的风险和危害，并且采取有效措施使工作的风险最小化。Kidd 铜矿同样还致力于制定安全相关项目和提供培训教育的工作。

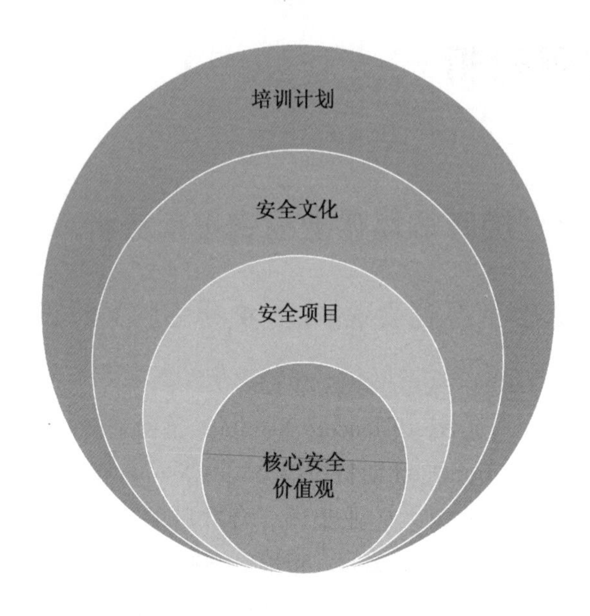

图 17－1　Kidd 铜矿安全价值体系

Kidd 铜矿的管理层一方面加强对员工的安全意识的培训，帮助人们理解他们的安全意识状态如何影响他们的受伤风险；另一方面努力提升企业的自动化水平，自动化程度提高安全性也是一个重点，从而使工作变得更高效，更安全。Kidd 铜矿现在正在研究把自动电铲车运送进矿井，因为这种自动电铲车将不会有操作人员，那可以将现有的工作人员从地下环境移动到一个更符合人体工程学的环境，这将极大程度减少危害的发生。同时，企业还加强对其他危害途径的管控，例如承包商环节：Glencore Xstrata 铜业板块的 Kidd 铜矿工程的合同承包商的文化也和企业的安全文化一样，做出了安全承诺。矿山所有的 200 名承包商都是通过认证和审查过程层层筛选的。Kidd 铜矿的管理层为承包商必须具有的安全相关培训和能力建立了最低要求的标准，承包商来自社会的许多不同阶层，有许多不同的技能，因而和他们合作意味着流程中引入了新的变量，这使得保证安全变得很难。作为工程项目的甲方，需要确保承包商表现出和其员工相同的核心安全价值观。

【案例分析】

自 1973 年以来，Kidd 铜矿工程获得了众多安全奖项。尤其自 2006 年以来，需上报伤亡事件下降了 90%。截至 2013 年，已经超过 20 个月（4 万工时）实现零死亡纪录。这个纪录不仅保障了矿场的安全稳定运行，Kidd 铜矿也因其优秀的安全保障措施赢得了当地社区和政府的拥护，正是这种拥护促进了企业的安全措施的开展，也促进了企业经济的增长。而这种拥护同时也是企业获得社会营运许可的一种表现；当然，不能必然地说在安全环节的优异表现直接帮助企业赢得了社会营运许可，但这种表现的确为企业获取社会营运许可增添了必要的甚至是至关重要的砝码。

17.1.2 忽视安全因素失去 SLO 的反面案例

【案例介绍】

巴西 E 公司是世界第一大铁矿石生产和出口商，也是美洲大陆最大的采矿业公司。E 公司总部位于巴西，其矿产开采开发规划遍布世界 30 多个国家，其中包括：委内瑞拉、秘鲁、智利、阿根廷、加蓬、莫桑比克、安哥拉、巴西、蒙古和中国。斯德比矿（Stobie Mine）是隶属于 VALE 加拿大有限责任公司的一座联合镍矿，位于加拿大安大略省（Ontario）萨德伯里市（Sudbury），该联合矿建立时由 INCO 的福鲁德矿和 Mond Nickel 公司的蒙德矿（Mond Mine）组成。1929 年 1 月 1 日，两矿被 INCO 公司合并，剩下福鲁德（Frood）和斯德比（Stobie）两矿保持运营。

2011 年 6 月 8 日，两名员工在 S 矿地表以下约 900 m 处工作时，受到了致命伤，不幸去世。两人工作时被一波突出的矿岩和水掩埋在了工作地点，大约在晚上 10 点，另一名巡视该区域的工作人员发现了事故现场并立即寻求了救援。但两人在现场已经死亡。其实，在此之前，S 矿有许多类似事故发生。1996 年 2 月 14 日，同样的矿岩突出与水突出造成了克里夫德・巴斯蒂安的死亡。2004 年 2 月 9 日，在 430 m 水平用来输送矿石的斜道处发生了水岩混合物喷流。2005 年 6 月 23 日，在 730 m 水平的第 11 岔口处发生混合物喷流。2008 年 4 月 2 日，同样的第 11 岔口在 670 m 水平发生了另一起混合物喷流，由在混合物柱形空间积滞水引起。2008 年 4 月 14 日，第 11 岔口在 730 m 水平再次发生了混合物喷流。2009 年 2 月 10 日，在 790 m 水平发生一起混合物喷流。2010 年 9 月 5 日，在 11 岔口的 670 m 水平再次发生一起矿岩及水混合物喷流。

这一系列的事故也引起了外界的高度关注。加拿大劳动部发出了 9 份停工指令对该矿进行调查，并根据加拿大职业健康与安全法令，对于这起事故向 VALE 及其一名员工提出了 9 项指控（图 17 -2）。

加拿大钢铁工人联合会（United Steelworkers）的安大略以及亚特兰大区分会的主席 Bertrand 和 Wayne Fraser 表示，相关的调查暴露了 S 矿（Stobie Mine）太多的安全问题，因此，整个矿井都需要进行一次完整的公开安全调查。并且整个安大略省的采矿业安全情况都需要进行一次公开调查。民意调查中有72%的人认为E公司和其管理者应承担事故的法律责任（图17－2）。

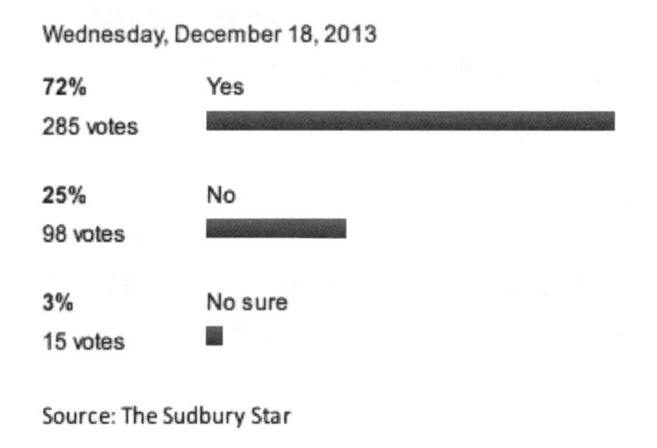

Poll

Do you think [illegible] and its managers should face criminal charges in the death of two Stobie miners in 2011?

Wednesday, December 18, 2013

72% 285 votes	Yes
25% 98 votes	No
3% 15 votes	No sure

Source: The Sudbury Star

图17－2　The Sudbury Star 民意调查

安大略省劳工联盟、工会以及其他组织和人员要求对事故重新进行刑事调查，质问为何巴西公司E公司加拿大分公司的经理层没有被指控。安大略劳工联盟代表了安大略省的54个工会、100万工人，他们对萨德伯里市法庭的100万加元的罚款判决表示愤怒，认为尽管E公司已经被判决违反健康安全法令，但鉴于安大略省平均每年80人的工作伤亡，E公司和其管理者还应该对两个死者负法律责任。

【案例分析】

这些事故的持续发生是由于斯德比矿（Stobie Mine）的管理层并没有有效地调集足够的资源来维护矿井排水系统，导致排水孔被堵塞的情况得以继续，以至于矿井水的积滞时有发生。而由于此种情况在该矿井下经常发生，以至于工人们习惯性地在发水区域操作LHD设备而没有引起任何的质疑。这种不安全的施工成为得到默许认可的惯常行为。尽管矿井水的积滞是一种安全隐患，但是它已经成为一种该矿所能接受为常态的矿井条件，没有引起重视，这致使2011年6月8日的事故再次发生。

根据安全因素事故理论分析，矿岩与水混合物的能量积蓄情况属于物的不安全状态（事故因果），这种状态信息没有得到操作人员的认识和理解，因此无法做出正确决策和行动，从而引起了能量意外释放（能量意外释放、动态变化），导致了事故的发生。这其中涉及的直接事故原因是环境原因：矿岩与水混合物压力较大，产生能量聚集；间接事故原因是操作人员没有识别施工的危险，同时多次事故的发生没有引起管理人员的重视；根本事故原因是施工的安全流程不到位，没有合适的安全检查步骤，而事故信息的上层反馈也很可能存在不恰当的情况。根本原因的确定在一定程度上确定了企业的安全责任，意味着企业的安全文化不够成熟或不够完整，很容易引起利益相关方的不满和抗议（图 17-3）。

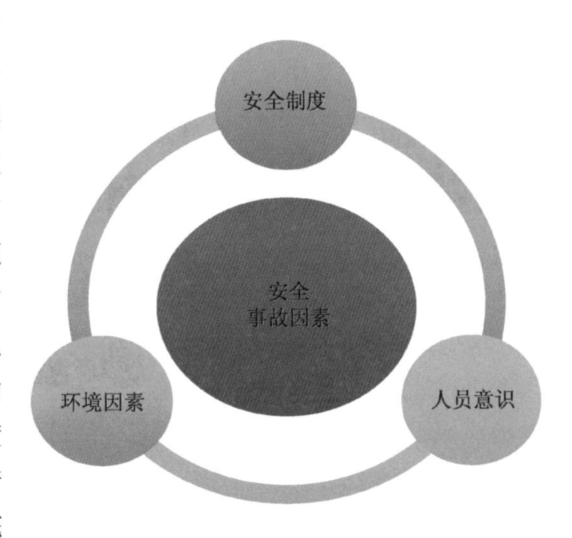

图 17-3　S 矿事故发生主要因素

而安大略省劳工联盟、工会以及其他组织和人员作为 S 矿的利益相关者，企业的一举一动都与这些利益相关者息息相关，他们的立场和对企业所持有的态度也在某种程度上直接决定了企业的开采业务能否持续有效运营。采矿企业能否有效地处理好与利益相关者的关系，不仅直接决定了企业能否获得并长久地维持 SLO，更加决定了这个采矿项目能否在当地持续开展下去。作为利益相关者最关注的安全问题，S 矿对于这一问题不够重视所导致的危害，直接损害了利益相关者的权益，这就意味着企业给自己获取社会营运许可带来了巨大的阻力，也为开采业务的持续开展埋下了巨大隐患。

17.2　国际煤炭公司案例分析

17.2.1　重视安全因素获得 SLO 的正面案例

【案例 1 介绍】

阿尔法自然资源（Alpha Natural Resources）集团是美洲领先的煤炭生产商之一，涉及业务包括煤炭生产、设备维修、道路建设以及物流业务。其客户包括电力生产商、钢铁制造商。在美国弗吉尼亚州、西弗吉尼亚州、肯塔基州、宾夕法尼亚州以及怀俄明州多地具有130个生产矿井以及30个煤炭开拓准备矿井。

Camp Creek煤矿又名Rockspring煤矿，由Alpha自然资源集团（Alpha Natural Resources, Inc.）自2005年开始控股，由隶属于Foundation Coal的Rockspring发展集团开发。该矿位于西弗吉尼亚州Camp Creek。现拥有员工430人，于2000年开始生产，2004年达产300×10^4 t。

Alpha自然资源集团是一个美国领先的煤炭供应商，在2014年1月31日荣获了最佳安全奖（Awards for Safety Excellence）。这个奖项的颁发是为了表彰其2013年出色的安全绩效表现——在其85个工程项目之中，2013全年没有一项根据煤炭安全标准应该报告的伤亡，而这意味着该公司400万工时没有出现事故。该年安全表现也是该公司历史上最好的。由Rockspring开发集团（Rockspring Development, Inc.）运营的Camp Creek井工煤矿获得了Eustace E. Frederick Milestone of Safety Award，这是井工矿范例式的安全绩效表现。

Alpha基于员工行为的安全流程“正确运营（Running Right）”是完全由员工推动的（图17-4）。它的核心在于每一位员工的参与，从而从多角度消除安全隐患以及产生安全隐患的行为。该安全流程基于员工行为的理论基础是由于研究发现88%的事故可以归因于员工行为。多种安全因素事故理论也将人的行为作为事故发生中无法忽视的重要因素。

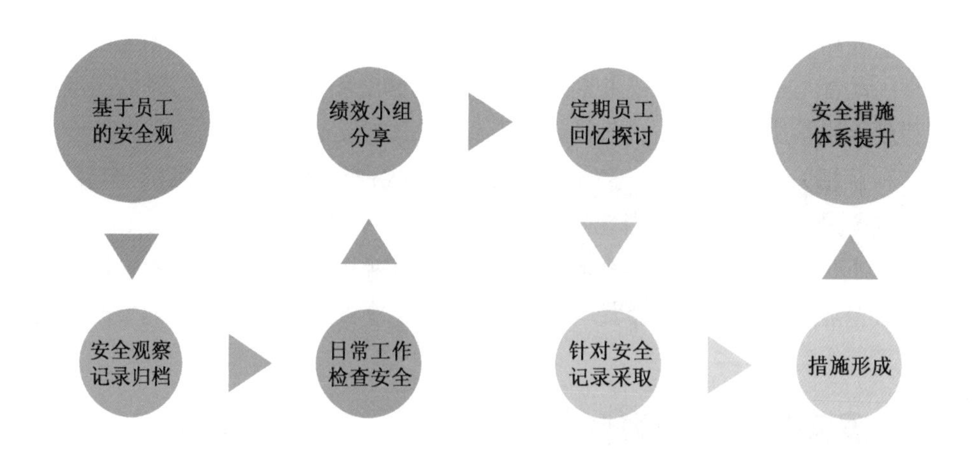

图17-4　Alpha Natural Resources安全流程

“这些出类拔萃的成就是由我们的工作人员取得的，他们将安全作为每日从事所有工作的最核心价值，而这种专注是历久弥新的”，Alpha自然资源集团高级副董事长艾伦·度普利（Allen Dupree）说，“这些奖项是对他们安全承诺的认可，也是对我们‘正确运营’流程的认可。”

【案例1 分析】

Alpha 的“正确运营（Running Right）”理念及“安全（Safety）”流程能够使每个员工总是做出正确的选择，在这过程中，企业给员工提供了表达意见的机会，以及相关培训的机会和资源，以满足他们对安全工作的期望。这种理念不仅帮助企业减少了安全事故的发生，也帮助他们赢得了社区及当地政府的认可，这种认可是企业持续获得采矿权的有效保障，也是企业获得社会营运许可的必要条件。

【案例2 介绍】

如今的中国煤炭企业正在积极采取多种措施解决安全生产问题，煤矿安全生产也连年好转——煤炭百万吨死亡率 2009 年降至 0.892，2010 年降至 0.749，2011 年再降为 0.564，2012 年又降到 0.37。但是，与世界发达国家相比，仍存在较大差距。以美国为例，作为世界第二大产煤国，其过去 10 多年来煤炭年产量一直稳定在 10×10^8 t 左右，煤矿年死亡人数 30 人左右，百万吨死亡率长期控制在 0.1 以下。特别是近几年来，其百万吨死亡率降到了 0.03。也就是说，中国目前 0.37 的煤炭百万吨死亡率仍高出美国 10 多倍。

而作为中国煤炭产量最高、煤矿数量最多、煤矿分布跨度最大的煤炭企业，神华集团经过十余年本质安全型企业的构建，已取得了显著的成效，安全生产世界领先。截至 2013 年，集团原煤生产百万吨死亡率已从 2005 年以来的 0.02 下降至 0.004。比处于世界领先水平的美国还要低 7.5 倍。其中，宁夏煤业在并入神华集团之前的几年，平均百万吨死亡率为 3.57，并入神华集团之后，全力推进安全风险预控管理体系，近年来，宁煤在实现产量快速增长的同时，安全生产水平全面提升，并创造出连续 4 年煤炭生产“零死亡”的辉煌业绩。“西三局”煤矿（乌达、海勃湾、包头 3 个矿务局）在划归神华集团前，百万吨死亡率平均高达 5.74，并入神华之后，2011 年煤矿百万吨死亡率平均降至 0.0539。其中包头矿务局两年实现“零死亡”。

【案例2 分析】

神华集团建立了以“事故可防可控”为核心的“五个一”安全管控体系，即：树立一个理念，一个“煤矿能够做到不死人”的事故可防可控理念；构建一套体系，一套安全风险预控管理体系，对人、机、环、管各个环节的不安全因素进行全面辨识、分析、评估和管控，使各类危险因素始终处于动态受控状态（图 17 -5）；探索一条途径，一条安全高效现代化矿井建设的新途径；打造一支队伍，一支素质过硬的员工队伍；培育一种文化，一种“以人为本，生命至上”的安全文化。

经过十余年本质安全型企业的构建，神华集团在生产本质安全矿井建设中取得了显著的成效。有效地提高了企业劳动生产率和员工的工作积极性，在提升企业经济效益的同时，为企业获取 SLO 提供了有力的保障。集团的安全管理模式也成为

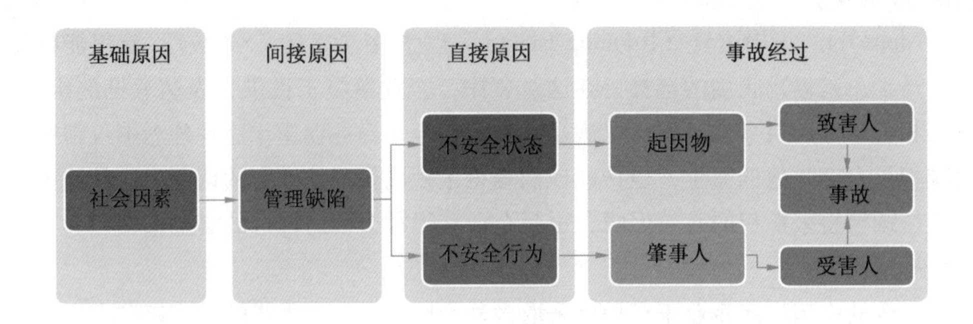

图17-5 神华集团本质安全体系下事故原因分析

国内外煤炭企业安全实践的标杆。

17.2.2 忽视安全因素失去SLO的反面案例

【案例介绍】

F能源公司是美国盈利规模排名第四、产量排名第六的煤炭生产商。年产量40 Mt，并掌握西弗吉尼亚南部23×10^8 t的煤炭储量资源。2011年1月，F能源公司被Alpha Natural Resources以71亿美元的价款收购。

U井工煤矿位于西弗吉尼亚Raleigh郡Montcoal，是F能源公司旗下的一座年产量数百万吨级的煤矿，2000—2009年，总产煤数量2150×10^4 t，同时伴随这一产量的是1968项的安全违规和2000000美元的各项罚款。

2010年4月9日，西弗吉尼亚州蒙特可市（Montcoal，W. VA）的U井工煤矿发生煤尘和瓦斯爆炸，致使31名员工中29人死亡，这场事故是美国自1970年以来最严重的煤矿事故。事故的发生是由较高的瓦斯浓度引起，由于未知的火源引发了爆炸。相关的调查发现该公司违反了1977年签署的煤炭法案中的多条安全标准，指责该公司在维持其通风系统方面有安全责任。2011年12月6日，MSHA经过调查判定该事故是完全可以避免的煤尘与瓦斯爆炸事故。

U矿难已经被作为美国煤矿矿业史上最具代表性的反面案例之一，而F能源也由于忽视煤矿工人安全、重视收益的行为面对指控。在事故的后续判决中，两个该煤矿官员被判入狱。其中一名官员大卫·哈格哈特（David Hughart）当庭承认与其他人在2000—2010年3月期间忽略了安全监察的警告，使其公司以及其他F矿井的工人继续工作。另一名不知名高管被判21个月的监禁，因在职期间欺骗政府而获罪。F公司时任CEO的丹·布兰肯施（Don Blankenship）在事故发生后8个月退休。受害者家属以及周围的群众认为丹应该为事故负责，多项调查发现该矿事故是由于管理层明目张胆地忽略州政府安全法令造成的。

F公司民事及刑事责任共赔偿了420万美元的资金。1995年以来，U煤矿已被指出存在3007起违反安全的行为。此次事故发生之后，U煤矿被永久关停。

【案例分析】

通过对事故的原因进行分析发现，直接原因是环境原因和人为原因：瓦斯超限并且出现设备故障或操作不当引起火花；间接原因是没有适当的安全检查制度避免操作不当引起火花，以及缺乏拥有合理能力的通风设施防止瓦斯水平超限；根本原因是运营安全制度中没有合理地监测、执行通风系统的标准，从而引起了此次爆炸的发生（图17－6）。

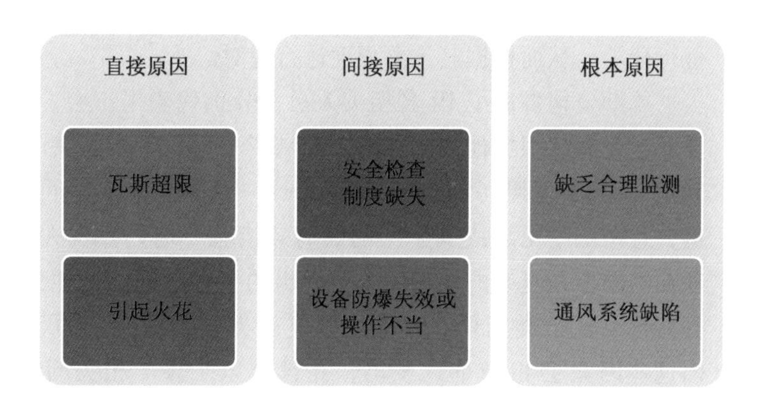

图17－6　U煤矿瓦斯与煤尘爆炸事故原因

也就是说发生事故的最根本原因还是对于安全隐患的排除措施不够到位，而这种不到位措施又是由于管理层对安全问题不够重视，对职工的生命财产安全不够尊重。虽然这次事故后，该煤矿已被关停，受到了法律的制裁，但这种管理层明目张胆地忽略州政府安全法令是对安全问题在认识上的忽视，这种认识上的缺陷是内在的，对企业的影响也是深远的。也就是说，在这种意识不到位的情况下，没有有效的安全保障措施，即使企业勉强满足了法律的要求，这种浅层面的表现并不能持久地保持企业的安全状况，安全隐患依旧随时存在，最终也会因为得不到社会的认可而无法获得社会营运许可，从而影响企业的持续运营。

企业通过安全因素获取 SLO 的措施及技术路线图

18.1 企业通过安全因素获取 SLO 的措施

在安全相关因素以及其分类中，并不是所有因素都存在安全问题。因此需要针对每个煤矿现有以及未来可能产生的诸多安全问题进行分类，从而根据其重要程度进行应对。

德勤公司咨询了 19 名相关人员，分别代表了工会、采矿组织以及安全专家，根据他们的意见，总结了一些比较难解决的安全问题，采用 Cynefin 框架（Cynefin Framework）对采矿业安全问题进行了分类，意图归结出解决安全问题的有效措施。他们发现大多数安全问题在本质上是复杂的，相关人员提出的大多数问题由他们进行分类，都落在了复杂类别里。解决这些复杂类别的问题会面临很多因素，而这些因素会相当难以预测，并且难以干预。相关问题分布如图 18－1 所示。

德勤通过对人员进行访问，得到了一些当前在采矿业的安全处理模式。按照 Cynefin 框架，这些当前在安全领域所采用的干涉手段和解决方案所处的分类属于有序分类（图 18－2）。

这个框架给出了针对不同问题可以采取的干预措施，从而解决安全问题避免引起负面的社会影响。在实施中，应鼓励交流，聚焦于高质量采矿，培训和教育员工关注安全而不是安全措施，防止瞒报真实事故而丧失提升安全水平的机会。

18.2 企业通过安全因素获取 SLO 的技术路线图

根据对安全因素的鉴定、分类；对安全问题的认识以及应对措施的构建，可以解决安全问题，从而获得社会营运许可。

获取社会营运许可的路径包括 3 部分：

（1）安全隐患（及事故）原因鉴别。

（2）构建并实施应对问题的措施。

（3）政府和社会对企业经营的认可。

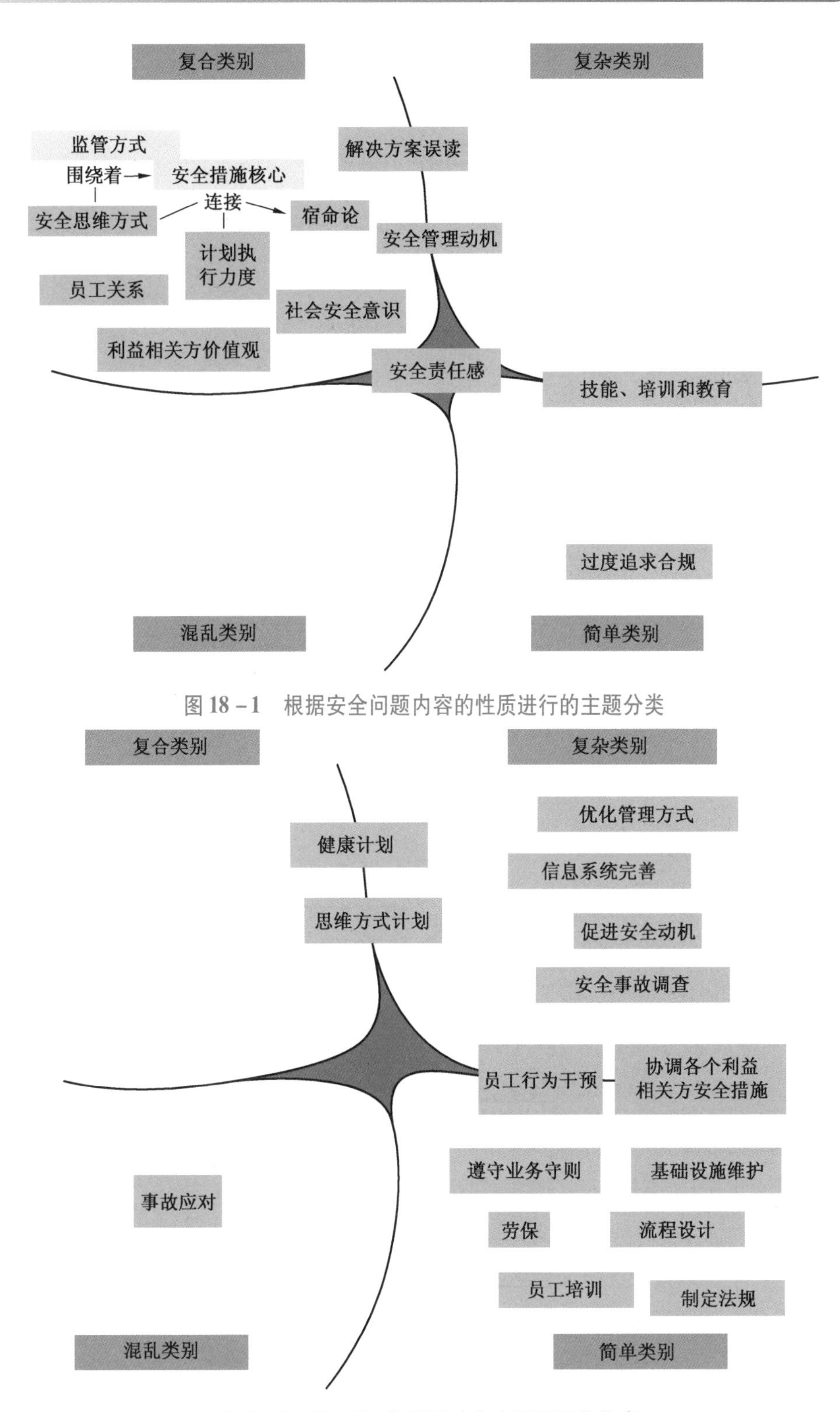

图 18－1　根据安全问题内容的性质进行的主题分类

图 18－2　Cynefin 框架下的安全干预手段分类

企业通过安全因素获取 SLO 的路线图如图 18－3 所示。

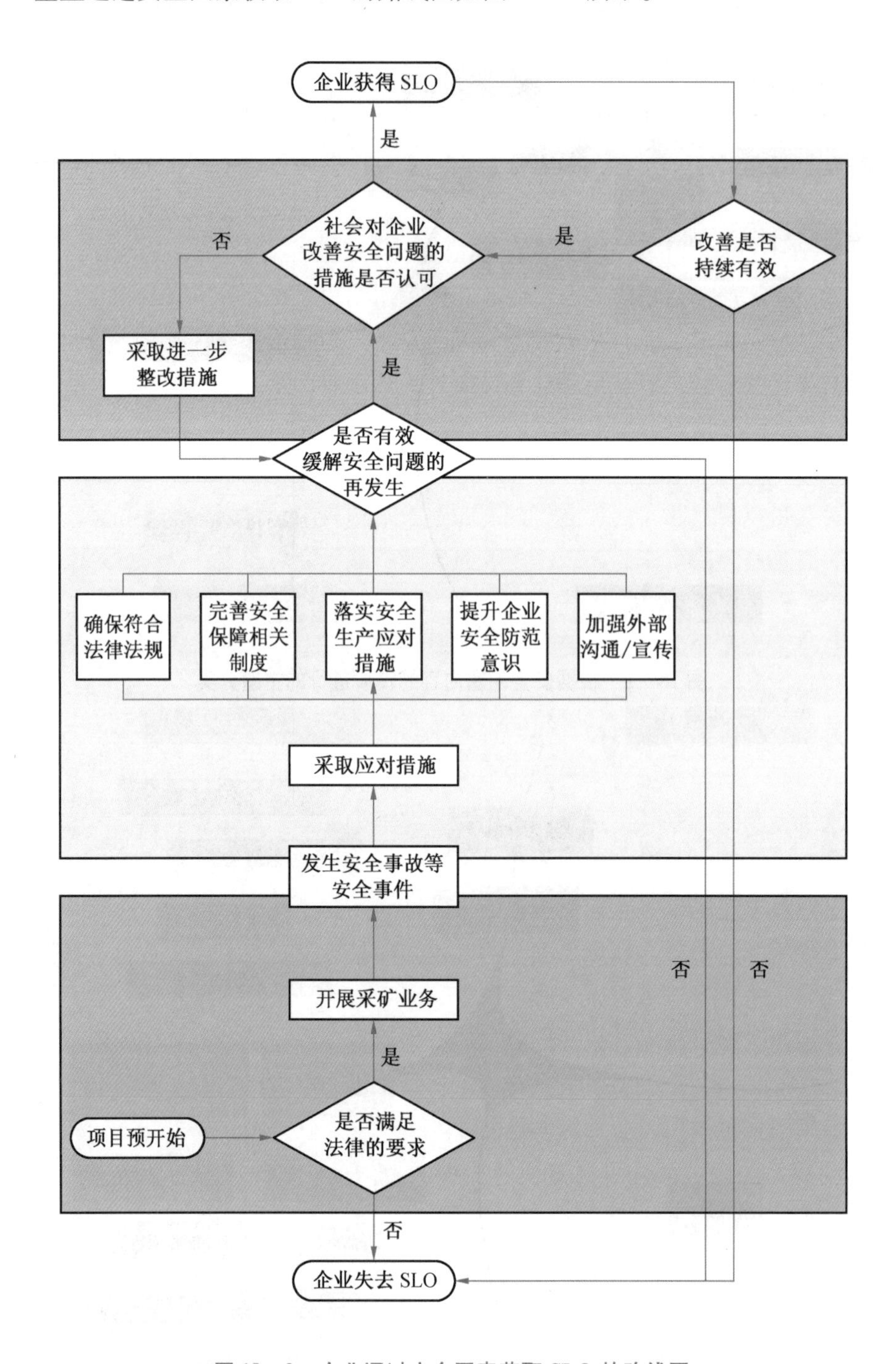

图 18－3　企业通过安全因素获取 SLO 的路线图

参 考 文 献

[1] Classification of Mine Accidentshttp: //www. msha. gov/fatals/Accident Classifications. asp.

[2] Deegan C. , &Unerman, J. Financial accounting theory (European edition ed.). [M]. McGraw - Hill Education, 2006.

[3] http: //www. msha. gov/small mine office/smallmineoffice. pdf.

[4] Northern mine recognized for safety excellence http://www. northern ontario business. com/Industry - News/mining/2013/09/Northern - mine - recognized - for - safety - excellence. aspx.

[5] http://www. cpcml. ca/Tmlw2012/W42017. HTM.

[6] Sudburty Star http://www. the sudbury star. com/2013/09/23/province - wont - get - involved - in - stobie - mine - deaths.

[7] OFL convention report health & safety/workers' compensation http: //ofl. ca/wp - content/uploads/ 2013. 11. 25 - Policy - Convention2013 - Healthand Safety WCB. pdf.

[8] http: //mines. find the data. org/1/74501/Camp - Creek - Mine.

[9] Awards for Safety Excellence go to 18 Alpha Natural Resources Affiliate Operations in West Virginiahttp: //www. prnewswire. com/news - releases/awards - for - safety - excellence - go - to - 18 - alpha - natural - resources - affiliate - operations - in - west - virginia - 242980091. html.

[10] http: //www. alphanr. com/SAFETY/PROCESS/Pages/default. aspx.

[11] Upper Big Branch mine at - a - glance http: //usatoday30. usatoday. com/news/nation/upper - big - branch - mine - glance. htm.

[12] http: //www. msha. gov/Performance Coal/Performance Coal. asp.

第 5 篇

人权领域的最佳实践范例

尊重人权可以促进矿业公司获得社会营运许可，许多矿产公司已经将自己对人权的尊重看作公司商业项目运行的“必要条件”。煤炭企业人权责任主要为保障必要基本生活条件的责任。企业可以通过担负人权责任这种方式，采取措施减轻、减少环境污染，从而遏制污染导致民生下降的情况，提高人民生活质量、幸福指数，还可以避免危害性事故发生，防止因为此类事件而造成的不同规模的抗议和抵制活动，避免相关利益群体不接受项目，从而赢得当地居民、社区及其他相关利益者的信任和接受，促进社会营运许可的的获取和保持。

19 人权问题概况

19.1 国际人权保护

维护和促进人权与基本自由，是联合国的根本宗旨之一。《国际人权宪章》是联合国人权保护体系中最基本的人权文件，也是现代国际人权法的核心。《国际人权宪章》包括《世界人权宣言》《经济、社会和文化权利国际公约》《公民权利和政治权利国际公约》及其两项任择议定书——《公民权利和政治权利国际公约任择议定书》《公民权利和政治权利国际公约第二个旨在废除死刑的任择议定书》。这些文件体现了全面的人权标准，是联合国促进、监督和保护人权活动的主要依据。它们为后来联合国制定的一系列国际人权公约、宣言和决议等人权文书提供了理论基础和法律依据。

1948 年，联合国通过了《世界人权宣言》，《世界人权宣言》是联合国大会于 1948 年 12 月 10 日通过（联合国大会第 217 号决议，A/RES/217）的一份旨在维护人类基本权利的文献。由于该文件是由联合国大会通过的，《世界人权宣言》并非强制的国际公约，但是它为之后的两份具有强制性的联合国人权公约——《公民权利和政治权利国际公约》和《经济、社会及文化权利国际公约》做了铺垫。《世界人权宣言》及 1966 年采用的两项国际文书共同组成了联合国的《国际人权宪章》。其他重要文书是国际劳工组织《关于工作中基本原则和权利宣言》中所载的 8 项基本公约，《世界人权宣言》的主要内容如下：

（1）自由和人身安全的权利。

（2）不受酷刑，或施以残忍的、不人道的或侮辱性的待遇或刑罚的权利。

（3）法律面前平等、受法律的平等保护、不受歧视的权利。

（4）隐私权。

（5）迁徙自由权。

（6）财产所有权。

（7）主张、消息和发表意见自由权。

（8）自由集会的权利。

（9）自由结社的权利。

（10）参与公共生活的权利。

（11）受社会保障，包括社会保险的权利。

（12）工作的权利。

（13）享受公正和合适的工作条件的权利。

（14）享受所需生活水准的权利。

（15）健康权。

（16）受教育的权利。

（17）参加文化生活、受益于科学进步、作者和发明者物质和道义上受益的权利。

（18）自决权。

（19）享有安全和清洁饮用水和卫生设施的权利。

自《世界人权宣言》发表以来的50多年间，联合国逐步确立了一系列有关国际人权保护的原则和规则，制定了许多国际人权法律文件，形成了各种人权国际保障的措施和程序，组建了各类人权保障专门机构和其他附属机构。

人权具有以下主要特征：

（1）人权是普世的和不可剥夺的：人权的普世原则是国际人权法律的基石。1948年的《世界人权宣言》最先强调了这项原则，此后许多国际人权公约、宣言和决议也重申了这个原则的重要性。例如，1993年的维也纳世界人权大会指出，各个国家，不论其政治、经济和文化体制如何，都有义务去促进和保护所有人权和基本自由。所有的成员国至少都批准了一部核心人权条约，而更有八成的成员国批准了四部以上，这反映出这些国家对于这些条约的赞同，这种赞同既为这些国家设定了法律上的义务，也是对人权的普世性的具体表达。

（2）人权是不可剥夺的。除了在特定的情况下，并通过正当程序，否则任何人的人权都不应该被剥夺。例如，一个人只有被法庭判决有罪，其自由权才可受到限制。

（3）各种人权是互相依赖和不可分割的：人权是不可分割的，无论是公民和政治权利（诸如生命权、法律面前的平等权和言论自由权），还是经济、社会与文化权利（诸如工作权、社会保障权和教育权），或是集体权利（诸如发展权和自决权）都是不可分割、相互关联和相互依赖的。其中一个权利的改善有助于其他权利的改进。同样地，其中一个权利被剥夺也对其他权利产生负面影响。

（4）人权是平等的和不歧视的：不歧视原则贯穿于国际人权法的各个方面。

不歧视原则出现在所有主要的人权条约中，而且更是若干国际人权公约的主旨，如《消除一切形式种族歧视国际公约》和《消除对妇女一切形式歧视公约》。该原则适用于所有人的人权和自由。它禁止基于性别、种族、肤色等种种不能穷尽的理由进行歧视。不歧视原则也得到平等原则的补充，正如《世界人权宣言》第一条规定的那样："人人生而自由，在尊严和权利上一律平等。"

（5）人权既是权利也是义务：国家承担国际法下的责任和义务，尊重、保护和兑现人权。尊重义务是指国家必须避免干预或限制人们享有人权。保护义务是指国家必须保护个人和群体的人权不受侵犯。兑现义务是指国家必须采取积极行动以便于人们享受基本人权。在个人层面上，当我们享有自己的人权的同时，我们也应该尊重他人的人权。

这些特征，形成了国际人权宣言中所陈述的自由而不受歧视的权利的基石。但这些特征不应该被视为人权的全部解释。国际法律通过条款、国际惯例法和普通律法等国际法律来源，来确保人权的保护。这些方式将该职责赋予国家，由其通过特定方式来推进和保护人权以及个人或团体的基本自由。这常常也会以国家法律的方式来保护人权，例如反歧视法律、刑法和隐私法。

人权是人人基于生存和发展所必需的自由、平等权利。一般而言包括了生命权、自由权、财产权、尊严权、获助权、公正权等。

19.2 煤炭资源开发区域内的人权保护

19.2.1 煤炭资源开采企业涉及的人权问题

煤炭资源开采企业所涉及的典型人权问题包括以下几类。

1. 住房权

对于资源的大规模开发涉及当地土地交易、住房安置等问题，结果在重新安置后住房条件变差。很多搬迁补偿方式虽然方便了工作中的实际操作，但搬迁补偿的标准违背了以市场价值确立补偿数额的要求，存在不科学、不合理的情况。例如，这种补偿标准是政府通过计划方式统一划定的，并不取决于市场，而是游离于市场价格以外，况且一经制订，往往长时间内也不进行调整和修改，严重损害了搬迁农民的合法权益，挫伤了农民搬迁的积极性。另外，一个区域的采矿项目会带来大量劳动力以及周边服务行业的从业人员，这些因素导致当地的房屋价格上升，进一步加深地方住房矛盾问题。另外，由于某些地方文化中对领地的"守护感"较强，在这类文化中，往往拒绝外来资源开发企业作为"外族人"进入他们的生活，但往往由于当地发展较为落后，他们在冲突中经常处于弱势（图 19 - 1）。

例如在 2010 年，加里亚空达部落与英国 W 矿产公司在资源开发过程中存在着

图 19－1 印度的加里亚空达部落抗议英国 W 矿产公司在他们的圣山上进行资源开采（信息来源于网易新闻）

冲突。印度东部奥里萨邦的加里亚空达部落在“圣山”奈彦吉利山附近已经生活了几百年之久，奈彦吉利山对于他们有着神圣的地位：他们不仅不会上山砍伐树木，也不会在山上种植农作物，因为他们相信保护他们的圣灵就住在山上，族人称自己为“圣山守护者”。加里亚空达部落用树木阻塞道路，然后打起横幅：“我们是加里亚空达部落，W 公司不能占领我们的神山。”而当发现 W 公司开始为采矿选址时，当地部落族人知道这对他们意味着什么，因此还准备了弓箭和斧子，甚至还全副武装地在奥里萨邦的省会举行示威，欲用鲜血抗争到底。

2. 健康权

健康权体现在很多方面，例如采矿作业给环境造成一定程度的污染，危害人们的健康，劳动力的大量涌入给当地的卫生、医疗等设施带来压力，影响本地人所使用的卫生服务。

2013 年，澳大利亚农民发起游行，反对矿业公司在他们的耕地上采矿。但澳大利亚政府规定，土壤中的矿产资源归政府所有。由于煤层气开采过程中有可能不仅危害当地饮用水的安全，还会破坏生态系统。并且由于污染范围有可能渗透至含水层，所以农用耕地将受到极大的危害（图 19－2、图 19－3）。与此同时，多数农民也强烈抵制城市所需的煤层气。为此，澳大利亚监管部门提议改用“天然气”替代“煤层气”。但这项提议遭到议员批评，称这种做法意在转移公众视线。

图释：广西某市水体镉铊等重金属污染事件。市政府召开发布会通报称，污染源为江河上游的79家非法金属采矿点

图19-2 采矿造成的水体污染

图释：南非是世界上矿产丰富的国家之一，主要矿产有金、铬、钻石、铂金等。矿产开采带来了丰厚的经济回报，但是引发的污染也不容忽视。环保机构负责人马利耶特·列弗林特经过调查发现，当地居民很大一部分由于这种污染而患有癌症、皮肤症、智障等疾病。图为马利耶特·列弗林特向记者讲解污染的危害

图19-3 南非采矿排污对周边居民的健康造成了影响

3. 受教育权

一般而言，矿山资源开发区域的地方教育能力本身就不足，大量涌入的劳动力会给当地基础教育机构造成负担。

4. 适足生活水准权

矿山开采对土地的占用限制或阻碍人民使用用以维持生计的土地，影响到他们

的粮食安全。在部分区域由于采矿作业，地下水被污染、地表水节流等造成了原有的自然水的流动受到破坏，甚至导致人们不能再灌溉农作物或种植足够的粮食。很多区域原先以私人小煤窑、乡镇煤矿等形式的对煤炭资源的开发将受到限制，影响到一部分人的利益，更严重的是影响本地的传统生计。

5. 参与文化生活的权利

采矿作业过程中常导致当地文化遗产如古墓等受到破坏（图19－4），受到当地居民的抗议。例如，2007年我国著名皇陵北侧风水墙因私人煤矿开采而受到破坏，1961年此皇陵被列为首批国家重点文物保护单位，2000年被纳入世界文化遗产，是世界瞩目的“历史文化明珠”。开山破石的疯狂盗采行为，使得陵区山岭被截断，植被被破坏，河水受污染，清幽和谐的自然环境不复存在。

图19－4 某皇陵世界文化遗址受到采矿的破坏

6. 人身安全权

公共或私人保安人员过度使用武力，以驱逐采矿点的非法小规模采矿者或阻止居民示威抗议。当地采矿企业甚至执法部门常因拆迁问题与居民发生冲突；未经计划的迁入导致社区的法律和秩序问题；大量涌入的合同工人导致罪案以及对妇女和儿童暴力风险的增加。

例如2012年南非西北省铂金矿工人罢工事件造成45人死亡，南非政府出动军队协助警察镇压暴力罢工者（图19－5）。多名警察和士兵进入矿区，收缴罢工工人武器，阻止这些工人胁迫其他工人罢工。警方对罢工矿工使用橡皮子弹和催泪瓦斯。矿工则手持长矛、棍棒、石块与警察对峙。

图 19-5 南非铂金矿矿工与警察冲突，45 名矿工死亡

7. 主张和发表意见自由权

一些公司阻碍当地媒体、民间组织报道、宣传关于采矿负面影响的新闻等。对于游行、示威等行为更是严厉镇压，造成了当地居民与企业很激烈的矛盾。

例如 2012 年 5 月，秘鲁发生的反采矿示威游行，示威人群与警察发生冲突造成 2 人死亡，秘鲁政府宣布埃斯皮纳尔省进入 30 天紧急状态。报道称，示威者反对总部位于瑞士的 X 矿商在当地采矿，示威者认为采矿活动污染了水源。而在同年 9 月，南非 M 铂矿的数千名矿工举行游行，要求增长工资，游行遭到了当地政府的镇压（图 19-5）。

19.2.2 煤炭企业的人权责任

国际煤炭公司在面临和本土不相同的文化和社会时，往往对于人权的重视不够，可能对当地社区、当地居民、地方政府、非政府组织和其他相关利益群体产生不可忽视的负面影响，从而对企业形象造成不可逆转的消极影响。例如对居民进行迁徙，如果公司没有发放足够的补偿的话，就是对居民固定资产和基本住房权利的侵犯；又如公司决策如果没有咨询女性的时候，这些女性不受歧视的权利将会受到负面的影响。这些影响都可能成为直接、间接地对公司、工程产生不利的因素。

通过联合国人权理事会，国际社会现在已经普遍认识到：作为企业，一定要承担尊重人权的责任。这种责任意味着，企业可以通过包括人权尽职调查等手段，避免侵犯他人的人权，应正视和企业相关的对人权的不良影响。

图释：2012 年 9 月 10 日，南非 M 铂矿的数千名矿工举行游行，要求增长工资（图片来源：CFP）

图 19－5　南非 M 铂矿矿工游行

国际煤炭企业必须要负起保护当地居民、社区、企业员工以及其他相关利益者的人权的责任。

例如，煤炭公司可能在经营过程中通过给当地居民创造工作机会以及促进当地经济发展的方式，使得这片地区的个人和社区可以更好地享有他们的人权，譬如工作的权利以及拥有基本生活水平的权利。

煤炭企业应负责相关的人权至少包括以下方面：

（1）免受歧视的权利。员工在工作时拥有不受到各类区别对待的权利，例如女性员工的福利以及待遇应以相同考核方式进行评估。

工程项目所在地区的居民和当地社区应该相对于其他地区居民和社区具有不受歧视的权利。对于相关补偿和协议方案应与其他地区相同对待。

（2）人身生命、自由、安全权利。企业要保护员工、当地居民以及相关人员的生命、自由和安全的权利，这也是煤炭企业要着重注意的人权之一。

（3）个人固定资产权利，必要居住条件权利。对于员工、当地居民的居住环境要予以尊重，保护个人拥有固定资产、有一定必要居住条件的权利。如若工程项目需要执行搬迁，需要和居民、当地社区、国家及地方政府、非政府组织等相关利益者协调好，避免强制搬迁或损坏个人住宅而引起人权纠纷。

（4）自由和平集会和表达意愿的权利。企业要保证员工、当地居民及社区的自由集会和表达意愿的权利，确保各方意见能够顺利沟通，申诉可以得到充分重视，积极地回应相关利益群体的诉求，消除可能对人权造成负面影响的因素。

（5）工作以及舒适工作环境的权利。煤炭企业要保证在其机构中工作的员工的工作环境在一定程度下的安全、舒适，譬如井下巷道温度不能过高，要有一定设备降尘以提高工作环境舒适度。

（6）获得基本生活条件的权利。保证员工、当地居民最基本的生活条件，员工薪资水平不低于法定水平。

（7）参与文化生活的权利。保证员工、当地居民和社区等利益相关群体参加文化活动的权利，组织或者提供条件组织文化活动，丰富精神生活。

需要指出的是，所有企业无论在何处运营，都应尊重人权的基本责任。除此之外，企业可出于慈善原因，自愿做出额外的人权承诺，以保护和扩大其声誉，或开拓新的业务机会。国家法律和条例或许要求企业在一些情况下开展更多活动，就特定项目与公共当局签署的合同可能就是如此。例如，与国家签署的提供水服务的合同可能要求企业帮助实现用水方面的人权。经营条件还可能导致企业在特殊情况下承担额外责任。企业可能发现需要进行社会投资，比如在当地卫生保健或教育方面，以取得或保持周边社区对其业务的支持（所谓的社会营运特许）。

20 人权保护的意义及重要性

20.1 煤炭开采过程中重视人权问题的意义

利益是人类社会生活的根本基础，权利是利益的合法化和集中体现，而人权则是权利的最一般的表现形式。建立协调和谐的社会利益关系的关键是以尊重和保障人权作为基本社会规范，建立均衡有序的权利保障机制。只有充分尊重和保障人权，使社会各方面的合法利益受到保障，才能保证全体人民各尽其能、各得其所而又和谐相处。

1. 人权与经济基础

贫穷是产生社会矛盾的重要根源，而发展则是促进社会和谐的基础。在人民普遍贫穷、国家长期落后的情况下是不可能建成和谐社会的，人权更是无从谈起。在生产力尚不发达，还存在着较大利益差别的社会，利益机制始终是推动社会发展的根本动力机制，权利法则始终是推动社会发展的第一法则。因此需要根据每个国家尊重和保障人权的原则，大力推进改革，坚决破除各种障碍，健全和完善权利保障机制，从政策上促进、从制度上保证尊重劳动、尊重知识、尊重人才、尊重创造，营造平等竞争、共谋发展的法治环境、政策环境和市场环境，为经济发展注入勃勃生机和不竭动力，从而为人权保护创造条件。

2. 人权与社会公平正义

社会和谐是以社会公正为前提的，而社会公正是以社会全体成员的利益分配的公平和权利保障的平等为前提的。权利和权利保障的平等是尊重和保障人权的本质内涵，也是确保社会公正，构建和谐社会的必然要求。

因此需要按照尊重和保障人权的原则，抓准最大多数人的共同利益与不同阶层的具体利益的结合点，把维护社会公平放到更加突出的位置，完善以权利公平为核心的社会公平保障体系，确保机会公平、规则公平、分配公平，逐步缩小地区之间和部分社会成员之间的贫富差距，兼顾和保护不同方面群众特别是易受侵害群体的合法利益和权利，从法律、制度和政策上努力营造公平的社会环境，确保全体人民不仅在法律上而且在事实上能够享有平等发展的权利。

3. 人权与民主社会

民主社会必然同时是一个法治社会，尊重和保障人权则是一个法治国家的基本准则。因此需要维护法律的权威和尊严，确保法律充分体现人民的意志，通过赋予公民以不受侵害的人权为公共权利的行使划出底线，通过建立健全以宪法为基础的人权法制保障体系，将尊重和保障人权切实贯彻到立法、执法、司法等各个环节之中，使公民各项人权在法治的轨道上得到有效保障。

4. 人权与社会安定有序

世界上没有无义务的权利，也没有无权利的义务。权利与义务相统一是尊重和保障人权的一项基本原则，也是社会和谐的基础。和谐社会并不是没有矛盾和差别的社会，而是权利义务规范有序的法治社会，是各种利益冲突和社会矛盾能够通过协商、调解和行政、法律手段妥善解决的社会。

因此为确保社会安定有序，首先必须根据权利与义务相统一的人权原则，通过法律、法规和政策将宪法关于公民权利和义务的规定具体化、规范化，形成健全的公民权利义务规范体系，建立完善的、规范有序的权利保障机制。

5. 人权与环境

实现人与环境和谐相处，是维护人类享有有益其身心健康和生存发展的环境权利的必然要求，是尊重和保障人权的一个重要方面。环境权是国际社会公认的一项重要人权。1972 年联合国通过的《人类环境宣言》指出："人类享有在一种尊严和健康生活环境中获得自由、平等和充足生活条件的基本权利，并且负有保护和改善本代和后代人类环境的庄严责任。"大量事实表明，人与自然的关系是同人与人的关系密切联系在一起的。人与自然的关系不和谐，也会影响人与人的关系、人与社会的关系，造成严重的社会问题与矛盾。环境问题的核心是人的生存和发展问题，实现人与自然的和谐的实质是维护人的环境权利。

20.2 重视人权问题对煤炭行业获取 SLO 的意义

尊重人权可以促进矿业公司获得社会营运许可，许多矿产公司已经将自己对人权的尊重看成公司商业项目运行的"必要条件"。尊重人权可以带来以下几个方面的正面影响：

（1）形成企业价值和商业道德的奠基石。

（2）成为企业吸引和保留优秀人才的手段和方法。

（3）被视为保护公司声望及品牌价值的手段。

（4）成为吸引投资者及消费者的加分点。

（5）作为避免诉讼、缩短生产停滞的砝码。

（6）帮助公司获得当地社区的认可，从而获得“社会营运许可”。

（7）帮助获得公共采购的机会。

（8）促进项目经费、出口额度以及保险的获取。

很少有行业像自然资源开采业（包括采矿以及相关下游产业）这样如此多地经受人权风险。作为在世界最偏远、最具挑战性的地区开采、运营的采矿企业，能够足够地尊重、支持人权的公司在高效运营的过程中具有优势地位，因为他们在这个过程中，与周边利益相关方建立了长期共赢的伙伴关系。

国际大型采矿公司长期成功的最基本原则之一，就是将其利益以社会价值为标杆共同发展，尤其是不能忽视工程进行的当地社区的利益。但参与过度也并不总是有利的。公司在促进地方发展的进程中扮演一个积极角色的时候，如果过分专制或者承担了本该由国家或地方政府承担的职能，那么就会导致公司将承担难以推卸的社会花费及责任。这在经济下滑及矿井后期是难以保持可持续发展的。

因此，矿业公司应进行“战略社会投资”，着眼于提高企业价值，并且对当地可持续发展做出贡献。

煤炭企业履行企业人权责任，对煤炭行业获取 SLO 具有以下几个方面的意义：

（1）基本生活条件。煤炭企业人权责任主要为保障必要基本生活条件的责任，这其中包括享有不受污染的自然环境的权利。

企业可以通过担负人权责任这种方式，采取措施减轻、减少环境污染，从而遏制污染导致民生下降的情况，提高人民生活质量、幸福指数，从而赢得当地居民、社区及其他相关利益者的信任，促进 SLO 的获取。

（2）人身生命、自由、安全。煤炭行业的现有高危、低福利的形象来源于频发的煤矿事故。煤矿事故不仅会给企业带来不可预计的经济损失，进一步地延迟生产或停产，最重要的是可能会造成伤亡，危及人员生命安全。这不容置疑地侵犯了员工的人身权利。另外，与煤炭企业工程相关的间接事故对人权的侵犯也不可忽视。

关注重视人权、采用有效的人权保护措施，可以避免危害性的事件发生，防止发生因为此类事件而造成的不同规模的抗议和抵制活动，避免相关利益群体不接受项目，从而保证了 SLO 的获取和保持。

（3）工作及舒适工作环境。煤矿的井下工作环境相对于地面工作环境较差，但相对于其他工程类工作环境，不应存在太大差异。煤炭企业需要注意工作环境是否适合工作，包括温度是否适宜、粉尘程度是否严重影响健康，湿度是否太大不适合长时间工作等。进行这项工作可以为煤炭行业潜在地吸引更多的人才，解决就业问题的同时提升地方经济，对于各个相关利益方是利好的情况，从而赢得支持，获得 SLO。

案例分析

21.1　国际非煤矿业公司案例分析

21.1.1　重视人权问题获得 SLO 的正面案例

【案例介绍】

澳洲已探明的铁矿石资源 90% 都集中在西澳州，主要分布在两大地区：皮尔巴拉（Pillbara）地区和中西部（Midwest）地区。其中，皮尔巴拉地区的铁矿石主要是高品位的铁矿石，具体品种包括低磷、高磷布鲁克曼矿，马拉曼巴矿，河床矿等。中西部地区的铁矿石主要是低品位的磁铁矿、少量的赤铁矿及混合矿等。皮尔巴拉矿区铁矿的开发首起于 20 世纪 60 年代，且其规模已迅速超越了早期的预想。最初，似乎认为皮尔巴拉最多只能年产 1000×10^4 t 或 2000×10^4 t 铁矿石，事实上，产量增长迅速，在 1989—1990 年度，铁矿石的出口量已达 1×10^8 t，相当于世界需求量的 10% 左右。

在 2005 年的一项研究中显示，当地矿业经济的发展较为排斥当地原住民。而这种排斥有转化为歧视的倾向，造成对各种劳动权利和适足生活水准权的负面影响。在这项研究中提出，“任其发展”的方式可能会延续甚至恶化原住民的社会参与程度。为了解决这些潜在的影响，企业必须做出新的承诺，增加当地居民就业机会。

然而，当地居民所面临的挑战和障碍重重，根据上述 2005 年的研究以及其他相关调查发现，当地求职者所面临的障碍包括以下方面：

（1）缺乏所需的技能和工作经验，从而难以获得工作机会。

（2）获得就业和职业发展的机会相对较低。

（3）存在可能冲突的文化以及家庭的责任与公司的工作模式存在矛盾，从而影响就业。

（4）公司员工对当地原住民存在偏见。

【解决手段】

为了应对这些问题，力拓公司采用了新的资源开发地区原住民就业政策。包括了教育支持计划、跨文化意识指导培训等。例如公司有一个“准备工作计划”，该计划帮助潜在的就业者培训基本的职业技能、健康体检问题以及驾照培训等。该项目作为一个认证培训课程由第三方提供者运行。力拓公司的该铁矿企业还针对员工和主要承包商歧视原住民的情况举办跨文化意识培训课程。

这些具体的措施（包括禁止员工因种族问题、家庭责任问题而遭受解雇，员工机会均等政策，禁止歧视、轻视原住民的政策）是符合《世界人权宣言》的宗旨的。截至2012年6月，皮尔巴拉原住民占就业劳动力总数的13%，并逐渐向2015年15%的计划目标增长。

力拓公司作为私人企业，力争发挥自己的作用以实现联合国年发展目标（MDGs），2009年10月，力拓董事会可持续发展委员会批准了一项符合全球社区利益相关者的期望的目标。力拓公司通过这一目标要求向世界展示了企业对经济发展和社会福利做出的贡献。该目标提出：“本地所有操作必须适当，必须公开社会绩效指标、证明报告等，社区和地区工作力争对经济的发展做出积极贡献”。

力拓公司还认为需要努力避免或者减轻任何因资源开发而造成的负面影响，具体方式包括支持农业培训安置、降低对社区生计造成的负面影响。另外，如果基础研究发现当地的生活方式由于矿业的发展而受到影响，例如某地区的教育机构力量不足，力拓公司会通过与当地政府或非政府组织合作，对学校设施、教育力量予以支持。这也是符合公司MDG全球社区目标的。

【案例分析】

从澳大利亚皮尔巴拉矿区的案例中可以看出，力拓公司对从人权领域获取SLO有较成熟的一套机制，尽管在某一个特定的地方开展采矿业务时面对的实际情况都是不同的，但这套成熟的机制经过适当的调整之后可以很好地适应新的环境。

因此可以看出，在公司采矿业务开展过程中，当地社区的优先级较高，鼓励当地社区参与规划与实施应视为一个必要条件。同时，所有社区项目应以尊重人权的方式来执行，例如应该设计相应的教育项目以确保他们不受歧视或其他人权问题。

21.1.2 忽视人权问题失去SLO的反面案例

【案例介绍】

国际人权观察（Human Rights Watch）发布的一份劳工报告在全球范围内引起了媒体的广泛关注，报告指责中国G矿业集团下属的4个矿业公司在赞比亚虐待当地劳工，与其他5家外国投资者相比，G公司被形容为“坏雇主”，拥有“产业中最差的劳工安全保护、薪资与工会组织权”。

G公司是赞比亚外资矿主中的一个较小矿主。20世纪90年代后期，赞比亚政府在世界银行和国际货币基金组织的胁迫下，开启了私有化进程，在民选上台的奇卢巴总统当政时，赞比亚有280家国有企业（占赞比亚经济的85%）被私有化。65%的国有企业卖给了赞比亚的个人，29%则卖给了外国公司，其中英国公司得益最多，最后有6%的企业关门。伴随私有化的是一系列的经济自由化政策。在私有化和自由化的条件下，赞比亚矿业工人遭遇了就业不稳定、劳动条件恶化和原有劳动福利丧失等困境。

1997—2000年期间，赞比亚原来的国有铜矿被肢解成7块，先后卖给了外国公司。正是在这样的情境下，G公司作为中国较早走出去的企业来到了赞比亚。G公司于1998年购进了谦比希铜矿，2009年金融危机期间又收购了卢安夏铜矿。目前G公司在赞比亚有4家采选矿、冶炼公司，分别为中国有色非洲矿业（NFCA，下称G公司非矿）、G公司卢安夏矿业（CLM）、谦比希粗铜冶炼厂、谦比希湿法冶炼厂。G公司两家铜矿公司的铜精矿产量占赞比亚外资铜矿公司总量的4.7%，占赞比亚总量的4.2%。

不幸的是，2005年谦比希铜矿的炸药厂发生了严重爆炸事故，造成46名赞比亚工人死亡。该炸药厂是北京某研究总院（BGRIMM）和G公司非矿的合资企业，G公司非矿占40%的股份。

2005年起，赞比亚的反对党爱国阵线（PF）领袖迈克尔·萨塔开始以激进的反华话语作为政治竞选的平台，以煽动反华情绪争取选票。在2005—2011年，萨塔持续地、激烈地抨击中国和其他亚洲公司在赞比亚的投资。赞比亚爱国阵线在首都卢萨卡和铜带省具有很大影响力，矿工们是爱国阵线主要的争取对象和支持者。从G公司的部分“赞方员工”在劳资争议中使用的口号标语可以看出来，他们当中不少人显然受到了爱国阵线和西方话语的影响，以种族的偏见看待劳资矛盾。

矿工们以及一般的赞比亚人的世界观里有一些种族等级观，认为英文好是有良好教育的标志，矿业是白人的优势。自殖民时代起，赞比亚矿业就被白人矿主垄断。甚至在赞比亚独立后，国有矿业的管理层仍然有部分的白人。2006年爱国阵线的另一领导人，白人农场主盖·斯科特曾说：白人比印度人好，而中国人最坏。

国际人权观察的报告主要涉及G公司下属矿业公司的高死亡率、低工资、高劳动强度以及不健全的工会组织。报告发表后，赞比亚矿工工会主席奥斯威尔·穆岩贝很快对该报告做出了反应，说“工会不会把问题的责任全部推给中国公司，因为其他矿主同样有问题”。他进一步说道：我们不可能全然批判中国矿业公司，记得在全球危机的时候，与其他公司不同的是，中国人的矿没有让一个工人下岗，是的，他们有他们自己的问题，如苛待工人，不遵守劳动法，但是在这些方面，其他公司也有问题，而不仅仅是中国公司。

在安全作业方面上，最准确的比较方式应为在其他条件均等的情况下比较各铜矿的死亡人数，因此，评价G公司矿企的安全状况可以检验G公司矿区的工人死亡率在比例上是否大大超出其他铜矿。而数据显示G公司并没有特别高的死亡率。

在世界范围内，赞比亚的矿难死亡率并不特别高。“国际化学能源矿产与一般工会联合会”发布了世界上最危险的60个矿业国家名单，赞比亚不在此列。与国际人权观察报告的论证相反，2001年至2011年8月中旬，G公司下属公司的矿难死亡人数占赞比亚外资公司的11.5%（2010年G公司赞比亚矿工占赞比亚外资矿工的10.5%），并不比其他同业差很多。

【案例分析】

从企业的责任角度来看，企业要保护员工、当地居民以及相关人员的生命、自由和安全的权利，这也是煤炭企业要着重注意的人权之一。煤炭企业要努力保证在其机构中工作的员工能够处于一定程度下安全、舒适的工作环境中，譬如井下巷道温度不能过高、要有一定设备降尘以提高工作环境舒适度等。

G公司下属矿业公司面对的“高死亡率、低工资、高劳动强度以及不健全的工会组织”等方面的指责本身是不够客观的，其事故死亡率并没有特别高，但不能把事故死亡率不高于行业平均水平以及存在的人权歧视问题在其他企业也存在作为企业的推辞，企业应当深刻反省在人权方面的忽视而在社会中给企业带来负面的影响，要努力做一个行业中保障人权的领先者，而非将不做行业中最差为目标，这样才能被社会所认可和接受。

21.2 国际煤炭公司案例分析

21.2.1 重视人权问题获得SLO的正面案例

【案例介绍】

中煤集团下属的平朔矿区地处中国晋北宁武煤田北端，井田面积176.3 km^2，现有煤炭资源储量96×10^8 t，是中国国内最大的露井联采煤炭生产基地。平朔矿目前已建成5座千万吨级高产高效矿井，生产能力1×10^8 t，截至2010年底，中煤平朔公司已累计生产原煤7.47×10^8 t，累计实现工业产值1416亿元。

但由于露天煤矿开采工程对象空间尺度大，其开采需要占用大量的土地作为采场用地、排土场用地、工业场地用地等。由于政策等问题，在中国，许多露天煤矿目前存在不同程度的征地滞后问题，直接影响到企业的原煤产量、成本、开采程序及经济效益。现有的土地模式，不能适应采矿工作面不断推进需要征地的情况。

为了协调当地居民的土地所有权和企业发展生产之间的矛盾，平朔公司采取了一系列方法，在保障当地居民人权的前提下，实现土地的征用。

中煤平朔从政策上申请成为中国采矿用地改革试点单位，在不改变农村土地所有权性质、不改变土地规划的前提下，采矿用地实现“以租代征”，租用土地经过

3～5年的综合治理后，将恢复好的耕地和建设的生态农业设施返还给农民，确保农民仍保留自己的土地所有权。

在此基础上，平朔公司继续探索其他的方式满足当地居民的要求，具体如下：

（1）探索实行“协议出让”制度。建议取消征地制度，让农民集体土地使用权能够和国有土地使用权一样流转，使农民集体土地所有权成为一项完全的财产权利。

（2）实行“土地股权制度”进行征地。所需的农民土地可以采用作价入股的办法获得，而农民按股份获得收益。采矿完成后将复垦好的土地，按所占农民土地多少配股给农民。这样有利于缓解矿业生产和农业生产、矿业利益和农民利益之间的矛盾，促进资源地经济的发展。

（3）推行“采矿临时用地”进行征地。临时租用农民集体土地，因不改变用地性质，且仅限于采矿用地，故企业不用再缴纳相应的土地出让税费；同时农民的利益，则基本没有受损。“采矿临时用地”的实质是通过对“临时用地”政策的灵活运用，以土地典押形式，代替征收出让的方式。

（4）分批征地，加快复垦，提高复垦后土地生态标准。目前国家政策的规定，矿权可以一次划定，但是购地却不允许一次性买下。建议平朔矿区在征地的过程中，采用分批实施策略。比如提前5年左右就告知当地村民后续拆迁安排，既便于村民提前做好拆迁安置工作，也便于在国家相关政策的规范下有序进行征地补偿。

中煤平朔公司切实加强土地复垦，确保所复垦土地可以进行种植，这样，可以改征地为租地，届时将复垦的土地重新交给当地村民，这样无疑可以大大降低征地费用，减少资金的投入。也有利于缓解矿业生产和农业生产、矿业利益和农民利益之间的矛盾，促进资源地经济的发展。

（5）资源综合利用，提供农民就业岗位。在山西平朔露天煤矿的煤系地层中伴生着高岭土、高岭石矿物，尤其是煤层顶底板附近及煤层的夹层中高岭石的质量较好，品位也较高，储量较大。高岭石的主要用途是烧瓷器和做纸的冲填料等。中煤平朔公司在平鲁县建了一个高岭石厂，并提供农民就业岗位。

【案例分析】

在企业发展过程中需要在政府、当地居民、公司及其他利益相关者的利益之中寻求一个平衡点，而往往涉及的各利益群体是很难从整体考虑，主动协调各方面的矛盾的，因此在企业发展过程中，企业必须积极主动地寻求各方面的平衡，从各群体的立场出发，寻求共赢的方式。

平朔公司遇到的土地矛盾问题不仅涉及国家政策方面的限制，还涉及当地居民的土地所有权。通过积极地寻求解决办法，提出各种方案，从而得到了政府层面的支持，同时保障了当地居民的利益，这极有力地缓解了矿企与地方社区因人权及土地方面所引起的矛盾。更可贵的是，在企业初步获得 SLO 之后，公司并没有停止在这方面的探索，又继续提出了一系列方法，进一步巩固了 SLO，最终确保了公司良性发展，为国内外采矿企业提供了宝贵的经验。

21.2.2 忽视人权问题失去 SLO 的反面案例

【案例介绍】

2012 年 2 月 15 日，世界矿业巨头澳大利亚 H 公司大约 3500 名工人开始了为期 7 天的罢工。当地工会称，这将构成澳大利亚 10 年来规模最大的行业停产。参加罢工的工人来自 H 公司位于昆士兰州的煤矿。建筑、林业、矿业和能源工会说，罢工影响鲍恩盆地 7 座煤矿。

建筑、林业、矿业和能源工会分会长斯蒂芬·史密斯告诉法新社记者，“今天是 7 天停产的第一天”，而这场罢工是 H 公司在鲍恩盆地的 7 座煤矿的首场罢工。史密斯说，鉴于参加罢工的人员数量，这场罢工同样可能是澳大利亚自 20 世纪 90 年代以来规模最大的行业行动。

上述 7 座煤矿隶属 H 公司与日本三菱公司合资的 BMA 公司。自 2010 年以来，BMA 公司就发生劳资纠纷，尚无在短期内解决的迹象。最终上述煤矿都发生为期 3 天，每天 6 个小时的罢工。H 公司与工会的主要矛盾就在于新工人的就业协议上。据了解，这些煤矿依靠着 1500 名没有加入工会的员工，和其他约 5000 名合同工维持部分生产能力。因此，他们要求获得合同员工与职员平等的待遇。H 公司曾提议工会召集会员举行带薪协商会议，并在随后举行会议，但遭到工会拒绝。该公司发言人称，公司对提议被拒绝感到失望。H 公司发言人 Samantha Stevens 表示，由于一直在与工会就此事进行协商，因此对于工会将要采取的行动感到十分失望。

工会表示，其与 H 公司在住房、安全代理人、同工同酬、限制使用合同工以及员工额外休假等关键问题上的协商已经告吹。CFMEU 指出：“H 公司的焦煤产量占世界 1/5，实力雄厚，但他们必须搞清楚最佳资源到底是什么。”H 公司发言人表示：“如果罢工行动持续下去，我们会非常失望。集团还是希望能重新进行谈判。”但 CFMEU 却指出：“我们的商谈大门永远为 H 公司敞开。遗憾的是，我们此前的要求尚未得到任何回应”。

H 公司暗示，公司已承诺在 3 年内涨薪 5%，并支付每年 1.5 万澳元的分红，目前唯一存在争议的是工会试图扩张权力的要求。此次罢工事件将对 Goonyella 河畔、PeakDowns、Saraj、NorwichPark、Gregory、Crinum 和 Blackwater 7 处矿田造成影响。

在呈交给政府公平工作法审查小组的意见书指出，H 公司劳资关系局面剑拔弩张，西澳大利亚州诸多大型项目恐将夭折，因此修改法律很有必要。H 公司本月初刚公布上半财年收益高达99亿美元，最近昆士兰州和新南威尔士州的7处矿场就陷入罢工。首席执行官认为现行的工作法使得“企业和员工难以在既定时间内达成共识”，现有的劳资关系法很可能严重影响西澳总值1320亿澳元的资源项目。“很多工程商已经觉察到，公平工作法规定的劳资谈判过程实则对经济效应带来了不利影响。此外还有总值1000亿澳元的项目在等待政府的最终批准。这些企业根据旧版劳资关系法做出了最终投资决定，但现在却面临着用人成本的上升，工程能否继续推行成了个大问题。”

【案例分析】

根据企业的人权责任，企业务必保证员工、当地居民最基本的生活条件，员工薪资水平不应低于法定水平。H公司对合同工人以及未加入公会的员工采用不同的待遇水平，本身就是一种歧视，对周边社会造成了负面影响，最终形成了劳资关系剑拔弩张的局面。

这种罢工严重影响了H公司的经济效益，为了缓解这种冲突，H公司必须深刻分析职工的利益需求，尽最大可能在公司利益与职工利益间找到一个平衡点，这个寻找平衡点的过程不仅能帮助企业获得职工的认同，从而获得社会认可，还有可能促进相关法律的完善。这不仅对于煤炭行业的健康发展具有积极意义，而且对缓解社会冲突、维护社会稳定起着重要作用。

重视人权问题获取 SLO 的路径

22.1 企业通过改善人权问题获取 SLO 的措施

1. PDCA 循环管理

根据《将人权纳入力拓公司社区和社会绩效工作的资源指南》，力拓社区的社会绩效管理系统的 4 个阶段基于广泛参与原则，与《联合国指导原则》中列出的人权尽责方法一致。经过研究分析其技术及实施途径，认为其本质类似于 PDCA 循环管理。

PDCA 循环是由美国全面质量管理研究的学术泰斗戴明（W. Edwards. Deming）博士首先引入到管理中来的，因此又叫戴明环（Deming Circle）。在该理论中，他将管理中所涉及的任何工作都划分为 4 个阶段，即计划（Plan 阶段）、实施（Do 阶段）、检查（Check 阶段）、处理（Action 阶段）。PDCA 循环首先被应用于质量管理，后来又被应用到其他领域，目前已经成为既适用于组织工作又适用于个人工作的管理方法。PDCA 之所以被称为循环，就是因为该过程是一个循序渐进、环环相扣、周而复始的过程。工作被分解为 4 个环节，而这 4 个环节的工作又被分解为新的 4 个小环节，即形成大环扣小环的情况。通过这种分解式的、循环式的机制，使得目标和标准不断地实现与再提高，使得管理水平和业绩不断提高。PDCA 循环具有通用性、前进性与连续性等特点，是一种适用于多种工作的、可以提高工作绩效的、合乎逻辑的工作程序。

将人权纳入社区和社会绩效工作是一个复杂而庞大的工程，通过将质量管理中的 PDCA 循环引入到绩效评估工作中，则可以将其分解为 4 个步骤，如图 22 – 1 所示。

1）Plan——人权纳入社区和社会绩效评估计划阶段

计划，是任何管理活动的起点。相应的，制定绩效评估计划是这 4 个步骤的第一步，确定评估原则、评估对象、评估主体、评估指标与评估方式。识别并了解企业采矿、相关的操作和承包商的影响，以及它们在整个企业的生命周期对人权构成的风险。识别和了

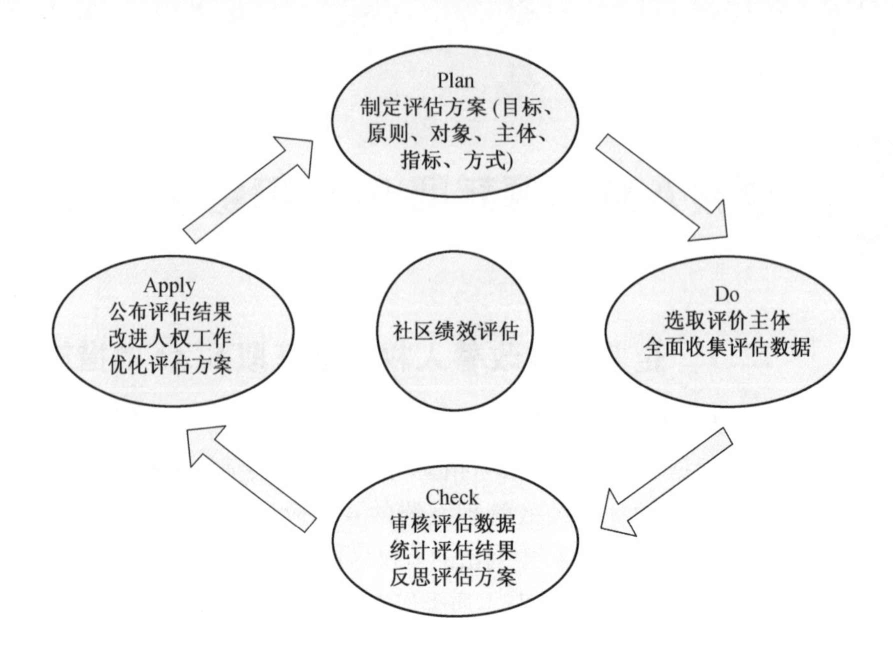

图22-1 人权纳入社区和社会绩效工作评估的PDCA分析

解政府和公共机构如何参与人权问题。识别人权利和权利持有者，他们可能因为企业的活动或企业的业务关系（如与承包商）而受到负面影响。找出防止企业牵涉对人权负面影响的策略。识别加强当地社区享受其人权的机会。

2）Do——人权纳入社区和社会绩效评估实施阶段

该环节是PDCA循环的核心环节，即根据制定的绩效评估计划去实施绩效评估活动。与前后的环节不同，该环节需要较长的时间，会面临很多困难。实施环节包括选择评价主体，收集评估数据。该环节完成得好坏直接影响到整个绩效评估活动能否按原定计划顺利完成，绩效评估的目标能否顺利实现，事关整个评估过程的成败。

全程遵守企业的人权承诺，把企业的人权知识和了解纳入现有的管制和监督系统，包括：业务单元级别的政策、运营管理计划、社区和社会绩效策略和多年计划、目标、对象、指标和指示、行动计划、项目级投诉、争端和申诉程序、和特定站点的标准操作流程和协定。不论在何地发现一个人权风险或确定企业牵涉人权影响时，都要立即采取行动。当由承包商引起的人权方面的负面影响可能影响到企业的时候，企业又要去影响这些合作伙伴，以改善其人权状况，努力确保企业避免出现由当地的供应商和承包商所带来的人权问题。确保企业的所有员工提高认识和能力，以在社区参与时识别潜在的人权问题。

3）Check——绩效评估结果检查阶段

绩效评估的结果是否有效，事关整个绩效评估过程是否有意义。该环节是整个过程的重点环节，通过该环节的验证，可以确定绩效评估统计数据是否有效，是否可以据此对绩效评估进行评价。这一环节是承上启下的环节，通过本环节的总结反思，对整个评估过程存在的问题进行深入思考，为下一循环的开始奠定基础。

监测和评估社区和社会绩效策略旨在缓解人权风险和加强对人权的享受。定期审查和评估企业人权方面的绩效考核情况，将人权因素与社会绩效指标结合，以跟踪企业的人权表现，包括性别指标，确保这些人权指标和监测活动反映当地的环境并得到社区支持，并对于改进项目和方案的结果采取行动。

4）Action——绩效评估结果处理阶段

对于企业如何在社区和社会绩效工作中处理有关人权的正面和负面影响，进行对内部和外界的报告和沟通，确保企业的沟通适用于该受众。绩效诊断与提高的目的是让企业了解人权工作绩效管理中的优势和弱点，改进不足之处，提高绩效，同时也为下一循环做好准备。本阶段应围绕着人权工作绩效改进措施、员工培训、员工工作等重点内容展开有效沟通。

PDCA 循环的 4 个步骤按部就班地进行，一个绩效评估周期结束，下一个周期随之开始，如此周而复始。这样一个持续不断的过程会促使政府形成持续改进的习惯，并通过这种不断地重复提高，保证绩效的不断提高。

2. 已有负面人权影响时的行动方式

联合国人权高级专员办事处在《指导原则》第 19 条中叙述：

为防止和缓解负面人权影响，工商企业应联系各项相关内部职能和程序，吸纳影响评估的结果，并采取适当行动。其中有效的吸纳要求：①责成工商企业内适当部门负责消除此类影响；②内部决策、预算拨款和监督程序有助于切实应对此类影响。有关行动将因下列因素而有所不同：①工商企业究竟是造成还是加剧了负面影响，或其卷入是否仅仅因为此类影响是由于商业关系而与其业务、产品或服务直接关联；②消除负面影响的程度。

企业在不同情况下的对策各不相同，总体来讲如下：

企业如果可能因其活动造成或加剧负面人权影响，则应停止或改变有关活动，以防止或缓解发生或重现此类影响的机会。如果影响已经发生，则应积极地直接或与其他方（不管是法院、政府、其他卷入企业，还是其他第三方）合作，参与补救。

企业卷入负面人权影响的风险如果完全因为此类影响是因商业关系而与其业务、产品或服务相关联，则它自身对影响不负责任：应负责任的是造成或加剧此类影响的实体。因此，企业不必做出补救（虽然它可能为了保护其声誉或出于其他理由选择这样做）。不过，企业有责任利用其影响力，督促造成或加剧此类影响的实体防止或缓解影响的再度发生。这就涉及与该实体和/或可能有所帮助的其他方的合作。

总结

在获取社会营运许可的过程中，人权因素的影响并不会给资源开发企业带来经济利益，但和其他因素一样，在提高当地人生活水平、工作权益、社会福利等方面起到了极其重要的作用。人权因素同其他因素一样没有准确的量化因素，最终效果只能根据当地人、当地社区以及政府对待项目工程及公司的态度来评价。

在商业领域，人权的注意指标已经在实证过程中进行了总结，并根据各个煤矿的不同而不同。主要的借鉴意义根据工程实践的时间大体包括以下内容：

（1）在工程实践方案的起草过程中，需要着重关注人权，将相关人权指标细化进行考核，并广泛征集意见，力求客观权威。

（2）方案起草后，主动参与工程实践的社会反馈，与当地居民、社区、政府、非政府组织和其他相关利益群体进行商谈，听取各方意见和立场，为工程实践方案提供参考修改意见。

（3）对于工程相关人权侵犯的补偿及修正方案，需要在一定时间公开并寻求意见反馈，合理组织意见交流，避免信息不对称造成的冲突。

（4）整个过程要与国家、当地政府协调关系，力求达到价值观统一，确保人权的保护得到国家、政府的支持和理解。

（5）对人权尽责进行监督，确保流程的顺利开展和完成，避免承诺得不到兑现。

另外，煤炭资源开发企业在履行人权责任、从人权角度获取SLO的时候需要把握一个责任的平衡点：

首先，企业的人权责任不等同于“企业办社会”。如企业辅助资源开发区域办学校、办医院、办社区等，其结果是企业用于支付员工福利的社会成本不断增加，企业效率低下。

企业应承担的人权责任则是指在市场经济条件下，企业在经济功能与社会功能相剥离的前提下，有目的、有计划地主动承担起对员工和对社区的人权责任，其结果将会是企业在创造利润的同时，获得了良好的品牌形象和社会赞誉，实现企业与当地居民、当地社会的有效沟通，最终获取SLO（图22-2）。

其次，企业的人权责任不等同于《国际劳工标准》、跨国公司的《企业社会责任守则》等，更不等同于捐赠和公益事业。因为企业人权责任是一个整体的概念，它既包括基本的社会责任，也包括高层次的社会责任，其内涵广泛得多。

综上所述，煤炭企业面临着来自市场、社会等多方面的压力，在挑战、困难中实现社会认证是值得认真考虑、深入研究的问题。企业要在承担人权责任中发展，在发展中更好地履行责任，最终目的是实现员工价值、企业利益和社会效益三者综合效应的最大化，最终获取 SLO。

22.2 企业通过改善人权问题获取 SLO 的技术路线图

企业通过改善人权问题获得 SLO 的技术路线图如图 22－2 所示。

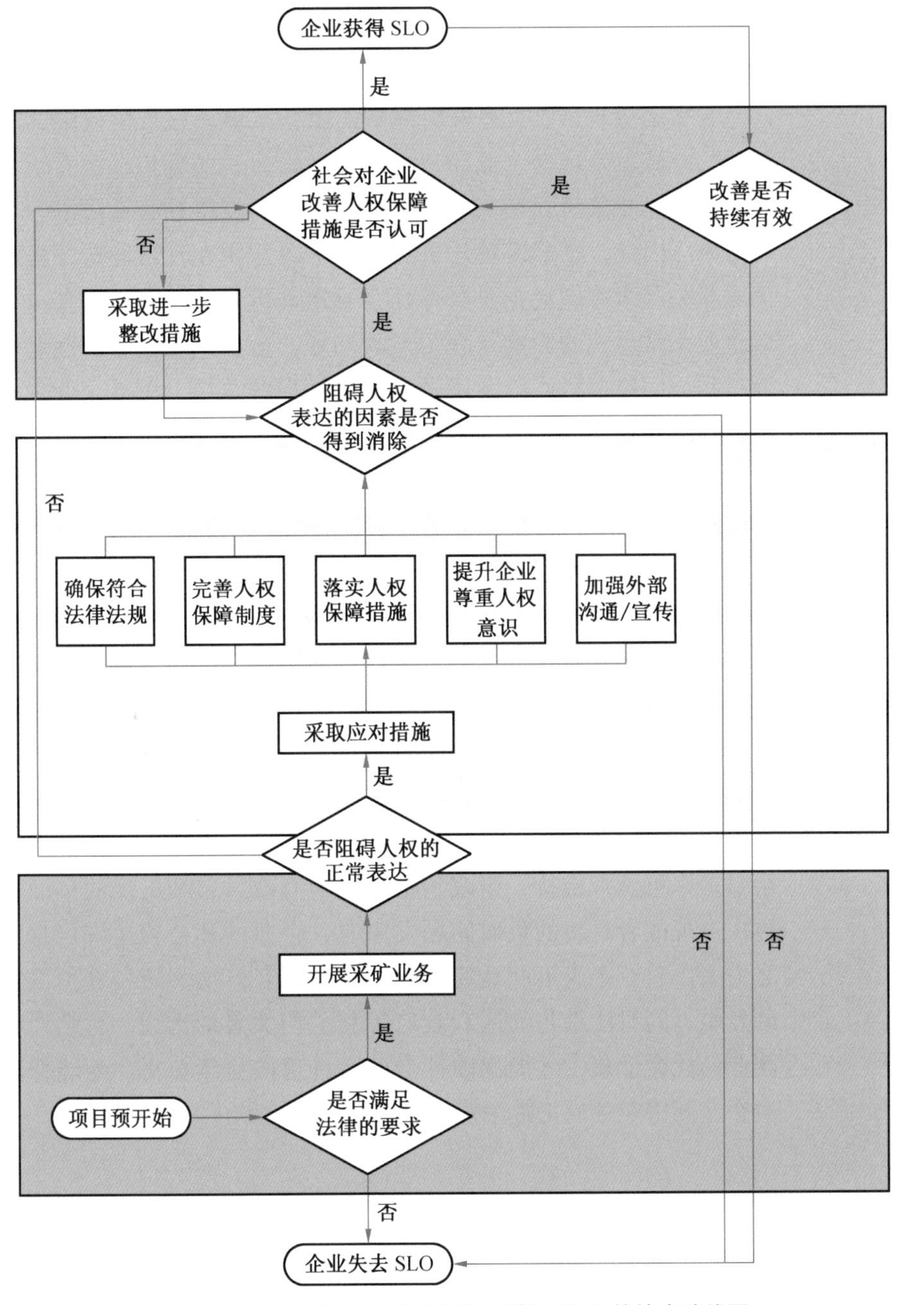

图 22－2　企业通过改善人权问题获取 SLO 的技术路线图

煤炭企业获取 SLO 的技术路线/实施路径

为帮助煤炭企业实施煤炭开采的最佳实践，在现阶段最为行之有效的办法就是帮助企业获得社会营运许可，而获得社会营运许可是企业消除相关负面影响，加强外部沟通，赢得社会认可的一个最终结果。因此，寻求煤炭开采的最佳实践途径在现阶段的任务就是消除相关因素对煤炭企业获得社会营运许可的影响。消除相关因素对企业正常运营的影响是一个发现问题、分析问题、解决问题的全面过程，而技术路线图不仅是对这一过程的总结，更是企业付诸实践途径的直观体现。

在上文中我们已经总结出影响煤炭企业获得社会营运许可最为显著的 4 个因素，分别为：水资源、环境、安全及人权问题。那么，消除相关因素对煤炭企业获得社会营运许可的影响就需要首先消除或者缓解水资源、环境、安全及人权因素的影响。而通过分析这 4 个因素对煤炭企业获取社会营运许可的影响，我们可以总结得出如下技术路线图（图 23 - 1）。

当企业的措施获得了社区和政府的认可，企业也就获得了社会营运许可。而与此同时，企业必须意识到社会营运许可的获得并不是一成不变的，企业的改善措施能否在长期持续有效决定着企业社会营运许可是否维持，当改善措施不再有效，曾经出现的负面问题再次出现或者有新的负面问题发生时，企业的社会营运许可也会随之失去。只有企业不断地完善制度措施，有效地预防各种负面影响的发生，同时注重与社区和政府等利益相关者的沟通，有效地维持企业的社会形象，才能保障社会营运许可的持续获得，才能保障煤炭企业开采业务的正常运营。

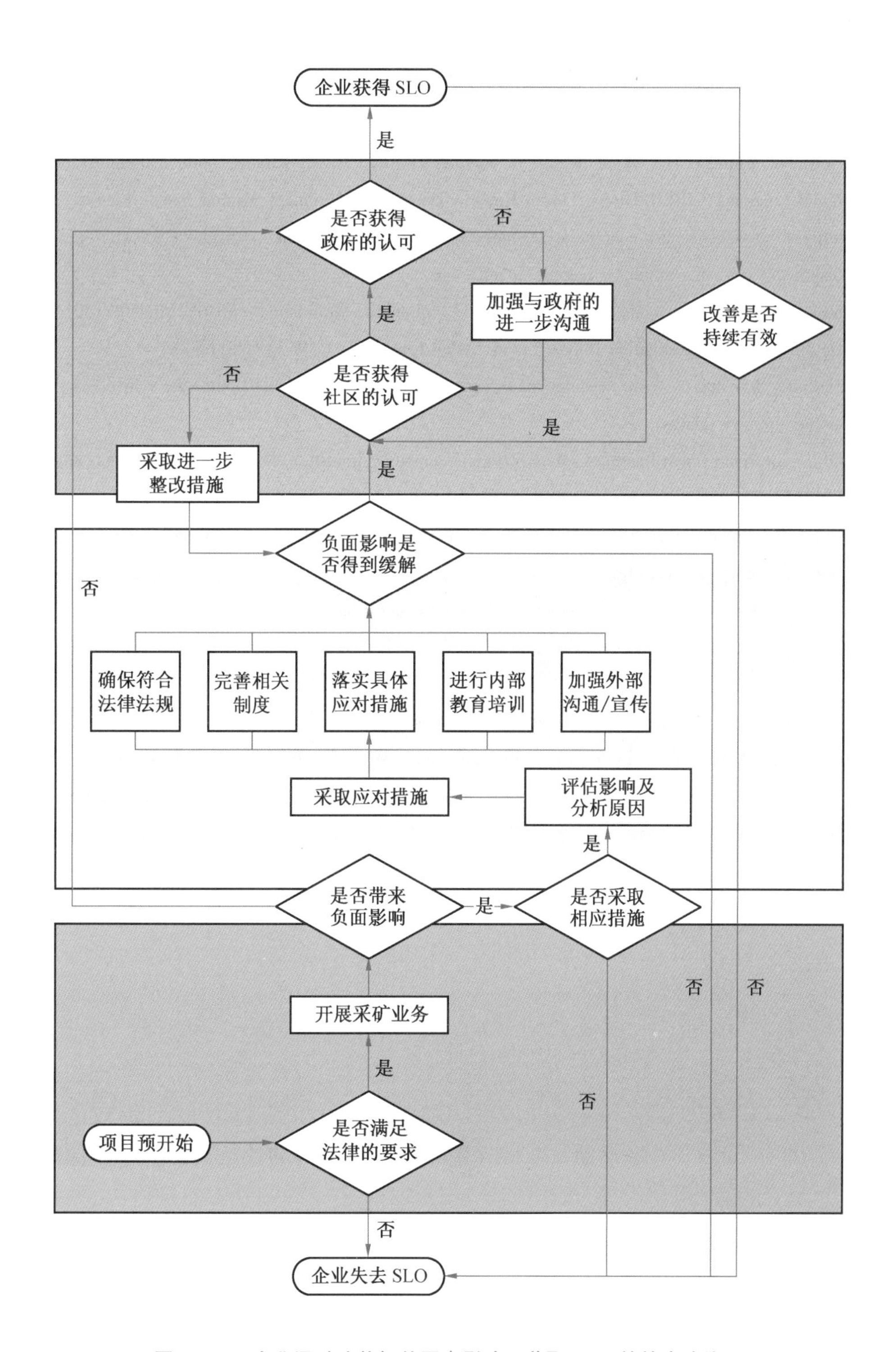

图 23－1　企业通过改善相关因素影响而获取 SLO 的技术路线图

参考文献

[1] Newmont Mining: The social license to operate. http://www. ucdenver. edu/academics/International Programs/CIBER/Global Forum Reports/Documents/Newmont_Mining_Social_License. pdf.

[2] http://www. economist. com/news/business/21599011 – government – struggles – contain – public – backlash – against – miners – digging – itself – out.

[3] http://www. reuters. com/article/2014/04/13/colombia – drummond – idUSL2N0N50AT20140413

[4] Double Fatality Investigation Report Frood/Stobie Complex, USW LOCAL 6500.

[5] Sudburty Star http://www. thesudburystar. com/2013/09/23/province – wont – get – involved – in – stobie – mine – deaths.

[6] OFL convention report health & safety/workers' compensation http://ofl. ca/wp – content/uploads/2013. 11. 25 – Policy – Convention2013 – Healthand Safety WCB. pdf.

[7] Upper Big Branch mine at – a – glancehttp://usatoday30. usatoday. com/news/nation/upper – big – branch – mine – glance. htm.

[8] http://www. msha. gov/Performance Coal/Performance Coal. asp.

[9] 张广军. 基于PDCA理论的政府绩效管理模型研究[D]. 湖南大学政治与公共管理学院, 2009: 10 – 23.

[10] Department of Management & Budget, Fairfax County, Virginia, the USA. Fairfax County Measures Up: A Manual for Performance Measurement [M]. Eighth Edition, 200 4. From Harvard University Library e – resources, Kennedy School of Government. Harvard University, 2005 (1): 4.

本册主要编著者

姜殿虹 汉族，硕士研究生学历，高级工程师。1986 年 8 月至 2008 年 5 月，在中石化北京燕山分公司炼油厂工作。2008 年 5 月至 2012 年 11 月，在神华煤制油化工研究院工作，任技术经济研究所所长。2012 年 11 月至今，在神华科学技术研究院发展战略研究所工作，任国内室主任。

申 万 德国亚琛工业大学博士。现任神华研究院战略研究主管，2010—2012 年任英国谢菲尔德大学副研究员，2006—2010 年任德国于利希研究中心助理研究员。在 App. Phy. Let. 等国际著名学术刊物发表论文十余篇，著有英文专著一部。App. Phy. Let.，J. Appl. Phys.，Electrochem. Solid-State Lett.，J. Electrochem. Soc. 等刊物资深审稿人。